Gustave Defrance

avec le soutien du comité d'histoire

L'École des Mines de Douai

Presses Universitaires du Septentrion
2016

Préface

Patrick Pouyanné
Président Directeur Général de TOTAL

Préfacer cet ouvrage sur l'histoire de l'École des Mines de Douai est à la fois un honneur que me font les anciens élèves de l'École à l'origine de cette belle initiative, car je ne fais pas partie de cette confrérie, et un plaisir, car la lecture de cet ouvrage me replonge dans mes premiers pas professionnels à Douai où j'étais en poste à la DRIRE Nord-Pas-de-Calais, et où j'ai eu la chance d'enseigner l'économie aux élèves-ingénieurs de l'École des Mines.

Préfacer cet ouvrage est aussi un plaisir, car, en le parcourant, je me suis rendu compte que mon histoire professionnelle est à la croisée des deux mêmes mondes que ceux qui sont au cœur de l'histoire de l'École des Mines de Douai : celui de l'entreprise et celui du Corps des Mines. Et c'est à travers les relations avec ces deux mondes que cet ouvrage raconte l'histoire de l'École au fil des pages et des années.

Se plonger dans l'histoire, dans les racines d'une institution, c'est aussi un moyen de retrouver les fondements de sa culture et de ses valeurs. De ce point de vue, ce livre est d'autant plus précieux qu'il paraît à la veille d'une évolution considérable d'une école née en 1878 à la demande des entreprises minières des départements du Nord et du Pas-de-Calais et qui a connu à bien des égards un développement exceptionnel.

La chronologie présentée dans le premier chapitre permet de suivre l'évolution de l'École des Mines de Douai avec un double regard, celui de l'association des diplômés et celui de la direction de l'École. Les changements de nom de l'École, six entre 1890 et 2012, pour passer de École des maîtres ouvriers mineurs à École nationale supérieure des Mines de Douai, (même si pour ma part, je l'ai toujours appelée simplement École des Mines de Douai) sont très liés à la volonté des anciens élèves et de la direction de l'École de faire ainsi reconnaître les responsabilités qui leurs sont confiées dans les entreprises et dans l'administration de l'État.

La capacité de l'École des Mines de Douai à tisser des liens étroits avec le monde des entreprises est directement issue des conditions mêmes de sa création, mais l'École a su la développer fortement au cours du temps. Les deux exemples relatés dans le second chapitre, celui des entreprises du bâtiment et des travaux publics et celui des entreprises de la plasturgie, illustrent le savoir-faire de l'École des Mines de Douai en la matière. Ce savoir-faire se concrétise, depuis 1878, par des enseignements définis en relation avec le monde industriel et la présence de nombreux chargés de cours venant des entreprises, par une pratique des stages en entreprise longtemps ignorée par le monde de la formation, par des participations financières des entreprises et des fédérations professionnelles... Dès leur mise en place dans les années 1970, les activités de recherche & développement de l'École sont orientées vers les besoins des entreprises.

Je sais que d'autres exemples, notamment ceux de l'informatique, de la mécanique, et bien sûr de l'énergie, auraient pu être ajoutés pour démontrer plus encore combien cette proximité de l'École des Mines avec les entreprises a toujours été et est aujourd'hui sa force première.

Le thème des relations de l'École des Mines avec le Corps des Mines et le Service des Mines pourra peut-être surprendre certains lecteurs, mais il s'impose au cœur de l'histoire de l'École comme je l'ai vécu moi-même. J'ai pu en effet en mesurer la profonde réalité lors de mes trois années passées à la DRIRE de Douai : j'avais pour patron un homme qui était à la fois directeur de ce service régional de l'État et directeur de l'École, j'étais chargé de cours en économie de l'entreprise et je travaillais régulièrement avec le laboratoire de chimie-environnement, laboratoire créé dans les années 1950 avec le concours du Service des Mines. Dans mes responsabilités en matière d'environnement (risques industriels, pollution de l'air et des eaux, déchets, friches industrielles...), la quasi-totalité des ingénieurs de l'industrie et des Mines avec lesquels je travaillais quotidiennement étaient des diplômés de l'École, si attachés à cette terre du Nord qui a su me conquérir, moi homme du Sud-Ouest. J'ai aussi pu apprécier que la formation continue des personnels de la DRIRE et des DRIRE plus généralement puisse compter sur les savoirs et les moyens de l'École.

L'expérience de l'École des Mines de Douai en matière de formation continue est assez incomparable quand on relit son histoire : le premier titre d'ingénieur accordé officiellement l'a été au titre de la section complémentaire en 1960 alors que l'École n'a accueilli qu'en 1965 sa première promotion d'élèves-ingénieurs. Cette section complémentaire permettait à des personnes ayant eu le diplôme de conducteur de travaux miniers d'obtenir quelques années après le diplôme d'ingénieur. Dans la cadre des lois de 1971 sur la formation permanente, la section complémentaire devient une voie de promotion pour des techniciens supérieurs ayant quelques années de pratique en entreprise. Le chapitre « Admissions, recrutements et diplômes» montre bien l'évolution qu'ont connue le nombre de diplômés, la nature des diplômes et les procédures de recrutement et d'admission. Personne n'imaginait au moment où les activités minières disparaissaient en France que le nombre des ingénieurs formés par l'École et par an serait en 2015 de l'ordre de 300 et le nombre de docteurs de 20 !

La conclusion de ce livre présente des éléments de contexte qui sont utiles pour préparer l'avenir de l'École des Mines de Douai. Il ne m'appartient pas de porter un jugement sur les changements profonds qui sont en cours, mais mon expérience de la vie des entreprises me conduit à évoquer quelques thèmes.

Les fusions d'entreprises nous apprennent que toute fusion demande du temps et que dans ce domaine l'adhésion du plus grand nombre doit être recherchée en permanence et avec pragmatisme, en faisant du respect des hommes et des femmes de chaque partie la pierre angulaire du pilotage de la période de transition – intégration. La fusion de l'École des Mines de Douai avec Télécom Lille, tout en respectant ces principes, se doit de prendre en compte l'importance vitale du partenariat avec les entreprises, des entreprises de toute taille, et l'intérêt pour la gouvernance des liens privilégiés avec un corps de hauts fonctionnaires comme le Corps des Mines.

L'ancrage territorial associé à son appartenance à un réseau national a toujours été une force de l'École des Mines de Douai ; les structures nouvelles que sont la COMUE Lille Nord de France et l'Institut Mines-Télécom devront veiller à s'appuyer sur la richesse de l'histoire et des valeurs d'institutions anciennes comme l'École des Mines pour fonctionner efficacement dans le respect du principe de subsidiarité et de responsabilité, d'« accountability » comme on dit dans le monde de l'entreprise.

Les formations en alternance, notamment l'apprentissage qui est à mes yeux la voie professionnalisante par excellence, doivent aujourd'hui compléter les recrutements classiques à l'issue des CPGE ou au niveau du Bac.

Pour préparer aux métiers d'ingénieurs de demain, je considère qu'aux connaissances scientifiques et techniques il faut ajouter d'autres domaines comme la maîtrise des langues, notamment de l'anglais, la question des relations interpersonnelles, la sociologie, l'économie..., des matières qui en somme amènent à comprendre que la vie ne se met pas en équation.

Enfin, je voudrais dire que si j'ai grand plaisir à signer cette préface, c'est aussi et surtout parce que c'est le meilleur moyen pour moi de reconnaître à ceux que j'ai rencontrés à Douai, la part qui leur revient dans la formation du patron d'entreprise que je suis devenu 25 ans plus tard et de graver à travers ces lignes les liens exceptionnels d'amitié profonde qui m'unissent à certains d'entre eux et restent encore vivaces. Pour tout cela, je les en remercie.

Patrick Pouyanné,
Président Directeur Général de TOTAL
Sceaux, le 8 mai 2016

Une participation enthousiaste des élèves au Cartel des Mines 2015.
3 jours de rencontres sportives, 13 disciplines, 12 écoles de cinq pays différents et 1 500 étudiants.

L'Hippodrome, scène nationale de Douai et ses 800 places, accueille la remise des diplômes.

Introduction

Écrire l'histoire de l'École des Mines de Douai a été considéré par André-Claude Lacoste, président de 2006 à 2012 de l'ASN (Autorité de Sûreté Nucléaire) et directeur de l'École des Mines de Douai de 1971 à 1978, comme éminemment souhaitable au moment où il décidait de publier l'histoire de l'Autorité de Sûreté Nucléaire française.

Daniel Boulnois, directeur de l'École des Mines de Douai, a manifesté un grand intérêt pour ce projet, présenté pour approbation au Conseil d'administration de l'École le 8 novembre 2013.

Le comité d'histoire de l'École chargé de piloter le projet a été composé de la manière suivante :

- Gustave Defrance, Directeur de l'École de 1989 à 1994, Président
- André-Claude Lacoste, Directeur de l'École de 1971 à 1978
- Philippe Saint Raymond, Ingénieur général des Mines honoraire
- Roland Daul, Professeur puis Directeur des études à l'École
- Jean-Marie Duvivier, Président de l'association des diplômés de l'École de 2011 à 2016
- Daniel Boulnois, Directeur de l'École

Le comité d'histoire a été amené à s'interroger sur les bases fondamentales que pouvaient représenter les archives disponibles et les documents publiés depuis la création de l'École tant par l'association des diplômés que par l'École ou par diverses personnes.

Les archives de l'École et de l'Association, parfois confondues, n'ont jamais pu faire l'objet du travail méthodique de hiérarchisation, de classement et de numérisation que demanderait leur utilisation. Elles sont loin d'être inexistantes pour autant, malgré la destruction de l'École lors du bombardement d'août 1944 et les déménagements qui en ont résulté.

Les archives municipales de la ville de Douai, les archives départementales du Nord et du Pas-de-Calais et les Archives nationales permettent d'accéder à des documents intéressants mais qui sont souvent purement administratifs ou un peu anecdotiques (ex : les plans des bâtiments à Valenciennes si l'École avait été réalisée dans cette ville).

On ne trouve pas trace dans les archives de monographies dédiées à l'École des Mines de Douai qui auraient été engagées dans la cadre d'un programme de recherche conçu comme une contribution à l'histoire de l'enseignement technique ou à l'histoire sociale de la région.

Les publications de l'association des diplômés et les documents administratifs rédigés par l'École (conseil d'administration ou conseil de perfectionnement, comité d'enseignement, rapports d'activité, etc.) sont des sources précieuses mais souvent liées au bon fonctionnement institutionnel et aux décisions prises pour promouvoir le changement. Les plaquettes réalisées conjointement par l'École et l'Association pour le cinquantenaire et le centenaire de l'École sont des documents liés à l'événement.

René Bougamont (Promo 1933), secrétaire général de l'Association de 1971 à 1990, a publié en 1993 un ouvrage ayant pour titre : « L'École des Mines de Douai et ses anciens élèves ». C'est le seul livre qui parle de l'histoire de l'École et qui dans le cadre d'une chronologie veut témoigner de l'aide apportée par l'Association aux directions successives pour faire évoluer l'École.

C'est en tenant compte des éléments ci-dessus que le comité d'histoire a retenu les quatre thèmes suivants pour retracer la vie de l'École de 1878 à 2016 :

A) **Une chronologique.** Reprenant les faits marquants pour l'institution, ses élèves et ses diplômés.

B) **Le partenariat de l'École avec les entreprises.** Créée à la demande des entreprises minières du Nord et du Pas-de-Calais, l'École a développé au cours du temps un partenariat de grande qualité avec le monde des entreprises qui lui vaut aujourd'hui d'être classée dans les meilleures des grandes écoles en matière de proximité avec les entreprises. La trajectoire suivie par l'École en matière de relations avec les entreprises comporte de nombreux points parmi lesquels nous avons retenu ceux des entreprises du secteur Bâtiment et travaux publics, ceux du secteur de la plasturgie et ceux de la recherche-développement.

C) **Les relations de l'École avec le Corps des Mines et le Service des Mines.** Depuis sa création l'École est dirigée par un ingénieur du Corps des Mines. Jusqu'en 2005 le directeur avait une double fonction puisqu'il était aussi chef du service déconcentré de l'État ayant en charge les problèmes de sécurité, d'environnement et de développement industriel. Il apparaît très clairement que les relations de l'École avec le Corps des Mines et le Service des Mines ont marqué fortement la vie de l'établissement.

D) **Recrutements, admissions et diplômés.** La raison d'être de l'École, ce sont les élèves qu'elle recrute et qu'elle forme et auxquels elle donne un diplôme. C'est de cela qu'il va être question dans ce chapitre.

Une conclusion, sous le titre « Vers l'avenir – Éléments de contexte », permet d'évoquer les évolutions importantes que pourrait vivre l'École au cours des prochaines années.

L'histoire d'une école est celle d'une communauté : personnels de direction, enseignants, étudiants, personnels administratifs et de service et diplômés, qui la constituent. En donnant naturellement la plus large part à l'histoire institutionnelle, ce n'est que très imparfaitement que nous pourrons évoquer la vie qui anime l'École. Cette vie s'exprime dans les amphis et les laboratoires mais aussi à la maison des élèves, au restaurant de l'École, dans les halls et couloirs, dans le bureau de l'Association, lieux de multiples rencontres et échanges. Certaines époques sont plus propices que d'autres à son expression dans des productions médiatiques des élèves, dans des publications de l'École et de l'association des diplômés, de l'association du personnel… Il faudrait aussi faire place à la multiplicité des aspects de la vie des élèves : compétitions sportives, activités culturelles et associatives. Il faut donc accepter que l'histoire institutionnelle occupe la première place mais il faut se rappeler qu'elle n'est pas toute l'histoire de l'École.

Je tiens à exprimer ma gratitude à ceux et celles qui m'ont aidé dans la réalisation de ce livre. En premier lieu aux membres du comité d'histoire qui m'ont apporté une contribution fondamentale. Daniel Boulnois m'a permis de pouvoir compter sur le Centre de Ressources Numériques et Documentaires de l'École dirigé par Jean-Loup Cordonnier pour un travail régulier. Jean-Marie Duvivier m'a permis de pouvoir compter sur l'association des diplômés et ses compétences, notamment celles de Marie-France Ghyselen en matière de relations personnalisées avec le monde des diplômés.

Roland Daul a rédigé le chapitre « Admissions, recrutements & diplôme ». Sa parfaite connaissance de l'École en qualité d'enseignant, de créateur et de premier responsable emblématique du centre informatique de l'École, de directeur des études, a été très précieuse.

Ma gratitude va aussi vers tous ceux qui ont travaillé directement à la réalisation de l'ouvrage dans tous ses aspects et dans toutes ses phases : Jean-Luc Caenen, Joël Cornut, Denis Damidot, Michèle Delcambre, Alain De Mets, Bernard Duhoux, Stéphane Giszczewski, Patricia Krawczak, Jean-Pierre Rusek, Jean-Paul Sénelaer, Brigitte Sprimont et Betty Vangavaeren.

Le comité d'histoire.
De gauche à droite : André-Claude Lacoste, Roland Daul, Philippe Saint Raymond, Jean-Marie Duvivier, Gustave Defrance, Daniel Boulnois (2016).

Le comité d'histoire a tenu 8 séances de travail. Outre le directeur de l'École et deux anciens directeurs (personnes présentées au chapitre C : liste des 26 directeurs de l'École), les trois autres membres sont :

Roland Daul
Diplômé de l'École centrale de Lille en 1967, Roland Daul rejoint l'École des Mines de Douai en 1968 après un an d'activité professionnelle au centre informatique de la Redoute à Roubaix. Après avoir été responsable de l'option métallurgie-mécanique, il se consacre de 1971 à 1984 au développement du centre de calcul qu'il a créé. Il est directeur des études de 1984 à 1995. Roland Daul crée en 1995 le concours commun des 4 Écoles des Mines : Albi-Carmaux, Alès, Douai et Nantes, et en assure le secrétariat.

Jean-Marie Duvivier
Diplômé de l'École des Mines de Douai en 1973, Jean-Marie Duvivier a été PDG de FINORPA, filiale de reconversion de Charbonnages de France transformée en 2005 en GIE intervenant en capital-investissement, en prestations de revitalisation de territoires et en garanties financières. Pendant la première partie de sa vie professionnelle il avait occupé à la DRIRE NPDC plusieurs postes en qualité d'ingénieur de l'industrie et des Mines.

Philippe Saint Raymond
Diplômé de l'École polytechnique (promotion 1961), ingénieur des Mines en 1966, Philippe Saint Raymond a notamment été adjoint au chef de l'arrondissement minéralogique de Douai de 1971 à 1974 (et à ce titre chargé de cours à l'École), chef successivement des arrondissements minéralogiques de Toulouse et Metz puis directeur de l'École des Mines de Saint-Étienne de 1987 à 1991. Philippe Saint Raymond a été ensuite directeur général adjoint dans la structure chargée du contrôle de la sûreté nucléaire et de la radioprotection.

Promotion 1991, sur le site Bourseul, devant la Rotonde.

Sommaire

Promotion 2014

Promotion 1906

L'École des Mines de Douai

Chapitre A

Chronologie 1878 – 2016

Entrée principale de l'*École*, rue Charles Bourseul (2014).

Chronologie

Un ouvrage présentant une histoire de l'École des Mines de Douai doit comporter une partie chronologique reprenant les dates marquantes pour l'institution, ses élèves et ses diplômés.

Cette chronologie est de fait sélective car elle ne peut retenir tous les éléments et met en relief certaines données.

Pour définir les grandes dates de l'histoire de l'École des Mines de Douai, il est apparu souhaitable de ne pas séparer l'histoire de l'Association des diplômés de l'histoire de l'École tant ces deux entités ont tissé au cours du temps des liens profonds et efficaces. Ce choix s'inscrit dans le cadre de la tradition des grandes Écoles françaises de reconnaître à leur Association d'anciens élèves un rôle actif.

Les textes officiels qui ont régi l'École des Mines au cours du temps constituent bien entendu une base fondamentale pour une chronologie et la liste des lois, décrets, arrêtés... figure dans cet ouvrage – Voir annexe [A.1]. Ces textes sont désormais consultables au Centre de Ressources Numériques et Documentaires de l'École.

Les textes officiels précisent que, fondée en 1878, l'École des Maîtres ouvriers mineurs devient :

- École des Maîtres mineurs en 1890,
- École Technique des Mines en 1933,
- École Nationale Technique des Mines en 1963,
- École Nationale des Techniques Industrielles et des Mines en 1975,
- École Nationale Supérieure des Techniques Industrielles et des Mines en 1980,
- École Nationale Supérieure des Mines de Douai en 2012.

Il est notable que le grand public et aussi le monde professionnel ont toujours utilisé la dénomination : « École des Mines de Douai ».

L'association des anciens élèves, créée en 1886 sous le titre de « Société Amicale des Anciens Élèves de l'École des Maîtres Mineurs de Douai », a vu sa dénomination changée au cours du temps pour prendre successivement les noms suivants :

- Association Amicale des Anciens Élèves de l'École Nationale Technique des Mines de Douai (1969),
- Association des Diplômés – Mines de Douai (2011).

Aussi, pour faciliter la lecture, nous adopterons les vocables : l'*École* et l'*Association* dans la suite du texte.

Chaque diplômé est rattaché à l'année de sortie de « sa promotion ».

L'ouvrage publié en 1993 par René Bougamont (Promo 1933), secrétaire de l'*Association* de 1971 à 1993, sous le titre « L'École des Mines de Douai et ses anciens élèves », donne des éléments chronologiques qui sont largement repris dans le présent document.

Le site Bourseul sur lequel l'*École* s'est installée après 1945 (2007).

1878

École des Maîtres Mineurs de Douai,
rue Victor Hugo (carte postale de l'époque).

C'est sous l'appellation « École des Maîtres-Ouvriers Mineurs de Douai » qu'est créée l'École des Mines à Douai, par décret du 27 mars 1878 du Président de la République, le Maréchal de Mac Mahon.

Ce décret est calqué sur l'ordonnance du 22 septembre 1843 instituant l'École des Mines d'Alais (aujourd'hui Alès).

Elle s'installe, à l'époque, rue Victor Hugo (anciennement rue des Carmes) à Douai dans les locaux de l'ancienne École normale d'instituteurs du département du Nord, dont les bâtiments avaient été construits en 1782 sur un terrain provenant de l'Abbaye de Marchiennes, et abritaient à leur début une fabrique de faïence.

Les travaux d'aménagement de l'*École* commencent le 11 mai 1878 et l'*École* accueille ses premiers élèves le 4 novembre, six mois plus tard.

La direction de l'*École* est confiée à Louis-Albert Le Bleu, ancien élève de l'École polytechnique (promotion 1846), Ingénieur en chef des Mines, chef de l'arrondissement minéralogique de Douai.

1879-1899

En 1881 Henri Peslin, Ingénieur en chef des Mines, est nommé directeur de l'*École*.

Le décret du 2 janvier 1883 autorise les trois premiers élèves de l'*École* à accéder directement au titre de garde-mines (précurseurs des Ingénieurs de l'Industrie et des Mines) sans concours.

La Société Amicale des anciens élèves, appelée aujourd'hui Association des Diplômés – Mines de Douai (ADMD), est née en 1886 soit six années après la sortie de la première promotion.

Son premier président, Désiré Storet (Promo 1880), est géomètre aux Mines de Courrières.

Dès 1894, l'*Association* publie un bulletin qui sera mensuel en 1900, pour passer rapidement à une publication bimensuelle.

En 1898, après douze années de présidence, Désiré Storet passe le flambeau à César Waterlot (Promo 1895) qui assumera la responsabilité de l'*Association* durant vingt-six ans. Il fut attaché à l'*École* comme professeur d'exploitation, poste qu'il quitta en 1931.

César Waterlot est à coup sûr le père de l'*Association*.

En 1892, Henri Kuss, Ingénieur en chef des Mines, est nommé directeur de l'*École*.

1900-1905

En 1900, l'*École* a vingt-deux ans. Nous entrons dans le XXe siècle, inauguré par l'Exposition universelle de Paris qui remporte un grand succès. Les élèves y exposent un plan de la ville de Douai et l'*École* présente le cours d'exploitation minière et d'autres documents dont une notice d'Henri Kuss, directeur de l'*École*, qui résume l'histoire, l'organisation et les progrès de l'*École*. L'*École* est récompensée par une médaille d'argent.

Des anciens élèves sont primés pour leurs œuvres exposées : Paulin Gilotaux (Promo 1886), Ingénieur régisseur des Ardoisières de Rimogne (Ardennes), et Joseph Moreau (Promo 1894), chef d'exploitation aux Mines de Biabaux (Alpes de Haute-Provence).

En 1901, Pierre Baudin et, en 1904, Émile Marvejouis, ministres des Travaux Publics, visitent l'*École*.

En octobre 1904, l'*Association* met en place des prêts d'honneur aux élèves pour le règlement de leur pension.

1906

L'année 1906 est une année douloureuse pour les exploitations minières du Pas-de-Calais. La catastrophe de Courrières endeuille la région (1099 morts).

L'*École* et l'*Association* payent leur tribut : sept anciens élèves et un élève en stage tués ; plusieurs élèves en stage intoxiqués.

Des leçons furent tirées de cette catastrophe : le danger des poussières fut reconnu ; le Service des Mines fut renforcé ; un poste central de secours fut créé à Lens. Son premier directeur, Jacques Taffanel, Ingénieur du Corps des Mines, crée les arrêts-barrages que les mineurs nomment « TAFFANEL ».

Un ancien élève, Eugène Fenzy (Promo 1892), Contrôleur des Mines, adjoint à Jacques Taffanel, met au point un appareil respiratoire qui sera expérimenté à partir de 1907.

Un autre ancien élève Contrôleur des Mines, Alexandre Grard (Promo 1899), travaillera à l'amélioration des détecteurs de grisou et apportera sa compétence à la mise au point des grisoumètres.

Maurice Mettrier, Ingénieur en chef des Mines, est nommé directeur de l'*École*.

1907-1913

L'arrêté du 12 août 1908 impose la présence de deux anciens élèves au sein du Conseil d'Enseignement. C'est ainsi que Constant Trognon (Promo 1880), chef porion en retraite, et Albert Thiéry (Promo 1880), chef géomètre, seront nommés pour deux ans membres du Conseil d'Enseignement, le premier par le préfet du Nord, le second par celui du Pas-de-Calais.

Paulin Gilotaux (Promo 1886), Ingénieur régisseur des Ardoisières de Rimogne (Ardennes), fonde la Société de secours mutuel et de retraite de la région de Rimogne.

À la fin de ce premier quart de siècle, le vice-président François Décatoire (Promo 1885) rappelle que la devise de l'*Association* est « Fraternité, solidarité ». En 1909, Jules Mousseron, mineur poète, écrit un hommage à l'intention de l'*Association*.

1914-1917

La première guerre mondiale est déclarée le 3 août 1914. Les premiers chars d'assaut font leur apparition et les armées font appel à des fonctionnaires du Ministère des Travaux Publics.

Alexandre Grard (Promo 1899) en fait partie ainsi que Gaston Blaise (Promo 1922), César Devauchelle (Promo 1908), Anamie Paris (Promo 1907), Maurice Payen (Promo 1910). Leur séjour à l'Inspection des Forges de Lyon leur permet de nouer des relations et de faire connaître l'*École* dans le monde industriel. Ces relations s'avèreront très précieuses par la suite, pour l'avenir de l'*École* et de l'*Association*.

1918-1920

En 1918, Félix Lavaste, Ingénieur en chef des Mines, est nommé directeur de l'*École*. Après l'armistice de 1918, le président de l'*Association* César Waterlot (Promo 1895) se consacre à la remise en état de l'*École* qui est rouverte en 1920.

Les élèves entrés en 1913, qui n'ont pas pu faire leur deuxième année, reviennent à l'*École* en 1920 et 1921 pour terminer leurs études. En 1920, Achille Stouvenot, Ingénieur en chef des Mines, est nommé directeur de l'*École*.

1921-1925

La promotion 1921 accueille 5 Asiatiques, la promotion 1922 en accueille 2, la promotion 1923 en accueille 3.

L'un d'eux, Ho Yi Tuan, occupera un poste important au Ministère des Mines de la République Populaire de Chine et conservera le contact avec l'*Association* jusqu'en 1982.

En 1924, César Waterlot (Promo 1895) quitte la présidence de l'*Association*.

Le nouveau président Gustave Tison (Promo 1909) est, comme son prédécesseur, un Ingénieur TPE (Mines), professeur à l'*École* depuis 1920, chargé de l'enseignement des mathématiques. Il eut aussi le mérite de mettre en place un réseau d'anciens élèves volontaires pour donner des cours du soir à de jeunes mineurs qui envisageaient de préparer le concours d'entrée à l'*École*.

Michel Castelain (Promo 1923) a été un ancien élève très actif pour la promotion de son École. Ingénieur TPE (Mines) jusqu'en 1931 à Valenciennes, il est muté à sa demande à Thionville (Moselle). Il est chargé du cours d'exploitation et du secrétariat au cours des Maîtres Ouvriers métallurgistes.

Il organise un internat à l'École de Thionville et il crée un courant de recrutement pour l'*École* de Douai. À la fin de l'année 1933, il part pour le Maroc au service des Mines de Rabat en qualité d'Ingénieur en chef des bureaux techniques du service des Mines chérifien. Au Maroc, il continue à recruter pour Douai ; en 1935, il présente deux candidats, dont l'un est admis dans les premiers. Michel Castelain aura ainsi préparé et guidé quarante élèves.

En 1934, il publie un cours pratique d'exploitation des mines et carrières rédigé en collaboration avec Eugène Stalinsky, Ingénieur Civil des Mines. L'ouvrage est honoré d'une souscription du Ministère des Travaux Publics.

À Douai, l'École des Métiers située place Carnot (près de l'*École*) aménage son programme de troisième année à partir de 1926 pour le mettre au niveau du concours d'entrée à l'*École*.

L'École professionnelle supérieure (École Jules-Ferry) ouvre en 1926 une section Arts et Métiers des mines.

À Hénin-Liétard, l'École professionnelle assure également une préparation pour l'École de Douai.

1926

En 1926, les Anciens élèves relancent l'insigne de ralliement des Anciens. L'Assemblée Générale du 9 mai 1926 remporte un très grand succès, avec 300 participants sur 650 adhérents.

À l'heure des discours, un passage de celui d'Achille Stouvenot, président d'honneur et directeur de l'*École*, soulève un tonnerre d'applaudissements :

« Certaines grandes Écoles fabriquent annuellement des foules d'Ingénieurs qui se disent bons à tout, dont beaucoup ne trouvent péniblement que des places de dessinateurs gagnant deux fois moins qu'un ouvrier. Ce sont des cathédrales qui fabriquent plus de saints qu'il n'y a de niches. Dans notre modeste chapelle, il y a plus de niches que de saints, et ceux-ci choisissent les plus confortables. »

En septembre 1926, Achille Stouvenot quitte la direction de l'*École* ; Daniel Ganière lui succède.

Il adresse une lettre au président de l'*Association* :

« J'ai vu renaître l'École et l'Association au cours de ces sept années. L'École était en ruine, en déficit et sans élèves. Elle est reconstruite et agrandie, son budget équilibré et le nombre des candidats a doublé ; la rénovation de cours est commencée. L'Association, qui n'existait plus que de nom, est reconstituée, prospère et active. »

1927-1930

En 1927, les groupes régionaux de l'Association des Mines de Douai insistent auprès du bureau national pour faire reconnaître le sacrifice de ceux des siens qui sont morts au champ d'honneur ou tombés victimes du devoir professionnel.

La Croix de guerre est refusée à l'*École*.

En 1928, le président Gustave Tison (Promo 1909) demande sa relève de la présidence de l'*Association* en raison de son appartenance au corps professoral de l'*École*, afin de permettre à l'*Association* de s'associer à l'avenir de l'*École* sans ambiguïté. Il accepte le poste de secrétaire général. Son successeur, Jules Lévêque (Promo 1886), est administrateur délégué des Mines de l'Ariège.

L'*Association* prend de l'importance ; on envisage l'entrée du président de l'*Association* dans le Conseil d'Administration de l'*École*. Une évolution de l'*École* devient inévitable pour son avenir. L'*Association* devra participer en toute liberté à cette évolution.

Blason réalisé en juin 1932, pour le cinquantenaire de l'*Association*, qui s'appelait, à l'époque, Société Amicale des Anciens Élèves de l'École des Maîtres Mineurs de Douai.

1931-1932

Les paroles de Daniel Ganière, directeur de l'*École*, lors de l'Assemblée Générale de l'*Association* ont produit une grosse impression sur l'assistance et les applaudissements qui soulignent son exposé ne laissent subsister aucun doute sur les sentiments de l'assemblée pour la collaboration étroite de l'*Association* et de l'*École*.

Le décret du 11 août 1931 crée la 3e année facultative, qui est sanctionnée par le diplôme de concours de travaux miniers.

Le blason de l'*Association* est mis en chantier. Il sera frappé par Aimé Blaise, sculpteur, fils de mineur.

En décembre 1931, Alexandre Grard (Promo 1899) accède au grade d'Ingénieur des Mines. C'est le premier Douaisien qui entre au Corps des Mines.

L'initiative prise par le major de la promotion 1932, Jean Lacquement, de mettre sur pied un orchestre de treize musiciens sous le nom de « GRISOUS JAZZ » est un succès. À la batterie se trouve Robert Malice (Promo 1932) ; les violons sont entraînés par Édouard Gonnet (Promo 1933). L'orchestre est aidé par tous les élèves des promotions 1932 et 1933 dans l'organisation et l'aménagement du décor, dont une galerie de mine abritant l'orchestre sur l'estrade. Le succès obtenu engagea le maire de Douai (Léon Escoffier) à demander à M. le directeur de l'*École* d'autoriser les élèves à organiser un deuxième bal au profit de la caisse du Fonds municipal du chômage. Celui-ci eut lieu le 17 avril 1932 dans la grande salle de l'hôtel de ville, le salon blanc ; la salle gothique était également prêtée aux élèves.

Ce fut un énorme succès : chevalements de puits de mine sur la scène, galeries de mines pour accéder aux salles ! Ainsi naquit le bal des élèves.

1933-1936

C'est par décret en date du 21 février 1933 que l'*École* prend le nom de : « ÉCOLE TECHNIQUE DES MINES DE DOUAI ».

Le 28 juin 1936, à l'Assemblée Générale de l'*Association*, le directeur insiste sur le problème du recrutement des élèves : de 150 candidats en 1926, on est passé à 20 candidats en 1936. Le Nord Pas-de-Calais envoie de moins en moins de candidats. À l'issue de cette Assemblée Générale a lieu l'inauguration du monument érigé au cimetière de Douai sur la tombe de César Waterlot en présence de sa famille : le docteur Lucien Waterlot, son fils, et Jean Waterlot (Promo 1922), un neveu.

L'Espagne est en pleine guerre civile ; on s'inquiète pour les six Douaisiens en poste en Espagne : Jean-Marie Aubelle (Promo 1905), Jean Gazut (Promo 1904), Joseph Jacqmart (Promo 1904), Henri Laubinet (Promo 1914), Marcel Trinquier (Promo 1923) et Félix Vignon (Promo 1901). Heureusement, des nouvelles rassurantes parviennent assez vite de Peñarroya et de Huelva.

La célébration du cinquantenaire de l'*Association* est reportée à 1937, les événements politiques de ces derniers mois et ceux du moment n'ayant pas permis de préparer cette fête.

Lors du monôme du 18 octobre, le souhait que le président de l'*Association* avait exprimé lors de l'inauguration du monument à César Waterlot est suivi d'effet : les jeunes promotions 1935 et 1936, accompagnées des élèves de 3e année, raniment la flamme du souvenir au monument érigé à sa mémoire.

1937-1938

1937 est une grande année pour l'*Association* et l'*École* : le 10 janvier a lieu le bal de l'*École*.

Le 26 avril a lieu une conférence de Léon Hérenguel (Promo 1909) à la Maison des Centraux à Paris, au cours de laquelle il aborde les thèmes suivants : abattage en masse en carrières, creusement d'une galerie circulaire de cinq mètres de diamètre avec l'emploi d'amorces à temps, dérochement sous-marin.

La cérémonie du cinquantenaire de l'*Association* se déroule le 11 juillet, jour

Accueil de Paul Ramadier, ministre chargé des Mines, lors de sa visite de l'*École* le 11 juillet 1937.

des fêtes de Gayant à Douai. Le sous-secrétaire d'État aux Mines, Paul Ramadier, accompagné du directeur des Mines Lambert Blum-Picard, de l'Ingénieur Général des Mines Louis Crussard, de l'Ingénieur en chef des Mines Alexandre Grard (Promo 1989), vice-président de l'*Association*, honoraient de leurs présences cette célébration.

À la remise de la croix de la Légion d'honneur à l'*École* le 5 décembre 1937 par Paul Ramadier. Désiré Danjou (Promo 1937, major de 3e année) qui recevra la croix porte le coussin aux couleurs nationales. Louis Montaigne (Promo 1903), Marcel Quimbre (Promo 1920), Émile Siviard (1908), officiers de réserve et titulaires de la croix, épée au poing, montent une garde d'honneur

- Le 6 août 1937, la croix de chevalier de la Légion d'honneur est décernée à l'*École*. Et le 5 décembre 1937, Paul Ramadier remet la croix de la Légion d'honneur à l'*École*.

Cependant, dans l'euphorie que procurent la loi des quarante heures et la découverte des congés payés, on évite de regarder le ciel qui s'assombrit dangereusement :

- Le krach de Wall Street survenu en 1929 engendre le marasme un peu partout dans le monde.
- Le recrutement de l'*École* décroît d'une façon alarmante.
- À la sortie de l'*École*, les Douaisiens connaissent des difficultés d'embauche.
- Les compagnies minières de l'époque ne reconnaissent pas le diplôme de Conducteur de Travaux miniers.
- De plus en plus, des anciens élèves quittent la mine.

Néanmoins la ligne Maginot est en construction et apporte un débouché aux anciens, qui prouvent qu'ils sont capables de s'adapter aux techniques des Travaux Publics.

1939-1943

Le 3 septembre 1939, la seconde guerre mondiale est déclarée. La France est divisée en deux : une zone occupée où se trouve Douai et, au sud de la Loire, une zone libre, où se trouve Alès. L'*École* continue de fonctionner, mais l'*Association* est mise en sommeil, l'occupant refusant toujours les autorisations nécessaires pour la diffusion du bulletin de liaison.

Durant l'occupation, les conditions de vie à l'*École* sont difficiles. En 1943, l'École des Beaux-Arts, contiguë à notre *École*, est détruite.

1944-1945

Le 11 août 1944, un bombardement sur la gare de Douai est imminent. Le directeur fait évacuer l'*École* après un déjeuner ultra-rapide. Le bombardement a lieu dans l'après-midi.

La guerre prend fin. L'*Association* a perdu 18 des siens. Des anciens ont fait preuve d'héroïsme autant durant les combats que dans la Résistance.

Citons la carrière de René Graillot (Promo 1930) : service militaire dans l'aviation en 1932-1933, engagé en 1935, sorti en 1939 de l'École d'officiers d'Avord (Cher), sous-lieutenant à partir du 15 septembre 1939, il participe comme pilote d'avion à la campagne de 1939-1940, quitte la France fin janvier 1941 pour l'Afrique du Nord, puis l'Angleterre. Nommé lieutenant en septembre 1941, capitaine en mars 1945, il rentre en France en septembre de la même année. En mars 1946, il retourne en Indochine jusqu'en mars 1948, date à laquelle il est mis en congé du personnel navigant. Son palmarès : 108 missions aériennes, Officier de la Légion d'honneur, Croix de guerre 1939-1945, Croix de guerre des TOE, Médaille de l'Aéronautique.

Félix Andrzejewski (Promo 1934) fut un des premiers à prendre part à la Résistance à Bangui (République Centrafricaine). Engagé au régiment de marche du Tchad avec lequel il fit toute la campagne libératrice jusqu'au 11 mars 1945, il sauta sur une mine en participant au dégagement des poches de Gironde. Amputé des deux jambes, il reçut la cravate de commandeur de la Légion d'honneur en 1965.

D'autres anciens participèrent efficacement à la Résistance. Mentionnons :

- Ildephonse Tahon (Promo 1913), directeur des Houillères de Saint-Étienne dans le bassin minier de la Loire, étroitement surveillé par l'occupant, puis arrêté. Sa dignité et l'habileté de ses réponses ne laissèrent pas de prise aux Allemands.
- Toussaint Coéroli (Promo 1924), est Ingénieur en chef de la Compagnie des Mines de Laurium (filiale de la Société française des Mines de Peñarroya) pendant l'occupation ennemie de la Grèce. Il organisa avec succès le sabotage des mines, afin d'empêcher l'ennemi de tirer profit de leur production. Il apporta aide et hospitalité à un officier allié, fut déporté dans un camp de concentration de Larissa (Grèce) pendant plus de six mois. Soumis aux plus durs traitements, il ne dévoila rien du réseau de résistance auquel il appartenait.

  Voici le texte du certificat délivré par le Field Marshal H.R. Alexander, commandant suprême allié du théâtre méditerranéen :

« En reconnaissance à Toussaint Coéroli et pour apprécier les services rendus aux soldats, marins, aviateurs de l'Armée anglaise pendant la campagne de Grèce en facilitant leur séjour et leur évasion, empêchant de la sorte leur capture par l'ennemi. »

En 1952, il est nommé Chevalier de la Légion d'honneur. Le gouvernement grec lui décerne la Croix d'or de l'ordre du Phénix.

Le site de la rue Victor-Hugo (6 000 m^2) s'avère insuffisant pour doter l'*École* des structures indispensables à l'édification d'un établissement moderne. Un terrain d'une superficie de 3 hectares est disponible rapidement, rue Charles Bourseul. En hâte sont mis en chantier des baraquements provisoires. Ils ne seront opérationnels qu'au

L'*École* s'installe provisoirement, de 1944 à 1946, dans les locaux de l'École Nationale des Industries Agricoles, rue de l'Université.

7 avril 1947. Le retard des travaux astreint l'*École* à écourter la scolarité des promotions 45 et 46 de 4 mois.

Mise en sommeil forcé par les hostilités, l'*Association*, encouragée par les groupes régionaux, reprend ses activités. Le groupe de Douai, réuni à l'hôtel de ville le 25 novembre 1945, mandate un Comité provisoire pour organiser des élections et revenir à un fonctionnement statutaire.

Un bulletin est diffusé en décembre 1945, qui annonce la réunion de ce Comité pour le 13 janvier 1946.

1946

L'année 1946 est donc l'année de la reprise des activités de l'*Association*, dont le bureau s'installe au 3 de la rue du Canteleu à Douai.

L'Assemblée Générale se réunit à Douai le 28 juillet 1946, après sept années d'interruption. Elle nomme comme président Emmanuel Bertiaux (Promo 1913), Ingénieur TPE (Mines).

Le Comité National est invité à intervenir officiellement auprès du Ministère de la Production Industrielle et des Charbonnages de France pour que les deux Écoles des Mines de Douai et d'Alès aient la place qu'elles méritent dans le statut du mineur.

Le 22 septembre 1946, réunion du Comité National pour discuter les objectifs suivants : position des anciens dans le statut du mineur, consolidation de la position de l'*École* en métropole et Outre-Mer dans les mines de fer et de potasse, préparation à l'*École*, nouvelles constructions de l'*École*.

Le centenaire de l'École des Mines d'Alès est célébré les 6 et 7 octobre 1946 à Alès.

1947

Durant l'année 1947 commencent les discussions pour l'intégration des deux Écoles Techniques des Mines dans le statut du mineur et pour la réorganisation de l'*École*.

Un accord est trouvé le 6 octobre 1947, entre les directeurs des deux Écoles et les présidents des deux Associations représentées par : MM. Eyssandier (directeur de l'École d'Alès), Baseilhac (directeur de l'École de Douai), Dumoulin (président de l'Association A.E. d'Alès), Gineys (Ingénieur des Houillères de Saint-Étienne), Cheneval (Industriel à Alès), Bertiaux (président de l'Association de Douai), Grard (Ingénieur en chef des Mines), Tison (professeur à l'*École*). Cet accord porte sur la position des anciens élèves dans la hiérarchie minière et sur les modifications à apporter aux programmes d'enseignement pour les mettre en harmonie avec le développement de la mécanisation et de l'électrification des travaux souterrains.

Pour la petite histoire, signalons qu'en avril 1947 la « *Save the Children Federa-*

tion », qui s'est donné pour tâche de venir en aide aux étudiants d'établissements sinistrés, a invité l'Université du Maine aux États-Unis à prendre comme filleule l'*École* technique des Mines de Douai.

Les baraquements sur le site Bourseul de 1945 à 1952.

Le 30 août 1947, Eugène Fenzy (Promo 1892) décède à Arras. Rappelons les paroles que lui consacre le 5 décembre 1937 Louis Leprince-Ringuet, Inspecteur Général des Mines, directeur de l'École des Mines de Paris, au moment de la remise de la croix de la Légion d'honneur à l'*École* :

« ... souvenir personnel qui demeure profondément gravé dans ma mémoire ... c'est celui de cette nuit de Courrières où, après une journée d'infructueuses tentatives, j'entreprenais une recherche pour atteindre la fosse 3, alors qu'on ne disposait d'aucun appareil respiratoire. Au cours de cette exploration, qui a duré une dizaine d'heures et pour laquelle des volontaires s'étaient offerts en grand nombre, un Contrôleur des Mines a fait preuve d'admirables qualités de dévouement. Ce Contrôleur, vous le connaissez, c'est lui qui a organisé par la suite le poste central de secours, qui a mis au point l'appareil qui porte son nom. »

1948

En février 1948, le texte de l'accord du 6 octobre 1947 fait l'objet d'un rapport commun des Ingénieurs en chef des Mines, directeurs des Écoles Techniques des Mines d'Alès et de Douai, MM. Eyssandier et Baseilhac.

Le 12 septembre 1948, à l'Assemblée Générale de l'*Association*, on parle de fédération des deux Associations d'Alès et de Douai.

1949

L'année 1949 est une année d'attente ; le Conseil Général des Mines n'a pas encore donné son avis sur le rapport commun de février 1948 et sur le classement des Écoles d'Alès et de Douai dans le statut du mineur.

En revanche, à l'École d'Alès, par l'arrêté ministériel du 16 août 1949, le programme des connaissances exigées pour l'entrée à l'*École* a été modifié pour se rapprocher de celui des Écoles des Arts et Métiers.

En octobre 1949, la promotion 1899 fête le cinquantenaire de sa sortie de l'*École*.

1950

L'année 1950 est celle du changement et de la prise de conscience pour faire face aux situations difficiles.

Le Comité National du 22 janvier 1950 voit la mise au point du projet des statuts de la Fédération Nationale des Anciens Élèves des Écoles d'Alès et de Douai.

En mars, les promotions 1880-1890-1900-1910-1920-1930-1940 sont invitées plus particulièrement à fêter leur anniversaire décennal lors de l'Assemblée Générale du 11 juin 1950.

1951

La fédération Alès-Douai prend forme et le Comité National choisit ses représentants : Alexandre Grard (Promo 1899), Emmanuel Bertiaux (Promo 1913), François Laurent (Promo 1927), Jean Colliot (Promo 1935) et Roland Hérenguel (Promo 1935).

La restructuration des groupes régionaux se poursuit, en particulier dans le Nord :

- le 6 mai 1951, le groupe de Lens regroupe les ressortissants d'Hénin-Liétard, Lens, Liévin et Oignies ;
- le 3 juin 1951, le groupe de Marles regroupe les ressortissants d'Auchel, Bruay-en-Artois, Nœux et Béthune.

Le nombre de groupes régionaux est ramené à 12.

Le 3 juin 1951 se tient à Paris la première Assemblée Générale décentralisée regroupant 130 camarades. Elle débute par une bonne nouvelle : le démarrage de la première tranche des travaux de la nouvelle *École* sur le site de la rue Bourseul.

Le président signale qu'il est toujours sans nouvelles du sort donné au rapport commun de février 1948 des Ingénieurs en chef des Mines, directeurs des Écoles d'Alès et de Douai. Il regrette en particulier que l'arrêté ministériel du 16 août 1949, qui rapproche l'École d'Alès des Écoles des Arts et Métiers, ne concerne pas Douai.

L'Assemblée émet donc le vœu que cet arrêté, qui fixe le programme d'entrée à Alès, soit appliqué à l'École de Douai.

Il est également demandé qu'un cours de préparation militaire supérieure soit ouvert à Douai comme à Alès.

Comme prévu, Maurice Payen (Promo 1910) succède à Emmanuel Bertiaux (Promo 1913), qui est nommé président d'honneur.

Le décret du 11 octobre 1951 est considéré par tous les anciens élèves comme un désastre pour l'avenir de l'*École* et comme un reniement des accords passés de la part de l'Administration. Le décret portant modification du décret du 1er juin 1941 stipule en effet dans son article 1 :

« L'*École* ne reçoit, en principe, que des ouvriers français âgés de plus de 19 ans au 1er juillet de l'année de leur entrée à l'*École* et ayant accompli au moins 400 journées de travail productif rémunérées dans les mines.... »

La bonne foi du Comité National et des anciens élèves a été surprise par la publication d'un décret en opposition formelle avec les accords pris avec les directeurs des deux Écoles devant le directeur des Mines.

Le Comité National réuni le 21 octobre 1951 confirme unanimement son intention de poursuivre la réalisation du programme commun résultant des accords du 6 octobre 1947, repris dans le rapport commun précité de février 1948, qui maintient l'égalité complète entre les deux Écoles.

Il demande l'annulation du décret du 11 octobre 1951 pris en violation des accords et décide en conséquence d'envoyer un télégramme à M. le ministre de l'Industrie et de l'Énergie.

Au cours de la discussion, les membres du Comité ont dénoncé un certain nombre d'erreurs et présentent les observations suivantes :

L'*École* n'a nullement un caractère régional. Elle est nationale. Si l'on se reporte à l'annuaire 1950, on constate que seulement 32 % des anciens élèves sont occupés dans les houillères du bassin du Nord-Pas-de-Calais, alors que 58 % travaillent dans les autres départements, dans l'Union française et à l'étranger. Les derniers 10 % sont constitués par des retraités.

La proportion d'anciens élèves employés dans les Houillères du Bassin du Nord et du Pas-de-Calais est importante, mais l'expansion hors bassin est plus considérable et il faut tenir compte de cette situation pour l'étude des programmes d'enseignement et dans l'intérêt des Industries extractives de la France et des Colonies.

Le rapport des directeurs des Écoles de Douai et d'Alès de février 1948 a souligné la similitude des Écoles techniques des Mines et des Écoles des Arts et Métiers et la nécessité d'adapter les programmes d'entrée et de l'enseignement à l'*École* à cette similitude et à l'évolution de la technique minière.

La proportion des élèves des dernières promotions ayant les diplômes du brevet ou du baccalauréat est de 60 à 70 %. Le brevet s'obtient normalement à 16 ans. Il reste donc à ceux qui en sont pourvus deux ans et demi pour leur préparation à l'*École*, dont le programme d'entrée peut donc être sérieusement augmenté. Il faut encourager cette préparation par une information appropriée naturellement pendant le stage dans la mine d'abord et à l'*École* ensuite.

Cette préparation par les collèges modernes et techniques ou par les cours complémentaires n'exclut nullement la préparation par les Écoles techniques minières organisées par les groupes des Houillères Nationales ou dans différents centres miniers de l'Est.

Il ne fait aucun doute pour les anciens élèves des deux Écoles que c'est cette voie qu'il faut résolument continuer à suivre.

Les mesures nécessaires ont été prises pour Alès par l'arrêté du 16 août 1949 ; il ne faut pas tarder davantage à les appliquer à Douai.

Le rehaussement du programme d'entrée et de celui de l'enseignement de l'*École* est indispensable. Il lèvera les objections qui sont présentées par certains pour l'attribution du titre d' « Ingénicur de Travaux Miniers » dans les conditions prévues aux accords d'octobre 1947.

Le décret du 11 octobre 1951 fixe la limite d'âge à 19 ans au 1er juillet de l'année d'entrée à l'*École*.

L'accord du 6 octobre 1947 l'avait fixée à 18 ans au 1er janvier au lieu du 1er juillet qui était alors en vigueur.

L'*Association* s'en tient au texte qui a été adopté pour Alès et Douai le 6 octobre 1947.

Elle demande instamment que la limite d'âge d'admission soit fixée d'une manière uniforme pour Alès et Douai à 18 ans au 1er janvier de l'année d'entrée et que le décret qui remplacerait celui du 11 octobre soit rédigé en conséquence.

Le stage préliminaire de quatre cents jours aux travaux « productifs » est la contrepartie des autres modifications proposées par l'accord du 6 octobre 1947. Le terme « productif » peut prêter à confusion. Il faudrait plutôt dire quatre cents jours de travaux contribuant à la bonne formation professionnelle.

L'*Association* proteste donc contre les dispositions du décret du 11 octobre 1951 qui impose un stage de 400 jours à Douai sans la contrepartie nécessaire, alors que l'arrêté du 16 août 1949 a modifié le programme d'enseignement d'Alès sans qu'une mesure identique soit prise pour Douai. Elle est fermement attachée au principe d'égalité complète entre les deux Écoles et s'élève contre les mesures qui tendent à rompre cette unité.

En demandant que le diplôme d'« Ingénieur des Travaux Miniers » soit accordé aux meilleurs élèves de 3e année et en justifiant leur demande par les considérants de leur procès-verbal du 6 octobre 1947, les directeurs et les présidents des Associa-tion*s* des deux Écoles se sont basés sur une situation de fait.

Bon nombre d'anciens élèves des Écoles d'Alès et de Douai deviennent ingénieurs jeunes encore, tant dans les houillères que dans les mines de fer, mines de potasse, mines métalliques, etc. Un certain nombre atteignent des grades d'Ingénieur en chef ou Directeur et réussissent brillamment.

À ce propos, faut-il rappeler l'opinion du directeur général d'une grande société sidérurgique de l'Est qui exploite d'importantes mines de fer : « Il est remarquable de constater que les exploitations qui obtiennent le meilleur rendement et assurent la sécurité la plus grande au personnel sont dirigées par des anciens élèves de Douai »

Les Ingénieurs en Chef des Mines qui ont assumé la direction de l'*École* pendant de nombreuses années - Henri Kuss (15 ans), Maurice Mettrier (7 ans), Achille Stouvenot (7 ans), Daniel Ganière (10 ans) - se sont particulièrement attachés au placement des anciens élèves avec l'*Association*.

L'Ingénieur en chef des Mines Ganière, lors de sa nomination à Douai, critiquait la place prise par les anciens élèves dans la direction et dans les postes élevés dans certaines mines, et en particulier dans les mines de fer de l'Est. Au bout de quelque temps à la direction de l'*École*, il changea complètement d'avis. C'est lui qui créa la 3e année d'études et renforça le corps professoral avec le concours des Ingénieurs des Mines de l'arrondissement minéralogique.

En 1938, à sa nomination au poste de directeur général des Mines domaniales de potasse d'Alsace, il ne tarda pas à appeler auprès de lui, soit comme Ingénieurs de puits, soit comme Ingénieurs principaux et même comme Ingénieurs en Chef des Travaux du fond, d'anciens élèves de Douai.

Ce n'est pas un cas unique d'appréciation. Un Inspecteur Général du Corps des Mines, appelé à la direction générale des Mines de Sarre-et-Moselle, a nommé Ingénieurs des anciens élèves après leur avoir fait passer une ou deux années au bureau des études et des essais. Lorsque M. l'Ingénieur des Mines Baboin prit la direction du bureau d'études du fond des Mines de la Sarre, il choisit un grand nombre de collaborateurs parmi les anciens élèves des Écoles d'Alès et de Douai. On pourrait multiplier les exemples qui ont encouragé l'*Association* à se défendre.

On a fait observer que la mesure proposée pourrait empêcher de passer ingénieurs les anciens élèves méritants qui ne seraient pas sortis dans les premiers. Les associations considèrent au contraire que, si l'aptitude de certains élèves de Douai et d'Alès est constatée par un diplôme officiel, il sera plus aisé aux autres qui, dans l'exercice de leur métier, auront fait leurs preuves, de mettre en doute la valeur absolue du critère du rang de sortie.

Les différents directeurs qui ont étudié le problème de l'avenir de l'*École* déclarent les mesures proposées équitables et conformes à l'intérêt général. Ils estiment que leur rejet serait mauvais et injuste.

En définitive, l'*Association* prend les positions suivantes :

- Elle confirme les résolutions qu'elle a prises antérieurement concernant la mise en vigueur des accords du 6 octobre 1947 intervenus entre les présidents des Associations et les directeurs des deux Écoles sous l'égide de la direction des Mines.
- Elle demande instamment que soient annulés le décret 2361 du 1er juin 1941 et le décret du 11 octobre 1951 : le premier parce que pris illégalement sous l'occupation allemande, alors que l'*Association* des anciens élèves de Douai était dans l'impossibilité d'intervenir pour modifier son texte, comme l'Association d'Alès a pu le faire, étant en zone libre ; le second parce qu'il reproduit le texte du décret précédent en ce qu'il porte à 400 jours le stage pratique à la mine, en ne retenant qu'une partie des dispositions de l'accord du 6 octobre 1947.
- En vue d'obtenir la réalisation des vœux de l'*Association*, le président effectue dès le début de novembre 1951 toute une série de démarches.

1952

L'année 1952 est une année de continuation et de mise au point relative à la réforme de l'*École*.

Le Comité National de l'*Association* confirme son opposition à la fixation de la limite d'âge minimum à 19 ans au 1er juillet de l'année d'entrée à l'*École*.

Les membres du Comité National demandent instamment à M. le directeur de l'*École* de vouloir bien prendre en considération les accords du 6 octobre 1947 qui conduisent à une évolution de l'*École* inspirée bien moins par l'intérêt particulier des anciens élèves que par le souci de répondre aux besoins de l'ensemble de l'industrie minière métropolitaine et d'Outre-Mer, compte tenu de son évolution.

Ils souhaitent de tout cœur qu'il veuille bien accepter de leur apporter un soutien pour leur réalisation attendue depuis quatre ans déjà et ils le prient d'être assuré de leur attachement et de leurs sentiments respectueux et dévoués.

Le Comité a examiné ensuite les possibilités d'améliorer et de développer le bulletin. Il demande que les anciens élèves participent d'une manière plus active à sa rédaction.

Le président continua ses démarches auprès du ministre de la Production et de l'Énergie, Jean-Marie Louvel, à qui il exposa la position de l'*Association*, rigoureusement conforme aux accords intervenus le 6 octobre 1947. Les démarches personnelles du président auprès du ministre ont été appuyées par des membres du Parlement, grâce aux interventions de nos camarades Hippolyte Lhenry (Promo 1911) et Jean Colliot (Promo 1935).

Au cours de ces nombreux entretiens, le président a rencontré l'opposition de la Direction des Mines, qui tenait essentiellement à faire aboutir le projet d'arrêté portant application du décret du 11 octobre 1951, dont elle avait prévu l'effet pour le concours 1952. Les échanges de vues ont également apporté une connaissance plus précise de notre position et permis une étude plus approfondie de la formation intellectuelle et technique de la maîtrise et des Ingénieurs de l'industrie minière en fonction de l'évolution de cette industrie.

D'autre part, l'attention de Jean-Marie Louvel a été appelée sur l'importance de la question de la réforme de l'*École* et de l'avis des anciens élèves directement intéressés à son succès.

Pendant cette période de pourparlers, M. le directeur de l'*École* a complètement revu son projet de réforme qu'il avait soumis à l'*Association* en juillet 1951. Au cours de voyages à l'étranger, notamment en Angleterre et en Allemagne, il fut inspiré par leurs méthodes de formation.

L'étude du projet de réforme de l'*École* est ensuite immédiatement abordée par la lecture des lettres reçues à ce sujet de nos camarades Louis Achiary (Promo 1911), Henri Brunat (Promo 1908), du président du groupe Ouest Raymond Queudot (Promo 1935), et de René Pouillaude (Promo 1934). Le projet est ensuite discuté point par point.

Au cours de la séance de l'après-midi, à la demande que lui avait présentée le président de l'*Association*, Henri Nicolas, directeur de l'*École*, a bien voulu développer ses points de vue devant les membres du Comité et leur apporter des précisions importantes.

Dans une lettre du 28 mai 1952 Pierre Signard, directeur général adjoint des Houillères Bassin Nord-Pas-de-Calais, donne l'accord des houillères sur le contenu de la note de M. le directeur de l'*École* au sujet de la réforme de celle-ci.

Le directeur de l'*École* donne également connaissance de la lettre du 7 juin 1952 de la Chambre syndicale des Mines de fer de France.

D'après cette lettre, la majorité des directeurs des Mines de fer de France n'est pas d'avis de délivrer un deuxième diplôme de Chef d'Exploitation de mines quatre ans après la sortie de l'*École*.

En ce qui concerne les mines métalliques, M. le directeur indique que ce projet a reçu un accueil favorable (MM. Blondel et Perrineau).

Le directeur de l'*École* examine avec les membres du comité national les objections que soulève le projet.

Il apparaît que tous les futurs agents de maîtrise doivent avoir de solides notions de topographie, celles-ci étant indispensables pour les Chefs d'Exploitation en général isolés des mines métalliques, et la création d'une section spéciale ne semblera pas désirable.

En ce qui concerne le stage au fond de la mine, la formation pratique, dirigée sous le contrôle du service des Mines, devrait être organisée rationnellement et comprendre non seulement l'abattage mais tous les autres travaux productifs (pose de voies, conduite et entretien de machines, boisage, etc.).

Le niveau d'entrée doit être amélioré. Il est désirable que les jeunes gens bien doués poursuivent leurs études dans un collège technique ou un cours complémentaire jusqu'à 16-17 ans. Les centres de formation professionnelle des Mines doivent organiser des cours préparatoires permettant à leurs bons élèves d'atteindre à 19 ans le niveau d'entrée de l'*École*.

La durée des études, fixée à trois ans pour tous les élèves, est favorablement envisagée par le comité national, la proportion de cours généraux paraissant devoir être supérieure aux 15 % prévus dans le projet. Le renforcement de l'enseignement du français est indispensable. Des stages de 2 à 3 mois doivent être conservés.

La question des deux diplômes (conducteur des travaux miniers et brevet de compétences de Chef d'Exploitation Minière) et du jury a fait l'objet de longs débats. L'idée est originale et en définitive paraît intéressante ; elle est adoptée par le Comité National.

Le temps de commandement militaire devrait être compris dans les 4 ans prévus pour accéder au diplôme de Chef d'Exploitation de Mines.

Pour marquer le caractère national de l'*École*, le Comité National souhaite la voir désignée : École Nationale technique des Mines de Douai.

Le Comité National de l'*Association* propose à l'Assemblée Générale de retenir le projet de réforme soumis par le directeur de l'*École* et charge le président d'obtenir les améliorations souhaitées par le Comité National. Le président rend compte au Comité National des résultats de sa mission en vue des décisions définitives à prendre. À l'unanimité des membres présents, cette proposition est acceptée par l'Assemblée Générale du 15 juin 1952.

Le projet est soumis le 1er juillet 1952 au conseil de perfectionnement de l'*École*, qui confie à une Commission d'Études l'examen détaillé des réformes envisagées.

Cette Commission, présidée par le directeur de l'*École*, comprend quatre membres représentant : les professeurs de l'*École*, les Houillères du Bassin du Nord et du Pas-de-Calais, la chambre syndicale des Mines de fer et l'*Association* des anciens élèves. La première réunion de la Commission a lieu le 7 juillet 1952.

La réorganisation sera inspirée des méthodes de formation des Ingénieurs et Chefs d'Exploitation en Allemagne, en Angleterre, aux États-Unis. Le programme de formation de l'École des Mines de Bochum (Allemagne) pourrait servir d'exemple.

1953

L'année 1953 voit l'aboutissement des efforts menés depuis 1947. La réforme de l'*École* se poursuit.

l'*École* forme du Personnel de Maîtrise Supérieure, des Conducteurs de Travaux Miniers. L'enseignement est réparti en trois années d'études. Chaque année comporte trois stages d'instruction pratique. Le diplôme est attribué aux élèves ayant obtenu 65 % des points de mérite.

En outre, un brevet de compétence de Chef d'Exploitation Minière pourra être délivré à ceux qui ont fait preuve de qualités de commandement, d'organisation, d'initiative dans un délai de quatre ans au moins après la sortie de l'*École*.

Le 4 mars 1954, inauguration du site Bourseul.

1954

Le 4 mars a lieu l'inauguration des locaux de la première tranche de la nouvelle *École* sous la présidence de Jacques Desrousseaux, directeur des Mines et de la Sidérurgie au Ministère de l'Industrie, entouré d'Henri Nicolas, directeur de l'*École*, Édouard Gonnet (Promo 1933), sous-directeur, et Maurice Payen (Promo 1910), président de l'*Association*.

Le 27 juin, l'Assemblée Générale de l'*Association* des anciens élèves se tient dans les nouveaux locaux de l'*École*, sous la présidence de Gustave Tison (Promo 1909) et de Maurice Payen (Promo 1910). La promotion entrée en 1954 renoue avec les traditions et relance le Bal des élèves. Georges Cancade (Promo 1957) en est le promoteur.

1955-1956

L'année 1955 voit l'attribution des premiers brevets de compétence (à titre rétroactif), ce qui fait des mécontents parmi les anciens élèves qui occupent des fonctions dans des bureaux d'études et qui, bien que donnant satisfaction à leurs employeurs, en sont exclus d'office.

L'Assemblée Générale de l'*Association* a lieu à Grenoble.

La rentrée scolaire 1955 se présente comme suit :

1re année : 24 élèves ;
2e année : 25 élèves ;
3e année : 28 élèves.

L'année 1956 est marquée par le décès de Toussaint Coéroli (Promo 1924), directeur de la Compagnie française de Laurium (Grèce), président de la Chambre de Commerce française d'Athènes, membre du Conseil supérieur des Français de l'étranger, Conseiller du Commerce extérieur de la France.

L'Assemblée Générale du 3 juin 1956 a lieu à Douai dans les locaux de l'*École*, sous la présidence de Maurice Payen (Promo 1910) ; est créé un fonds l'*École* pour le développement de la formation générale et de la culture des élèves, alimenté par les dons des anciens élèves.

Reprise du bal des élèves, le 24 décembre 1956, dans le salon de l'hôtel de ville de Douai. Les élèves font appel à l'*Association* pour les aider financièrement à la reprise de la tradition.

1957

En 1957, le groupe de l'Est fait part de ses inquiétudes sur les projets d'ouverture d'Écoles techniques ou instituts polytechniques à Metz ou à Nancy.

On constate également une augmentation importante dans les nouvelles promotions des grandes Écoles.

Le 26 octobre, inauguration officielle de la deuxième tranche de travaux de l'*École* sous la présidence de Pierre Alby et de M. Villenoisy, représentant respectivement le secrétaire d'État à l'Énergie et le secrétaire d'État aux Arts et aux Lettres.

Les discours sont prononcés par Henri Nicolas, directeur de l'*École*, Maurice Payen (Promo 1910), président de l'*Association*, et Pierre Alby, directeur des Mines.

Le Bal de l'*École* a lieu le soir dans les salons de l'hôtel de ville de Douai et l'Assemblée Générale des anciens élèves se déroule le 27 octobre à Douai.

1958

En septembre, départ d'Henri Nicolas, directeur de l'*École*, pour prendre le poste de directeur de l'Énergie et de l'Industrialisation de l'Algérie.

Claude Daunesse est nommé directeur de l'*École*.

1959

Le 7 juin, 1959, Assemblée Générale de l'*Association* des anciens élèves à Douai sous la présidence de Maurice Payen. Cette année voit le décès de Télésphore Caudron (Promo 1913), Ingénieur principal des Houillères du Bassin Nord-Pas-de-Calais, retraité, maire de Bruay-en-Artois et député du Pas-de-Calais.

1960

Notons qu'en 1960, au mois de février, Jérémie-Pierre Fontaine (Promo 1908), administrateur directeur général de la Société des Forges et Aciéries du Nord et de l'Est, a été nommé administrateur de l'Union sidérurgique du Nord de la France, Usinor.

Le 11 juillet 1960, la commission des titres d'Ingénieur reconnait à la section complémentaire de l'*École* des Mines le droit de délivrer le diplôme d'Ingénieur.

Le bulletin de liaison entre anciens publie un article sur les relations entre stagiaires et anciens lors des stages.

1961-1962

En 1961, Raoul Panse (Promo 1934) prend la présidence de l'*Association*.

Le 1er août l'*Association* est endeuillée par la catastrophe minière survenue au puits de Sainte-Fontaine des houillères de Lorraine.

Trois anciens Élèves de l'*École* y ont trouvé la mort : Christian Beck (Promo 1929), Marcel Lux (Promo 1934), Ingénieurs, et Roger Carpentier (Promo 1946), Ingénieur des TPE (Mines).

Depuis trois ans, le nombre des candidats au concours d'entrée à l'*École* est en chute vertigineuse.

Il est certain que le stage probatoire n'est guère incitatif, les renseignements glanés un peu partout par les anciens le confirment.

Les années 1961-1962 voient revenir à l'*École* des anciens élèves des promotions 1948-1952 pour suivre les cours de la section complémentaire et obtenir un diplôme d'Ingénieur.

1963-1964

La grève des mineurs de 1963 et le plan de récession des Charbonnages ne sont pas de nature à attirer les jeunes anciens élèves à l'*Association*.

L'*Association* note le manque total de considération des industries extractives pour le diplôme délivré par l'*École*.

La création par l'Éducation Nationale d'Écoles Régionales d'Ingénieurs avec un niveau de concours à peine plus élevé que celui de Douai ou d'Alès (sans l'inconvénient du stage probatoire) ne peut que nuire au recrutement des deux Écoles d'Alès et Douai.

En dépit des multiples efforts déployés, les réformes successives de l'*École* sont en fait un échec aux yeux de l'*Association*. Elles donnent l'apparence de « replâtrage ».

Ces considérations placent l'*École* devant un choix définitif : disparaître ou se transformer totalement.

L'Assemblée Générale des anciens élèves qui se tient le 6 juin à Reims sous la présidence de Raoul Panse (Promo 1934) fait confiance au directeur Claude Daunesse et au sous-directeur Édouard Gonnet (Promo 1933) pour l'avenir de l'*École* et de l'*Association*.

Des mesures sont envisagées :

- Suppression du stage probatoire.
- Niveau du concours porté au niveau du baccalauréat mathématique.
- Durée des études : 4 années coupées par 5 stages obligatoires en entreprises.
- Création de nouvelles options : métallurgie, sidérurgie, mécanique, bâtiment, travaux publics.

Le décret du 6 octobre 1964 et un arrêté du 19 octobre suivant confirment qu'à partir du recrutement 1965 ces mesures seront appliquées et que le diplôme d'Ingénieur sera délivré.

1965

L'année 1965 voit la rentrée de la première promotion d'élèves-ingénieurs.

À la réunion du Comité National du 16 janvier, le président demande aux membres les plus influents et les mieux placés de l'*Association* d'effectuer une propagande de nature à donner au recrutement 1965 toute l'importance souhaitable !

Le 20 février 1965 a lieu une rencontre des délégations des deux associations d'anciens élèves d'Alès et de Douai, en vue d'établir et d'entretenir des contacts amicaux à l'échelon national et aux échelons régionaux.

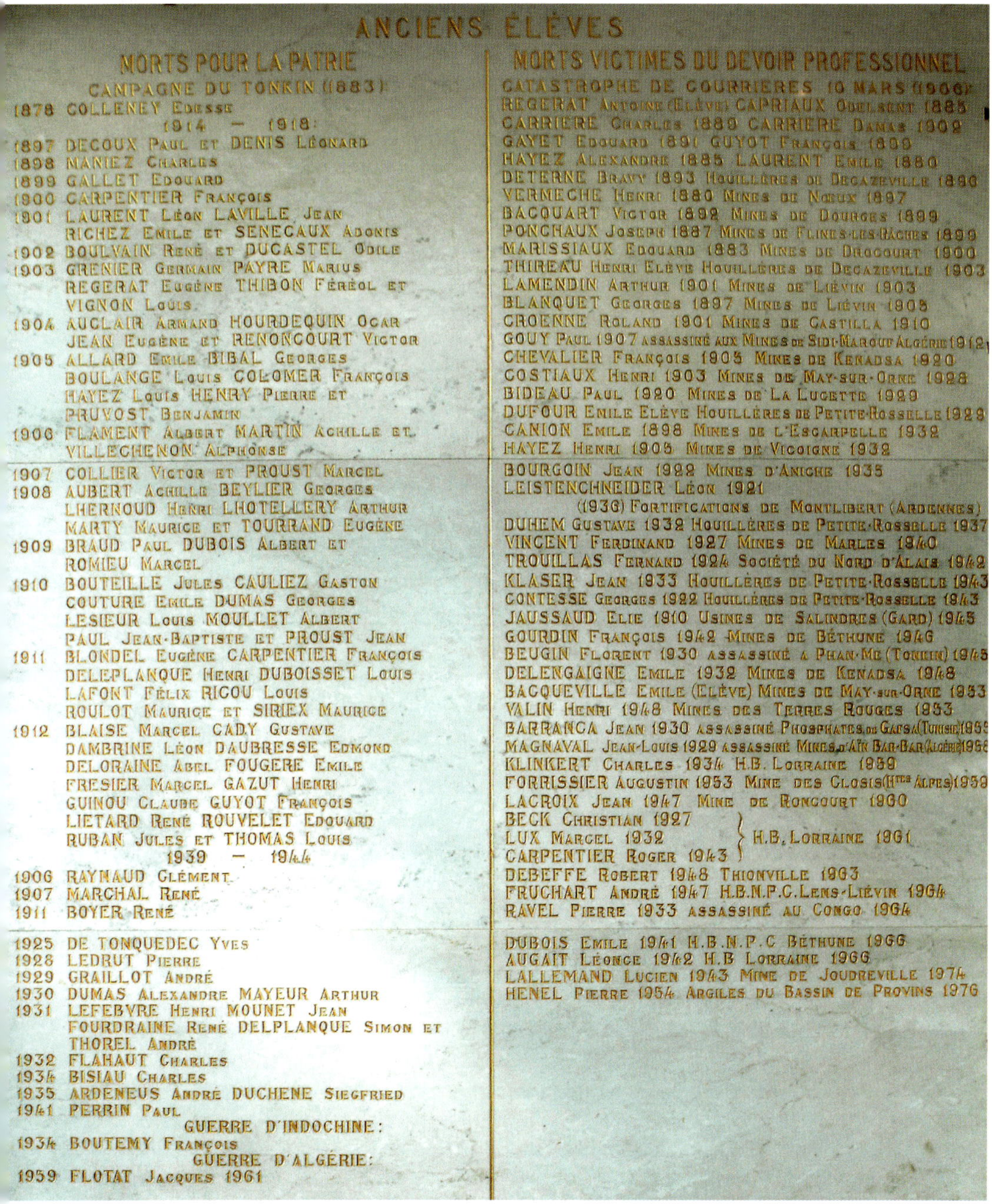

Plaque commémorative apposée dans le hall d'accueil du site Bourseul (2016)– voir Annexe [A.12]

Les problèmes suivants sont évoqués :

- placement des anciens : Alès communiquera à Douai des renseignements concernant l'aide qu'il est possible d'apporter à nos camarades rapatriés d'Algérie. Un débouché peut s'offrir dans un organisme international. Les candidatures seront arrêtées par les présidents. De sérieuses références sont demandées ;
- nécessité d'un effort de propagande pour faire connaître les deux Écoles auprès des entreprises et auprès du corps enseignant de l'Éducation Nationale ;
- reconversion des deux Écoles : les dossiers ont été transmis le 16 janvier 1965 par le ministre de l'Industrie à la commission des titres d'Ingénieur ;
- la section complémentaire : les Alésiens et les Douaisiens qui remplissent les conditions administratives pour suivre les cours de la section complémentaire présentent tous des cas particuliers, parfois très délicats, nécessitant un examen minutieux ;
- organisation des rapports Alès-Douai : dès que seront connues les positions prises par les Assemblées Générales des deux Associations au sujet des relations Alès-Douai, les présidents respectifs fixeront une nouvelle réunion pour former un Comité commun qui étudiera les problèmes posés aux deux Associations.

La première promotion nouvelle formule comprend 26 élèves-ingénieurs. Lors de la cérémonie de rentrée, le sous-directeur de l'*École*, Édouard Gonnet, souligne : « L'École demeure et sa nouvelle formule n'est que le prolongement d'une longue évolution. Les jeunes doivent savoir que ce sont leurs anciens qui ont fait la renommée de l'École. »

Le Comité décide, avec l'accord de la direction, d'installer dans le hall d'entrée une plaque commémorative pour honorer la mémoire des anciens élèves morts au champ d'honneur et les victimes du devoir professionnel.

1966-1968

La collaboration des deux Écoles Alès et Douai se précise : une première réunion des deux directeurs a lieu, à laquelle sont conviés les présidents des Associations.

Il est acquis que la publicité pour le recrutement des élèves au concours d'entrée des deux Écoles soit conduite de pair.

La création des Instituts Universitaires de Technologie (IUT) donne des craintes aux anciens élèves. Ils préconisent de se montrer plus actifs pour présenter l'*École* dans les lycées et collèges et, pourquoi pas, avoir des relations avec les Associations de parents d'élèves.

Une grande satisfaction : le diplôme d'Ingénieur de l'*École* est reconnu par la commission des titres.

Une nomination bien méritée : Édouard Gonnet (Promo 1933), sous-directeur de l'*École*, est fait Chevalier de la Légion d'honneur.

Édouard Grandame (Promo 1922) est élu président à l'Assemblée Générale du 3 juin 1967 à Douai.

Édouard Gonnet quitte la sous-direction de l'*École*.

Roland Hérenguel (Promo 1935) est nommé sous-directeur, tandis que Michel Derain (Promo 1951) est nommé secrétaire général. En 1967 l'*Association* adhère à la FASFID (Fédération des Associations et Sociétés Françaises d'Ingénieurs

Diplômés) et devient membre associé de l'APEC (Agence pour l'Emploi des Cadres).

Le mois de décembre 1967 est un mois de deuil pour l'*Association* : le 19, décès de Gustave Tison (Promo 1909) et le 21, décès de Roland Hérenguel (Promo 1935).

À la réunion du Comité National du 15 juin 1968, Camille Rogez (Promo 1942) est élu président de l'*Association*.

1969-1970

L'année 1969 voit la suppression provisoire de la section complémentaire par suite du manque de candidats.

En novembre, au cours de la 34e séance des débats parlementaires, Henri Darras, député-maire de Liévin (Pas-de-Calais), à la suite d'entretiens avec d'anciens élèves, intervient à la Chambre des députés en faveur de l'*École* sur les points suivants : valorisation de l'*École*, changement d'appellation (proposition : École Nationale d'Ingénieurs des Industries et des Mines), relèvement du niveau du concours à Bac+1. L'arrêté ministériel du 2 novembre 1970 porte le niveau du concours d'entrée de l'*École* à Bac+1.

Une des premières machines-outils à commande numérique dans les écoles françaises d'ingénieurs en 1973.

1971-1973

Le 26 juin 1971, le comité d'enseignement de l'*École* propose au ministre chargé des mines l'exclusion de 6 élèves de 2e année et 1 élève de 3e année pour résultats et aptitudes insuffisants. Les éléments de contexte des exclusions comprennent une grève de 21 élèves protestant contre une décision du conseil de discipline et une fermeture de l'*École* pendant 15 jours.

En septembre 1971 André-Claude Lacoste, Ingénieur des mines, est nommé directeur de *l'École.*

Un laboratoire d'informatique est créé à l'*École.*

À la rentrée d'octobre 1971, pour la première fois une jeune fille, Catherine Guillou (Promo 1975), est élève-ingénieur.

La Direction des Mines propose le titre suivant pour l'*École* : « ÉCOLE NATIONALE SUPÉRIEURE DES TECHNIQUES INDUSTRIELLES ET DES MINES DE DOUAI ».

671 candidats sont inscrits au concours 1972.

L'*École* devient en février 1973 membre d'ADRINORD (Association pour le Développement des Recherches scientifiques et Informatiques auprès des universités du Nord de la France).

Janvier 1973 - Création du CERMA (Centre d'Études et de Recherches de Mécanique Appliquée). Lors notamment de l'organisation de stages, il est apparu que les professeurs et les personnels de l'*École* pouvaient efficacement collaborer avec des industriels en vue de la résolution de certains problèmes techniques. C'est ainsi que tout naturellement est née, à la demande des industriels de la région et en particulier de Jean Muller, représentant de la Fédération des Industries Mécaniques, et de Jacques Henriet, Président de l'Union de la Métallurgie du Nord et du Pas-de-Calais, l'idée de créer un centre de recherches à l'École des Mines de Douai.

Camille Rogez (Promo 1942) quitte en 1973 la présidence de l'*Association* pour assumer la présidence de l'URGI (Union Régionale des Groupements d'Ingénieurs) Nord-Pas-de-Calais.

Georges Cancade (Promo 1957) est élu président.

Les modifications apportées aux études des ENSAM (Bac+2, +3) inquiètent la direction de l'*École* et l'*Association.*

La construction d'une Maison des Élèves, place de Mons à Douai, est inscrite au programme d'investissement.

L'*Association* transmet à Jean-Claude Sore, directeur de la Technologie, de l'Environnement et des Mines au Ministère du Développement Industriel et Scientifique, les vœux suivants : « Les anciens de l'ENTIMD, considérant que la modification du nom de leur École est nécessaire à son développement, tant pour attester du niveau des études que pour montrer la diversité des orientations, affirment leur attachement au projet de changement de nom de l'*École*, la dénomination « supérieure » à laquelle elle peut légitimement prétendre pouvant faciliter le recrutement ainsi que le placement des élèves à leur sortie. »

Pour la section complémentaire, les anciens élèves, très attachés à la vocation de promotion sociale de leur École, expriment le vœu que le projet de réouverture de cette section aboutisse afin que l'expérience de l'*École* en ce domaine puisse contribuer au développement de la formation permanente.

1974

La réouverture de la section complémentaire, la SC9, a lieu en mars. Elle est composée de 9 élèves-ingénieurs, dont un ancien élève de la promotion 1958.

Décès de Maurice Payen (Promo 1910), président de l'*Association* de 1951 à 1961 et président d'honneur depuis le 30 avril 1974.

1975

Par décret du 3 mars 1975, l'*École* devient : « ÉCOLE NATIONALE DES TECHNIQUES INDUSTRIELLES ET DES MINES DE DOUAI ».

Dans le statut des Charbonnages de France, les jeunes Ingénieurs issus de l'*École* débutent toujours à l'échelle 14 ; il est promis qu'ils passeront à l'échelle 15 après un an de service.

Nouvelles démarches auprès de la RATP, d'EDF, de la SNCF et de l'Association des Maires de France pour l'amélioration des conditions de début de carrière.

Un mémorandum est remis à Michel Durafour, ministre du Travail et maire de Saint-Étienne, demandant : le label « supérieure » pour l'*École* ; l'inscription de *l'École* dans le statut du mineur avec le départ de carrière à l'échelle 15 ; la prise en compte des stages des Ingénieurs TPE pour le calcul de la retraite ; enfin, le classement de départ de carrière pour les Ingénieurs de l'*École* débutant dans la fonction

Deux présidents de l'APEMDAM : Jean-Pierre Rusek et François Godin (Promo 1977 - années 90).

La halle de mécanique en 1976.

d'Ingénieur de villes de France et des collectivités. Sont inscrits 1 004 candidats pour le concours 1975. La promotion sera de 58 élèves Ingénieurs et la section complémentaire aura 16 élèves.

La Maison des Élèves est en cours de réalisation et sa mise en service est prévue pour la rentrée 1975. L'*Association* est partenaire de l'*École* et de la ville de Douai pour la gestion de cette Maison des Élèves. L'association pour le logement des élèves se met en place. Ses principaux dirigeants :

- Président : Georges Cancade (Promo 1957), président de l'*Association*.
- Vice-présidents : Christian Launay (Promo 1957), président du cercle et Charles Fenain, maire de Douai.

Le 28 juin, l'association des directeurs d'Écoles d'Ingénieurs du Nord-Pas-de-Calais est présentée à la presse régionale. Voir annexe [A.2]. Sous la présidence du directeur de l'*École*, elle réunit les 13 Écoles d'Ingénieurs de la Région, qu'elles appartiennent au Ministère de l'Éducation, au secteur privé ou au Ministère de l'Industrie et de la Recherche. Norbert Segard, ministre du Commerce extérieur et fondateur de l'ISEN (Institut Supérieur d'Électronique du Nord), participait à cette manifestation.

1976

L'*École* a déposé en mars sa candidature pour être habilitée à organiser un jury d'examen pour la délivrance du diplôme d'Ingénieur diplômé par l'État (DPE). L'arrêté du 24 août 1976 habilite l'*École* pour délivrer le DPE dans les matières suivantes : mines et carrières, métallurgie, mécanique, travaux publics, technique du bâtiment, génie thermique et climatique.

Le 19 mai 1976 est créée l'APEMDAM (Association du Personnel de l'École des Mines de Douai et de l'Arrondissement Minéralogique) – Voir annexe [C.2].

Des nouveaux laboratoires (halle d'usinage) sont inaugurés et mis en service à Dorignies en octobre 1976 sur un terrain de 5 ha appelé à permettre à l'*École* une extension de ses activités de recherche et d'enseignement.

Le 26 juin 1976, décès d'un « grand Vénérable » : Arthur Beugin (Promo 1912). Pendant toute sa carrière, d'abord comme géomètre, ensuite comme Ingénieur, il se consacra à la préparation des jeunes au concours d'entrée à l'*École*. 128 jeunes des secteurs de Marles, Auchel, Bruay, préparés par lui, furent élèves de l'*École*. Certains firent de brillantes carrières tant dans l'Administration que dans l'industrie privée. Il reçut la croix de la Légion d'honneur à titre posthume le 14 juillet 1976.

1977

À la suite de la visite du directeur du personnel de la SNCF en novembre 1976 à l'*École*, les anciens élèves seront recrutés comme attachés de 1re catégorie (cadres), avec une rémunération de 4 764 francs nets (au 1er avril 1977).

Le 3 décembre est inaugurée la Maison des Élèves par Antoine Ruffenacht, secrétaire d'État auprès du ministre de l'Industrie, du Commerce et de l'Artisanat.

Une plaque commémorative de l'ancien emplacement de l'*École* – rue Victor Hugo - est érigée au square du Maréchal-Leclerc ; elle est inaugurée en présence de Charles Fenain, maire de Douai.

Stèle érigée en 1977, à proximité de l'ancien emplacement de l'*École* qui a été détruite lors du bombardement du 11 août 1944 (2015).

1978

Jean-Michel Yolin, Ingénieur en chef des mines, est nommé directeur de l'*École*.

Le journal officiel du 23 mars publie une modification du statut du mineur. Les Écoles Nationales des Techniques Industrielles et des Mines d'Alès et de Douai figurent à l'annexe C de ce statut, ce qui signifie que les jeunes sortant de l'*École* débuteront à l'échelle 15 au lieu de l'échelle 14.

Le 8 mars, l'*Association* ouvre un compte à la Caisse d'épargne de Douai d'un montant de 25 000 francs, grâce au don de notre camarade Raymond Queudot (1933), du groupe de Paris.

Les intérêts du capital serviront à aider les élèves dans leurs manifestations extrascolaires.

Au Comité National du 4 novembre 1978, Jean Colliot (Promo 1935) prend la présidence de l'*Association* et souhaite la nomination d'un 1er vice-président étant donné ses charges professionnelles et son éloignement : il appartient au groupe de l'Ouest et habite Caen.

Le bureau National est constitué comme suit :

- Président, Jean Colliot (Promo 1935)
- 1er vice-président, Gustave Defrance (Promo 1955)
- Vice-présidents, Paul Guillain (Promo 1956) et Jean Vassal (Promo 1952)
- Secrétaire trésorier, Jean Lenne (Promo 1970)
- Secrétaire adjoint, Henri Kobierski (Promo 1948)
- Secrétaire général, René Bougamont (Promo 1933)

Le président Colliot lance un appel pour l'association des deux amicales Alès et Douai, au cours de la réunion du Comité National du 5 mai à Douai.

Au point de vue des statuts professionnels, la situation n'évolue pas avec la SNCF, les Télécommunications, EDF, GDF et les établissements hospitaliers.

Henri Kobierski (Promo 1948) prend la direction de la Maison des Élèves.

1979

En 1979, Jean Colliot est nommé Ingénieur général des Mines, et administrateur au Conseil d'Administration des Houillères Bassin Nord-Pas-de-Calais comme représentant du Gouvernement. Il est le premier ancien élève à accéder au grade d'Ingénieur général des mines.

Le 6 mai, première réunion pour l'attribution de la bourse Queudot.

Le journal officiel du 23 août annonce la nomination comme directeur de l'*École* d'Alès de Marcel Gérente (Promo 1957), Ingénieur en chef des Mines.

1980

Le 10 avril 1980 : le journal officiel confirme l'appellation supérieure de l'*École* qui devient : « ÉCOLE NATIONALE SUPÉRIEURE DES TECHNIQUES INDUSTRIELLES ET DES MINES DE DOUAI ».

Le journal officiel du 19 mai confirme les conditions de recrutement du personnel des services techniques communaux pour les anciens élèves des Écoles d'Alès et de Douai. Ils sont repris sur la liste B comme les anciens élèves des Arts et Métiers, IDN, HEI, ICAM.

La première Assemblée Générale commune aux Alésiens et Douaisiens se tient à Paris le 19 septembre 1980 dans les salons de la mairie du XVIe arrondissement, mis à notre commune disposition par le général Abdon Casso, président des Alésiens et maire du XVIIe.

Pour la première fois, l'*École* dépose un brevet d'invention : Pierre Adamiec, Claude Ghyselen, François Gajdzik (Promo 1960) et Jean-Louis Edmée ont inventé un dispositif de mise en charge d'une éprouvette de matériau.

1981

L'année 1981 a inauguré la donation Oscar Waquet (Promo 1913).

Oscar Waquet, sans enfant et après la mort de son épouse, a fait don à l'*Association* d'une somme importante (150 000 francs) afin de créer une bourse qui sera octroyée à l'élève le plus méritant de la promotion sortante ayant suivi les cours de l'option Mécanique-Métallurgie, selon le vœu du donateur. Cette donation est gérée par la Fondation de France.

1982

Une satisfaction le 15 juillet : le Ministère de la Santé reprend les Écoles d'Alès et de Douai dans le tableau I au lieu du tableau III du livre IV du code de la Santé publique.

Marcel Gérente (Promo 1957) quitte l'École d'Alès pour prendre la direction de l'École de Douai.

Gustave Defrance (Promo 1955) lui succéda à l'École d'Alès.

Oscar Waquet (Promo 1913), créateur de la donation qui porte son nom, décède le 13 septembre.

Lors du comité national du 20 novembre, pour des raisons de santé, Jean Colliot (Promo 1935) se retire de la présidence de l'*Association*.

Jean Vassal (Promo 1952) est élu président à l'unanimité.

Jean Colliot et Camille Rogez (Promo 1942) sont nommés présidents d'honneur.

1983

Le 18 mars 1983, deuxième rencontre entre anciens et élèves pour discuter de l'insertion dans la vie professionnelle.

Les thèmes retenus, en plus de ceux de l'année précédente, sont les suivants :

problèmes de l'embauche et choix d'une carrière ; formation complémentaire ; technique ; poursuite d'études dans une École d'Ingénieurs ; répercussion au niveau de l'embauche et du profil de carrière ; carrières dans le secteur de l'informatique et des industries de pointe.

Marcel Gérente (Promo 1957) est nommé membre de la commission administrative de la conférence des Grandes Écoles en sa qualité de directeur de l'*École*.

Le 19 novembre, Marcel Mestdagh (Promo 1949) quitte la présidence de l'Association pour le logement des élèves ; il est remplacé par Daniel Chenault (Promo 1971).

1984-1986

On parle déjà du centenaire de *l'Association,* qui sera célébré dans deux ans. On relance l'idée d'un nouvel insigne pour les anciens élèves.

Après quelques mises au point le nouvel insigne est défini : sigle de l'*École* avec le « d » gothique dans le noyau central, le tout sur fond doré.

La création d'une nursery d'entreprises à l'*École* pour préparer la création de jeunes entreprises est décidée.

L'*École* accueille le 11e Cartel des Mines.

Le programme des cérémonies du centenaire étant maintenant bien défini, le président Jean Vassal (Promo 1952) se retire en raison de son éloignement de Douai pour suivre efficacement la réalisation des projets. Charles Clément (Promo 1951) lui succède.

La présentation des manifestations prévues pour la célébration du centenaire de l'*Association,* qui auront lieu en 1986, est faite à l'Assemblée Générale :

- 17 juin : conférence scientifique sur la création du monde par Hubert Reeves, astrophysicien au CNRS ;
- 19 septembre : vernissage de l'exposition d'objets d'art réalisés ou collectionnés par des anciens élèves. Cette exposition a lieu à la Maison des Élèves ;
- 20 septembre :
  - à 10 heures : messe du souvenir en l'église Sainte-Thérèse, célébrée par l'abbé Marc Dubreucq (Promo 1976) ;
  - à 11 heures : cérémonies officielles du centenaire, présidées par Alain Poher, président du Sénat ;
  - à 15 heures : Taptoe, composé de 320 musiciens, a été retenu pour divertir les Douaisiens dans les rues de Douai ;
  - à 21 heures : soirée de Gala du centenaire dans les salons de l'hôtel de ville de Douai.
- 15 novembre : Gala des Mines organisé par les élèves ;
- 23 novembre : concert de l'orchestre symphonique de Moscou à l'Hippodrome de Douai ;
- 4 décembre : parrainage de la promotion 1986-1990 et de la SC21 par les deux présidents d'honneur de l'*Association* : Jean Colliot (Promo 1935) et Camille Rogez (Promo 1942).

Une plaquette sur l'*Association,* éditée en coopération avec l'*École,* est largement diffusée.

En 1985, l'École supérieure de métrologie est transférée de Paris à Douai avec la création d'un département Métrologie-Qualité qui comporte en son sein une option de même nom.

Le projet de construction de la deuxième Maison des Élèves est toujours en gestation. L'*Association* est sollicitée pour prendre la responsabilité de la construction de la Maison, alors qu'il existe une Association pour le logement des élèves dont l'*Association* est membre.

Les anciens élèves des Écoles des Mines d'Alès et de Douai sont classés en groupe (C) dans les statuts professionnels EDF-GDF à partir de la promotion sortie en 1985.

1987-1988

L'année 1987 voit la mise en service d'un fichier de placement sur Minitel. Un contrat est passé avec le Centre de Gestion Informatique du Douaisis. L'*Association* continue à adresser aux trois dernières promotions sorties un bulletin de placement Ingénieurs débutants tous les mois.

L'Europe est en marche : un titre d'Ingénieur européen est créé dans le cadre de la Fédération Européenne d'Associations Nationales d'Ingénieurs (FEANI). Le titre est délivré, par délégation de la Fédération Européenne, par chacun des membres nationaux de cette fédération (en France le CNIF), qui doivent mettre en place un Comité National chargé de cette délivrance.

En octobre 1987, Augustin Viseux (Promo 1930) reçoit les insignes de commandeur de la Légion d'honneur. Il est le deuxième ancien élève à accéder à cette dignité après Félix Andrzejewski (Promo 1934), grand invalide de guerre.

Nicolas Franco (Promo 1972) est le premier Douaisien à obtenir le titre d'ingénieur européen.

Le 9 décembre 1987, Jacques Chirac, Premier ministre, accompagné de quatre ministres de son gouvernement : Albin Chalandon, Alain Madelin, Pierre Méhaignerie et Jean-Jacques Descamps, est reçu à l'*École* dans le cadre d'un voyage consacré à la reconversion du Nord-Pas-de-Calais.

Jacques Chirac, Premier ministre en visite à l'*École* le 9 décembre 1987.

1989

Le 9 janvier est posée la première pierre de la seconde maison des élèves (400 chambres, un restaurant de 1 000 couverts) en présence de Michel Delebarre, ministre des Transports et vice-président du Conseil régional chargé de l'enseignement supérieur.

Marcel Gérente (Promo 1957) quitte l'*École* pour prendre à Paris le poste de délégué à la petite et moyenne industrie ; Gustave Defrance (Promo 1955) lui succède. Maurice Cotte (Promo 1964) est nommé directeur de l'École des Mines d'Alès.

11 avril 1989, François Mitterrand, Président de la République, parrain des promotions.

Le 11 avril, le Président de la République, François Mitterrand, préside le baptême de la promotion EURÊKA, nom du programme de coopération en haute technologie proposé par la France à l'industrie européenne et visant à renforcer la CEE face à la concurrence mondiale. Le Président de la République est notamment accompagné dans cette visite par Roger Fauroux, ministre de l'Industrie, et Hubert Curien, ministre de la Recherche.

Pierre Faurre, dans le cadre de la mission confiée successivement par Alain Madelin et Roger Fauroux, ministres chargés de l'Industrie, sur les missions et le statut juridique des Écoles des Mines de Paris, Saint-Étienne, Alès et Douai, préconise la transformation de chaque École en EPA (Établissement Public à caractère Administratif) et la transformation de l'Association ARMINES (crée en 1967) en société privée, filiale des quatre Écoles. Une étude de faisabilité de cette proposition est confiée à Paul Gardent, conseiller d'État.

Le parrain des promotions admises à la rentrée de 1989 (c.-à-d. les promotions 1993 FI et 1991 FCD) est Jean Gandois, PDG de Pechiney. Voir annexe [A.3].

1990

Dans le cadre d'une mission que lui a confiée Roger Fauroux ministre de l'Industrie sur l'adaptation des formations aux métiers de l'Industrie à l'horizon 2000, Georges Charcornac préconise de créer une 5e École des Mines sur le modèle des Écoles des Mines d'Alès et de Douai tout en doublant le flux de sortie de celles-ci.

Au titre de l'augmentation des formations d'Ingénieurs et de cadres supérieurs par la voie de la formation continue, le conseil de perfectionnement de l'*École* retient 3 projets : la formation en alternance d'Ingénieurs en plasturgie, la poursuite de la formation en section complémentaire, et des formations de spécialisation en robotique et en technologie des polymères et composites.

Le doublement des effectifs en formation à l'horizon 2000 est en projet sur la base de 154 diplômés en formation initiale et 86 en formation continue

La deuxième maison des élèves, la résidence Lavoisier, est mise en service.

Robert Germinet est nommé directeur de l'École des Mines créée à Nantes. Le Parrain des promotions admises en 1990 est Francis Mer, PDG d'Usinor-Sacilor.

1991

Demandé à l'*École* en début 1991, un projet de service est l'occasion d'une vaste réflexion associant le personnel et les élèves. Des plans d'action sont décidés et mis en œuvre dans les départements et services. Un nouveau logo de l'*École* est adopté.

Du 17 au 20 mai l'*École* accueille le 18e Cartel des Mines regroupant des étudiants provenant des Écoles des Mines d'Alès, de Bochum (RFA), de Madrid, de Nancy, d'Oviedo (Espagne), de Paris, de Saint-Étienne et de Turin pour un ensemble de compétitions sportives.

Le décret du 8 octobre modifie le statut de l'*École* qui devient EPA et un arrêté du 12 décembre crée un Comité technique paritaire et en fixe la composition et les attributions.

Le parrain des promotions admises en 1990 est Jacques Lesourne, directeur du journal Le Monde.

1992

Un arrêté du 11 mars nomme les membres du Conseil d'Administration de l'*École*.

La tutelle des Écoles des Mines au sein du Ministère de l'Industrie est confiée au Conseil Général des Mines et un Haut Conseil des Écoles des Mines est institué auprès du ministre chargé de l'Industrie par arrêté du 16 mars.

Le 3 juin a lieu la première réunion du Conseil d'administration de l'EPA sous la présidence de Bernard Legrand, PDG d'Aluminium Pechiney.

Daniel Cappelle (Promo 1981) succède à Bernard Lemoine (Promo 1975) à la présidence de l'*Association*.

Un projet de partenariat avec l'Institut Polytechnique du Haut-Cambrésis créé par les CCI de Valenciennes, Cambrai et Avesnes, ayant pour objet la formation d'Ingénieurs en productique (formation dite NFI-Nouvelle Formation d'Ingénieurs), est adopté par le Conseil d'Administration de l'*École* le 3 juin. Voir annexe [A.4].

Pour la première fois, l'*École* dispose d'un règlement intérieur qui régit le fonctionnement des institutions de l'EPA ; le règlement qui concerne les élèves prend le nom de « règlement de scolarité ».

Les instances consultatives de l'*École* sont désormais le Comité technique paritaire (CTP), le Comité de la recherche et le Comité d'enseignement.

À la rentrée scolaire une nouvelle option d'enseignement est proposée aux élèves : Environnement Industriel.

Dans sa réunion du 20 novembre, le Conseil d'Administration de l'*École* adopte des projets relatifs à la construction d'une troisième maison des élèves (200 chambres) et à l'acquisition des locaux de l'Agence de l'eau Artois-Picardie, locaux attenants aux laboratoires de l'*École* à Dorignies.

Le parrain des promotions admises en 1992 est Bertrand Collomb, PDG de Lafarge-Coppée.

1993

L'*École* accueille désormais 700 élèves, nombre à comparer à 600 en 1990 et 300 en 1983.

L'*Association* et l'*École* renforcent leur collaboration dans le domaine du placement pour tenir compte des tensions que peut désormais connaître le marché du travail pour les cadres.

Dans le cadre d'un projet élaboré par l'académie des sciences (PRIMECA), l'*École* crée une nouvelle option : Ingénierie Mécanique.

Une nouvelle méthode pédagogique pour l'enseignement des mathématiques (Apprentissage Par Problèmes : APP) est mise en place.

Le 7 décembre, Philippe Levaux, président de la Fédération Nationale des Travaux Publics, inaugure les nouveaux bâtiments du département Génie Civil sur le site de

Dorignies (2 200 m² de laboratoires, de locaux d'enseignements et de bureaux).
Christian Desmoulins est nommé directeur de l'École des Mines créée à Albi.
Le parrain des promotions admises en 1993 est Louis Schweitzer, PDG de Renault.

1994

Maurice Cotte (Promo 1964) est nommé directeur de l'*École*.
Un nouveau programme de formation générale et humaine est mis en place avec pour objectif pour l'*École* de former des Ingénieurs capables de bien appréhender les diverses relations entre l'homme, l'entreprise et son environnement.
L'évolution du concours fait l'objet de réflexions visant à organiser un concours commun aux Écoles d'Albi-Carmaux, Alès, Douai et Nantes au niveau Bac+1. Au Conseil d'Administration du 18 novembre, le président conclut le débat en notant que les avis convergent vers une grande réticence, notamment celle de l'*Association,* et une grande prudence.
Le centre de documentation de l'*École* est transféré dans les locaux de l'ancien service de restauration.
Le parrain des promotions admises en 1994 est Marc Viénot, PDG de la Société Générale.

1995

Un Centre National de Recherche sur les Sites et Sols Pollués est créé et pourra compter à Dorignies sur un nouveau bâtiment.
Dans le cadre d'un GIP (Groupement d'Intérêt Public), ce pôle de compétence devrait bénéficier du concours de l'INRA, du BRGM, de l'INERIS, de l'Institut Pasteur, des Universités, et de la proximité de la DRIRE, de l'Agence de l'eau et de l'ADEME.

Une participation remarquée du personnel de l'*École* en 1994, au premier marathon à New-York.

Jean Lempereur, responsable du service restauration de l'*École* de 1973 à 1995, service très apprécié des élèves, du personnel et des personnalités accueillies à l'*École* et à la DRIRE (1995).

Le transfert à Douai, au sein du département Métrologie-Qualité, des activités du laboratoire de métrologie d'Ivry et du bureau expertises, jusqu'à présent sous tutelle parisienne, est approuvé par le Conseil d'Administration du 7 décembre.

L'*École* signe un accord cadre avec les entreprises Sollac et Péchiney.

La baisse progressive du nombre de candidats en formation continue conduit l'*École* à lancer une réflexion sur l'avenir des Formations Continues Diplômantes, en relations avec des entreprises et divers partenaires.

Le 8 septembre, un protocole est signé pour mettre en place en 1996 un concours commun aux Écoles d'Albi-Carmaux, Alès, Douai et Nantes. L'*École* placée en choix n°1 est le lieu de passage de l'oral et le pourcentage de candidats venant de SUP est supérieur à 70 %.

La marraine des promotions admises en 1995 est Corinne Lepage, ministre de l'Environnement.

Le 1er octobre, Jean Lempereur part en retraite après avoir exercé pendant 22 ans les fonctions de responsable du service restauration.

1996

Le Conseil d'évaluation scientifique des Écoles des Mines, mis en place en 1985 à la demande d'Hubert Curien, ministre de la Recherche, est renouvelé. Présidé par Édouard Brézin, président du CNRS, le conseil décide le 7 mai 1996 de travailler sur le choix d'indicateurs pour les activités de recherche et sur le programme quadriennal de recherche des Écoles.

L'*École* décide d'ouvrir des chantiers sur la sensibilisation des élèves ingénieurs à la création d'entreprises et sur la formation commerciale.

Le projet pédagogique est modifié pour rendre les élèves davantage acteurs de leur formation.

L'*École* enrichit l'offre de formation sans altérer la formation de base afin de donner à chaque élève la possibilité de bâtir un itinéraire conforme à ses aspirations et à son projet personnel. En plus du choix d'option (7 options), 4 filières permettront des orientations spécifiques (international, recherche-innovation, commercial, entreprenariat).

9 442 candidats se sont inscrits au premier concours commun des Écoles d'Albi-Carmaux, d'Alès, de Douai et de Nantes. 2 662 ont pris Douai en choix n°1.

Les promotions entrantes ont pour parrain Jacques Maire, Directeur Général de Gaz de France.

Pour la 1re fois de son histoire, l'*École* est en mesure de remettre les palmes académiques à des membres de son personnel.

1997

La Commission des Titres d'Ingénieur (CTI) renouvelle l'habilitation de l'*École* dans le cadre d'une procédure qui intervient désormais tous les 6 ans.

Le partenariat avec l'IPHC de Valenciennes fait l'objet d'une convention qui précise les responsabilités de l'*École* pour une formation habilitée par la CTI sous le vocable : « Ingénieur IPHC-diplômé de l'École des Mines de Douai spécialité "productique, management et optimisation de la production" ».

Le 13 mai a eu lieu un audit du Conseil Scientifique sur le thème « génie des procédés ».

Le Conseil d'Administration décide de demander l'habilitation de la CTI pour une formation de spécialisation en Métrologie.

Le parrain des promotions admises en 1997 est Yves-Thibault De Silguy, Commissaire européen.

1998

L'*École* décide de créer un Mastère spécialisé en qualité et management dont le programme a été accrédité par la Conférence des Grandes Écoles. Le Conseil d'Administration considère que cette démarche intégrant toutes les facettes de l'entreprise et de son environnement est incontournable.

L'*École* décide de développer un partenariat avec l'INPI (Institut National de la Propriété Industrielle), comprenant notamment un programme de formation à l'innovation intégré au projet pédagogique de l'*École*. Pour les enseignants chercheurs, un programme de sensibilisation est mis en place.

Le placement des docteurs issus de l'*École*, qui fait l'objet depuis plusieurs années d'une attention particulière, se présente de la manière suivante : les 18 diplômés de 1996 sont tous placés ; pour les 14 sortis en 1997, 7 ont été immédiatement recrutés et 6 ont mis entre 6 et 12 mois pour trouver un emploi.

Les promotions entrantes ont pour parrain de promotion Jean-Martin Folz, PDG de Peugeot.

1999

Pierre-Franck Chevet est nommé directeur de l'*École*.

Une nouvelle option ayant pour objectif de former des Ingénieurs pluridisciplinaires sachant concevoir, réaliser et mettre en œuvre des systèmes d'information et de communication est créée et dénommée ISIC (Ingénierie des Systèmes d'Information et de Communication).

Les activités de recherche de l'*École* sont articulées autour de 3 thématiques transversales par rapport aux spécificités des départements : matériaux et procédés, environnement et énergie et processus et systèmes industriels.

Des journées de prospective organisées les 4 et 5 juin par l'*Association* et réunissant plus de 100 personnes ont conduit à formuler 26 propositions intégrables au plan d'action de l'*École* en cours d'élaboration.

Ce plan d'action tient compte du rapport Attali sur le rapprochement entre les grandes Écoles et les universités.

L'incubateur technologique dont dispose l'*École* depuis 1984, désormais dénommé « APUI » (Accompagnement des Projets Utiles et Innovants), va connaître un nouveau développement dans le cadre de la nécessaire formation entrepreneuriale des Ingénieurs. Voir annexe [A.5].

L'*École* est reconnue par le Ministère chargé de l'Industrie comme pôle National d'expertise dans le domaine des appareils à pression.

Les promotions entrantes ont pour marraine Anne Lauvergeon, PDG de COGEMA.

2000

En concertation avec l'ensemble des Écoles des Mines, il est créé une formation à distance dans le cursus de la Formation Continue Diplômante afin de réduire le temps passé à l'*École*.

L'*Association* propose que chaque élève soit parrainé par un ancien issu de la Formation Continue Diplômante.

L'*École* met en place les outils informatiques, notamment un site Web pour que l'interactivité et la convivialité facilitent la prise en main rapide par les élèves de toute documentation.

L'*École* accueille la première promotion de l'École Supérieure de Métrologie en constatant que le recrutement a été difficile pour diverses raisons.

L'*École* dépose un brevet international sur le pilotage d'un procédé d'injection des polymères.

Un groupe de travail appelé « OSEM » (Orientations Stratégiques des Écoles des Mines) a été mis en place par Francis Mer, président d'Usinor, dans le cadre d'une mission que lui a confiée le secrétaire d'État à l'Industrie.

Le professeur Lacombe, membre de l'Académie des sciences, fait don à l'*École* de sa bibliothèque de métallurgiste.

Le parrain des promotions entrantes est Noël Forgeard, administrateur gérant d'Airbus Industrie.

L'*École* accueille le 27e Cartel des Mines.

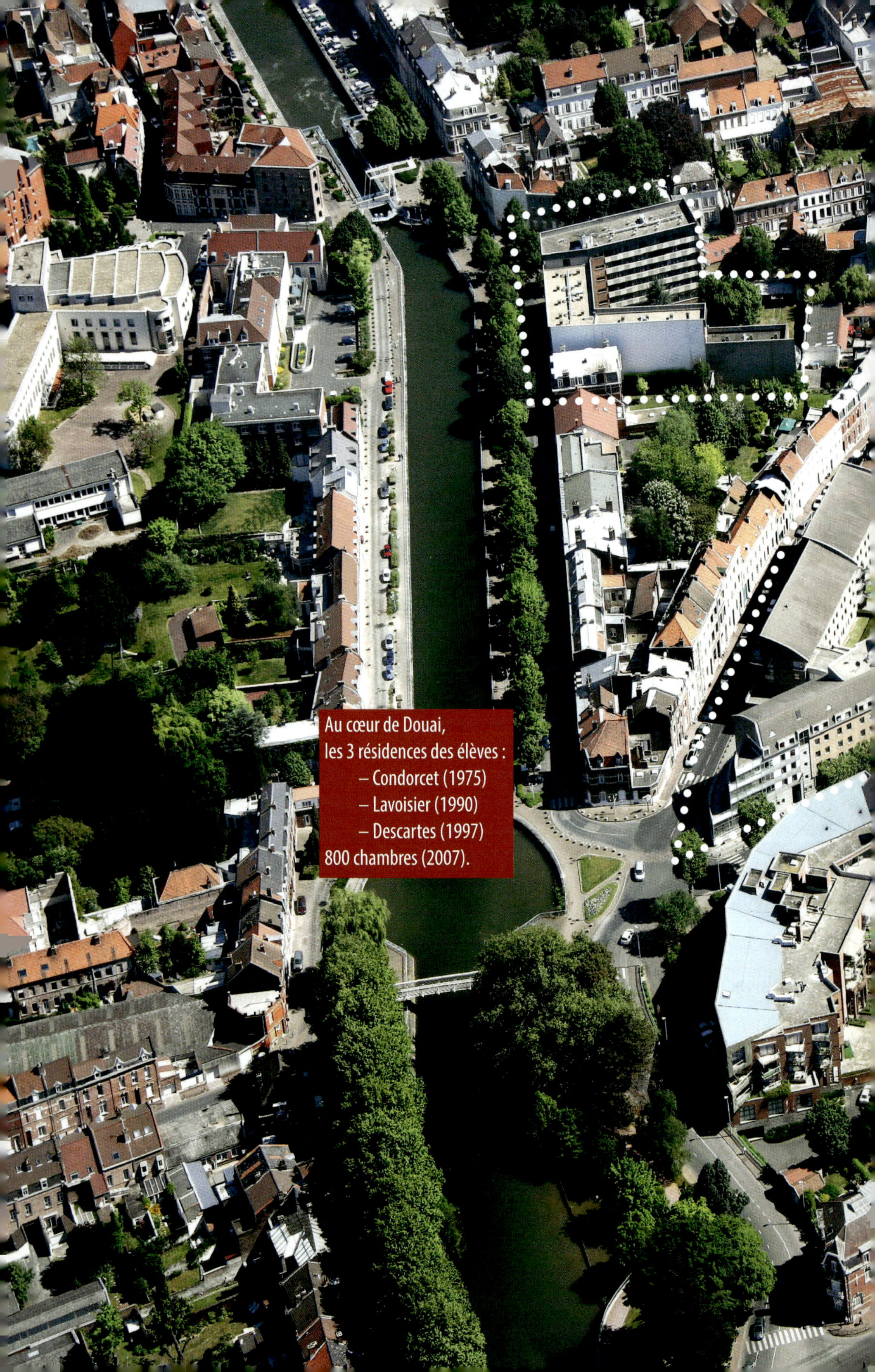

Au cœur de Douai,
les 3 résidences des élèves :
– Condorcet (1975)
– Lavoisier (1990)
– Descartes (1997)
800 chambres (2007).

F Bocquet
03 20 87 87 59

Remise de la médaille du travail et/ou des palmes académiques au personnel de l'*École* (2001).

2001

Du 3 au 10 novembre l'*Association* organise en Tunisie, avec le concours des diplômés de nationalité tunisienne, une série de rencontres et de visites sous le label « convention Tunisie 2001 ». Cette convention permet notamment des échanges fructueux entre les Écoles des Mines d'Alès, de Douai, de Nantes et les Écoles d'Ingénieurs de Tunis.

Gérard Marchand, président du Conseil d'Administration et du Comité de direction de Tessenderlo Chimie, est nommé président du Conseil d'Administration de l'*École*.

L'évolution de la pédagogie de l'*École* se concrétise par l'ouverture de stages hors industrie, par la responsabilisation des élèves pour trouver un stage, par un développement de la pédagogie par projets (logique de mise en situation au détriment d'une logique de cours magistraux).

Dans le cadre des suites de la mission OSEM, est créé un Conseil d'Orientation Stratégique des Écoles des Mines « COSEM », qui succède au Haut Conseil des Écoles des Mines qui a accompagné la création des EPA.

La Conférence des Directeurs d'Écoles des Mines « CODEM » sera présidée pour 3 ans par Robert Germinet, directeur de l'École des Mines de Saint-Étienne.

Les relations entre ARMINES et les Écoles des Mines font l'objet d'observations majeures de la Cour des Comptes avec un rapport spécifique pour l'École des Mines de Douai. Les promotions entrantes ont pour parrain Yves Claude, Directeur Général de Décathlon.

2002

Un plan quinquennal (2002-2006) de développement de l'*École* est mis en place ; il comprend 4 volets : enseignement, recherche et transfert de technologie, développement international, et gestion et moyens.

La nécessité de renforcer le travail en réseau des Écoles des Mines conduit à une évolution de leur gouvernance ayant pour objectif d'améliorer leur visibilité et leur crédibilité à l'international. Les moyens de la tutelle sont renforcés.

Un audit matériaux de l'*École* a lieu les 6 et 7 février avec la présence d'un groupe d'experts présidé par Jean-Claude Lehmann, directeur scientifique de Saint Gobain et président du Conseil Scientifique des Écoles des Mines.

L'ouverture d'un cursus de formation commun avec l'université de l'Artois (faculté de droit sise à Douai) est en projet sur le thème « expertise juridique et technique de l'environnement », avec comme diplôme un DESS ou un master.

L'*École* accueille en formation 76 techniciens de l'Industrie et des Mines dans le cadre des créations de postes de fonctionnaires pour l'inspection des installations classées.

Le Conseil d'Administration décide de rénover la résidence Condorcet de la maison des élèves.

Les promotions entrantes ont pour parrain Jean-Jacques Lefebvre (Promo 1972), PDG de la société Eiffage-Construction.

2003

Francis Mer, ministre chargé de l'Industrie, décide de séparer les fonctions de Directeur de la DRIRE et de Directeur d'École et de le faire à l'occasion du départ « naturel » des intéressés.

Cette décision est mise en application à Alès et à Albi-Carmaux.

Yves Lefin (Promo 1977) succède à Daniel Cappelle (Promo 1981) à la présidence de l'*Association*.

Les Écoles des Mines d'Albi-Carmaux, d'Alès, de Douai et de Nantes confient au CEFI (Centre d'Étude sur la Formation des Ingénieurs) une étude sur les modes de recrutements.

Un audit de la CTI a lieu les 24 et 25 juin et concerne l'*École*, l'IPHC et l'École Supérieure de Métrologie.

L'*École* développe des travaux relatifs au projet d'une grande École virtuelle. Les objectifs retenus pour ce projet sont de faire une offre de formation à distance à destination des publics français et étrangers et de développer des pédagogies s'appuyant sur les TIC (Technologies de l'Information et de la Communication).

Les entreprises étant de plus en plus confrontées aux problèmes de management des risques, à la recherche de méthodologies et d'outils fondés sur des approches pragmatiques et scientifiques, l'*École* bâtit un projet d'institut du management des risques et de la performance. Les objectifs sont de constituer un pôle de compétences destiné notamment à apporter à des Écoles d'Ingénieurs une formation humaine et managériale cohérente et de mettre en place pour les entreprises, grandes et petites, des missions d'audit et de conseil.

« Vitamines », nouveau support de communication interne et externe de l'*École*, est lancé en septembre.

Les promotions entrantes ont pour parrain Laurent Burelle, PDG de Plastic Omnium.

2004

Dans le cadre d'un partenariat avec 8 Écoles du CRGE (Comité Régional des Grandes Écoles) et l'INPI, un nouveau mastère « Management de la propriété industrielle et stratégie d'entreprise » est accrédité.

L'incubateur technologique APUI, qui accueille 11 projets, bénéficie du soutien financier du Conseil général du Nord ; 2 projets d'entreprise sont lauréats du concours national organisé par le Ministère chargé de la recherche.

L'EPA reprend à compter du 1er janvier 2005 l'activité hébergement, jusqu'ici prise en charge par l'ALEMTID (Association pour le Logement des Élèves de l'École Nationale des Techniques Industrielles et des Mines de Douai).

Les doctorants en dernière année de thèse bénéficieront désormais d'un contrat de travail à durée déterminée.

Dans le cadre du plan d'action international du GEM (Groupe des Écoles des Mines), l'*École* héberge le site Web du groupe à l'attention des étudiants étrangers.

Un catalogue des offres de formation communes aux Écoles des Mines est réalisé.

Le parrain des promotions entrantes est Guy Dollé, PDG d'Arcelor.

Sœur Emmanuelle à l'*École* dans le cadre de la journée de la solidarité en 2004.

2005

Jean-Claude Duriez (Promo 1971) est nommé directeur de l'*École*.

Dans le cadre de la demande présentée par de nombreuses entreprises, une filière logistique est créée avec les objectifs suivants : acquérir une connaissance approfondie des bases de la logistique et proposer une certification reconnue au plan international.

L'*École* s'implique dans les pôles de compétitivité. Elle est membre des pôles : I-Trans (ferroviaire) à vocation mondiale, MAUD (Matériaux à Usage Domestique), UP-TEX (textiles à haute performance), EMC2 (Ensembles Mécaniques et Composites Complexes d'Industrie du Commerce).

La non-reconduction du GIP « CNRSSP » (Centre National de Recherche sur les Sites et Sols Pollués) est actée par le Conseil d'Administration de l'*École* avec en perspective une suite pour ce projet de 1995 sous la forme d'un GIS (Groupement d'Intérêt Scientifique).

Les promotions entrantes ont pour parrain Jean-Claude Rouers, PDG de Clarion France SA.

2006

Grégoire Olivier, du groupe Safran, est chargé par le ministre de l'Industrie d'établir le plan d'orientation stratégique des Écoles des Mines (OSEM 2), à partir duquel chaque École établira son plan pluriannuel de développement (2007-2010).

Le plan de développement 2007/2010 contient les mesures suivantes : 250 à 300 Ingénieurs par an dont au moins 25 à 30 sous statut d'apprenti, 30 docteurs par an, 50 diplômes de spécialisation ou de mastères, doublement de l'activité d'APUI.

Le groupe ARMINES-Écoles des Mines est labellisé Institut Carnot. Cet institut a pour objectif d'accroître le transfert de technologie en favorisant la recherche partenariale.

Le Conseil d'Administration de l'*École* décide de fermer le département Métrologie-Qualité, qui n'a pas un volume de recherche suffisamment étoffé, et dont les prestations relatives à la métrologie légale sont en concurrence avec celles du LNE (Laboratoire National d'Essais).

Le parrain des promotions entrantes est Olivier Monfort, Directeur Général de Solvay France.

2007

Un service « Projet Professionnel et Emploi » (PPE) est créé par l'*École* et l'*Association*. Ce service a pour mission de faire un suivi de chaque diplômé à l'issue de la formation, mais d'intervenir aussi pendant la scolarité.

L'*École* est membre fondateur du PRES (Pôle de Recherche et d'Enseignement Supérieur, Université Lille Nord de France). Les missions du PRES concernent quatre domaines : recherche-innovation-valorisation, formation tout au long de la vie, études doctorales, relations internationales.

Pour répondre aux besoins des entreprises, des spécialisations sont mises en place dans l'option Génie Civil : spécialité BTP - environnement et spécialité produits et procédés de l'industrie du béton.

L'*École* participe à la création de l'incubateur « GENI » créé par 5 grandes Écoles du Nord-Pas-de-Calais et reposant sur 3 sites (Lille, Roubaix et Douai).

À la demande de l'État et de la région, un réseau « Solutions pour les sédiments et les sols pollués » est mis en place avec comme objectif de structurer, améliorer et déployer des filières économiques viables pour valoriser les sédiments et les sols pollués.

Horst Hippler, président de l'Université de Karlsruhe (Allemagne), est le parrain des promotions entrantes.

2008

Les statuts de l'Association GEM (Groupe des Écoles des Mines) sont publiés.

L'*École* développe la formation par la recherche de tout élève ingénieur avec pour objectif le développement de son sens de l'analyse critique, sa force de proposition et d'innovation, sa capacité à défendre ses idées et à communiquer.

L'*École* s'implique dans le Centre Européen des Textiles Innovants (CETI), qui a pour objectif de développer des travaux de recherche en association étroite avec des industriels, de favoriser un accès rapide à des outils de préséries, et de promouvoir l'utilisation innovante du textile.

L'Agence d'Évaluation de la Recherche et de l'Enseignement Supérieur (AERES), mise en place par la loi de programme pour la recherche en 2006 et qui se substitue au conseil scientifique des Écoles des Mines, envoie ses experts à l'*École* pour un examen de trois unités de recherche.

Les directeurs des Écoles des Mines et leurs collaborateurs rassemblés à Douai dans le cadre de la CODEM (Conférence des Directeurs des Écoles des Mines, 2008).

2009

Thérèse Martinet, Directrice des affaires publiques et de l'environnement de PSA Peugeot Citroën, est nommée présidente du Conseil d'Administration de l'*École*.

Un processus entamé début 2008 conduit à fusionner le corps des Ingénieurs des Mines et le Corps des Ingénieurs des télécommunications et à fusionner le Conseil Général des Mines et le Conseil des Technologies de l'Information pour créer le Conseil Général de l'Industrie, de l'Énergie et des Technologies (CGIET). Le CGIET a la tutelle des Écoles des Mines et de l'Institut des télécommunications.

Mme Christine Lagarde, ministre de l'Économie, de l'Industrie et de l'Emploi, demande à Pascal Faure, vice-président du CGIET, de faire un état des lieux « forces et faiblesses » de l'ensemble des Écoles qui relèvent de sa compétence.

La possibilité de renforcer les synergies entre les Écoles est étudiée dans la perspective d'une structure juridique unique avec une organisation déconcentrée qui respecte l'identité et la capacité opérationnelle de chaque École.

L'*École* entreprend une démarche « Compétences et VAE » (Validation des Acquis d'Expérience). Pour les élèves en formation, l'évaluation des compétences est un complément au projet pédagogique. Pour la VAE inscrite dans la loi de modernisation sociale de 2002, l'*École* a une expérience précise avec la procédure DPE (Diplômé Par l'État) à laquelle elle participe depuis 1977.

Une démarche développement durable est entreprise par l'*École*. Elle a pour objectifs de mobiliser le personnel et les élèves pour les enjeux du développement durable, de prendre en compte les valeurs du développement durable dans toutes les activités, de définir les grands axes de progrès et de mettre en place des actions (énergie, déchets...). Voir annexe [A.8].

Une spécialisation « Bâtiment à Énergie Positive » est mise en place dans l'option Génie Énergétique.

Le parrain des promotions entrantes est Georges Prêtre, chef d'orchestre.

L'*École* accueille le 36e Cartel des Mines.

2010

Vincent Théry est nommé directeur adjoint de l'*École*.

Dans le cadre d'un cursus en 3 ans, 2011 marquera la fin du concours SUP.

À la rentrée 2012, la promotion sera à 100 % recrutée à Bac+2 (se reporter au chapitre D).

L'État décide de créer un institut « Mines-Télécom ». Le mandat donné par la ministre fixe les objectifs : développer une politique d'excellence dans les domaines relevant du Ministère, contribuer à la dynamique des partenariats locaux pour la compétitivité, constituer « un grand établissement » auquel les Écoles des Mines seront rattachées. Voir annexe [A.10].

L'*École* crée un fonds de dotation pour permettre aux partenaires, entreprises et particuliers d'accompagner le plan de développement de l'*École* et contribuer à son ambition en matière de formation, de recherche et de création d'activités. Le président de l'*Association* est l'un des cinq administrateurs du fonds.

L'*École* est habilitée à co-délivrer un doctorat ; cette habilitation la conforte dans sa position de partenaire à part entière de l'université dans les formations de 3e cycle.

Le Baptême, un évènement important dans la vie de l'*École* (2011).

Dans le cadre de la décision du gouvernement de créer 10 internats d'excellence, l'*École* décide d'apporter son appui à celui de Douai qui sera à dominante scientifique et technique.

L'*École* crée un dispositif « Ressort » ayant pour objectif d'accueillir des cadres d'entreprise en recherche d'emploi.

Marc Roquette, président du Conseil d'Administration de Roquette Frères, est le parrain des promotions entrantes.

2011

Une réunion exceptionnelle du Conseil d'Administration de l'*École* permet d'examiner le projet de rattachement de l'*École* à l'institut Mines-Télécom qui prendra le statut d'EPSCP grand établissement (Établissement Public à caractère Scientifique, Culturel et Professionnel) à partir du 1er janvier 2012. L'*École* sera rattachée par voie de convention à cet institut.

Les bâtiments sur le site Bourseul, libérés par le départ pour Lille des services de l'ex-DRIRE (Direction Régionale de l'Industrie, de la Recherche et de l'Environnement), sont disponibles.

L'*École* participe à l'appel d'offres organisé par France Domaine afin d'acquérir le bâtiment situé à l'entrée du site Bourseul.

Un nouveau cursus de formation est mis en place pour les élèves qui ont une scolarité de 3 ans. Il permet notamment une individualisation des parcours, des enseignements aménagés et mieux adaptés, et un décloisonnement des cours d'option.

Le partenariat de 2004 avec l'ISPA (Institut Supérieur de Plasturgie d'Alençon) est renouvelé pour développer cette formation par l'apprentissage qui conduit au diplôme de l'École des Mines de Douai. Voir annexe [A.7].

Dans le cadre du plan d'investissements d'avenir de la région Nord-Pas-de-Calais, l'*École* participe à l'Institut de recherche technologique sur l'infrastructure ferroviaire (Railenium) et à l'Institut Français des Matériaux Agrosourcés (IFMAS). Ces deux partenariats sont similaires à la collaboration entre l'*École* et ARMINES.

En partenariat avec la conférence des Grandes Écoles, l'*École* organise sur son site le 3e rendez-vous des responsables développement durable des Grandes Écoles. Voir annexe [A.8].

Jean-Marie Duvivier (Promo 1973) est élu président de l'*Association*. Voir annexe [A.11].

Le parrain des promotions entrantes est Christian Streiff, président de CS Conseils

2012

Daniel Boulnois (Promo 1975) est nommé directeur de l'*École*.

L'*École* est membre du laboratoire d'excellence dans le domaine des physiques et de la chimie de l'environnement atmosphériques (CaPPA). Ce projet, établi en 2011 dans le cadre du programme d'investissements d'avenir, a pour objectif de mieux comprendre le rôle des aérosols atmosphériques. Une étude du Conseil régional montre que, parmi les incubateurs régionaux, c'est celui de l'*École* qui a permis le plus grand nombre de créations d'entreprise depuis 2008.

Le bâtiment de l'ex-internat sur le site Bourseul est utilisé en partie par le rectorat afin d'y accueillir des Inspecteurs de l'Éducation Nationale de la circonscription de Douai.

En sa qualité de membre fondateur, l'*École* participe à la création d'une fondation partenariale pour le développement du PRES.

Il se confirme que dans le cadre du bilan du plan de développement pluriannuel de l'*École* 2007-2011, l'hébergement et la restauration sont des postes de dépenses élevées. La préparation du plan de développement 2012-2016 conduit à évoquer des augmentations des frais de scolarité tant en formation initiale (850 € par an à ce jour, les 30 % d'élèves boursiers étant exonérés) qu'en formation continue diplômante.

L'*Association* publie un nouveau périodique : « Minerai ».

Le parrain des promotions entrantes est Hervé Le Bouc, PDG de Colas.

2013

Le budget de l'État prévoit pour la période 2013-2015 une diminution de 2,4 % par an de l'ensemble des ressources affectées aux Écoles des Mines et des Télécoms. Pour l'année 2013, le nombre de postes de fonctionnaires diminue de 11 % pour l'ensemble des Écoles. L'*Association* fait part de son inquiétude face à des restrictions budgétaires estimées par elle à 25 % de la dotation habituelle et diffuse largement une motion à ses instances dirigeantes.

L'*École* adopte un nouveau logo dérivé du logo de Mines ParisTech. Ce logo est commun à toutes les Écoles des Mines, mais chaque École a un coloris différent.

Une maison des langues (1 000 m^2) est créée dans l'ancien bâtiment de la DRIRE.

Une nouvelle option, associée au Génie Civil, est créée : « Ingénierie Urbaine et Habitat ».

Une chaire d'enseignement « Technologie des Polymères et Composites » est créée avec la Fédération de la Plasturgie et des Composites.

L'*École* teste, avec une promotion, des MOOC (« Massive Open Online Course » en anglais) ou cours en ligne, alors que depuis 10 ans elle assure des cours en e-learning.

Patrick Pouyanné, Directeur Général de la branche chimie raffinage de TOTAL, est le parrain des promotions entrantes.

MINES
Douai
inGHenia
CAMPUS ALTERNANCE
MINES Douai

Promotion
2015
25 septembre 2015

2014

Le Conseil d'Administration de l'*École* approuve la participation de l'*École* à la COMUE (COMmunauté d'Universités et d'Établissements) Lille Nord de France, créée en application de la loi de juillet 2013 relative à l'enseignement supérieur et à la recherche. La COMUE est conçue comme un espace de coopération et de coordination, au sein de la région Nord-Pas-de-Calais, entre les partenaires participants à l'enseignement supérieur et la recherche. Le Conseil d'Administration considère que les engagements doivent rester prudents avec une possibilité de retrait tout en s'inscrivant dans le cadre d'une dynamique nécessaire au niveau régional, dynamique complémentaire de celle qui au niveau national correspond à l'ancrage dans l'Institut Mines –Télécom. La COMUE correspond à une démarche beaucoup plus structurante et intégratrice que les anciens PRES.

Dans le cadre de la COMUE, les trois universités lilloises fusionnent pour donner naissance à l'université de Lille. Voir annexe [A.9].

Une réflexion est lancée sur l'hypothèse d'un rapprochement entre Télécom Lille et l'*École*, en privilégiant la fusion avec le maintien des deux sites.

Les droits de scolarité annuels fixés par arrêté ministériel s'élèvent désormais à 1 850 € (pour les ressortissants de l'UE) et à 3 850 € (pour les ressortissants d'un pays non membre de l'UE). Des exonérations peuvent être accordées par le directeur de l'*École* selon des critères fixés par le Conseil d'Administration.

L'*Association* s'étonne que le Conseil d'Administration ne soit pas consulté sur l'évolution des droits de scolarité.

Les bourses attribuées sur des critères sociaux sont basées sur les modalités et règles d'attribution en vigueur au Ministère de l'Enseignement Supérieur et de la Recherche (MESR).

Si la dotation de la tutelle n'est pas suffisante pour s'aligner sur les barèmes du MESR, les bourses sont calculées au prorata de la dotation reçue.

Le parrain des promotions entrantes est Étienne Corteel, directeur EDF région Nord-Pas-de-Calais.

2015

Le contrat de plan État/Région signé le 10 juillet concerne l'*École* pour cinq projets de recherche et la réhabilitation de la résidence Lavoisier.

Le Conseil d'Administration de l'*École* approuve le 18 novembre le principe de l'évolution du statut de l'*École* pour une intégration dans l'IMT qui est un grand établissement public à caractère scientifique, culturel et scientifique au sens du code de l'Éducation nationale. L'*École* ne sera donc plus un EPA (Établissement Public à caractère Administratif) à compter de 2017, mais son Conseil d'Administration devenu conseil d'École garde pleinement son rôle pour toute une série de décisions.

Le conseil d'administration de l'*École* approuve le projet de fusion avec l'École Télécom Lille (voir annexe [A.10]), sur la base du rapport établi par les directeurs des deux établissements et après avoir pris connaissance des avis des représentants des personnels, du Maire de Douai et du président de l'*Association*. Ce dernier souhaite que le projet aboutisse avec la construction d'un seul établissement qui délivre un seul diplôme après un cursus homogène. Les représentants des élèves de formation initiale s'abstiennent lors du vote.

L'*École* participe à la création d'un collégium regroupant les huit grandes Écoles proches de l'Université de Lille qui participent à la COMUE et au projet IDEX (initiatives d'excellence).

La baisse envisagée de près de 40 % de la taxe d'apprentissage, en conséquence de nouvelles dispositions réglementaires régissant cette taxe (baisse finalement limitée à 11 %), conduit à souligner l'importance des ressources propres de l'*École*. Jean-Marie Duvivier exprime l'inquiétude de l'*Association* quant aux capacités financières de l'*École* pour réaliser les grands projets en cours et s'abstient lors du vote du budget initial 2016 par le conseil d'administration.

Jean de Zélicourt prend la suite de Vincent Théry au poste de directeur adjoint de l'*École*.

En septembre, la 400e thèse de doctorat réalisée à l'*École* depuis la création des activités de recherche a été soutenue avec succès.

La marraine des promotions entrantes est Florence Poivey, présidente de la Fédération nationale de la plasturgie et des composites.

2016 (premier semestre)

Par décision du 12 janvier 2016, la Commission des Titres d'Ingénieur émet un avis favorable au renouvellement, pour la durée maximale de 6 ans à compter du 1er septembre 2016, de l'accréditation de l'École nationale supérieure des Mines de Douai, à délivrer les titres d'ingénieur diplômé suivants :

- « Ingénieur diplômé de l'École nationale supérieure des Mines de Douai » en formation initiale sous statut d'étudiant ainsi qu'en formation continue.
- « Ingénieur diplômé de l'École nationale supérieure des Mines de Douai » dans la spécialité « Génie industriel » en formation initiale sous statut d'apprenti en partenariat avec l'IPHC (inGHenia) sur les sites de Valenciennes et Douai.
- « Ingénieur diplômé de l'École nationale supérieure des Mines de Douai » dans la spécialité « Plasturgie et matériaux composites » en formation initiale sous statut d'apprenti en partenariat avec l'ISPA sur les sites d'Alençon et Douai.

La Commission des Titres d'Ingénieur émet un avis favorable au renouvellement, pour la durée restreinte de 3 ans à compter du 1er septembre 2016, à une première accréditation de l'École nationale supérieure des Mines de Douai, à délivrer sur les sites de Valenciennes et Douai, le titre d'ingénieur diplômé suivant :

- « Ingénieur diplômé de l'École nationale supérieure des Mines de Douai » dans la spécialité « infrastructures des transports ferroviaires » en formation initiale sous statut d'apprenti en partenariat avec l'IPHC (inGHenia).

Les droits de scolarités annuels fixés par arrêté ministériel sont augmentés de 300 € soit 2 150 € pour les ressortissants de l'UE et 4 150 € pour les ressortissants d'un pays non membre de l'UE.

Mathieu Charbonnier (Promo 2010) est élu président de l'*Association*.

Le parrain des promotions entrantes est Thierry Koskas, directeur commercial du Groupe Renault.

Entreprise Eiffage, viaduc de Millau.

L'École des Mines de Douai

Chapitre B

L'École partenaire des entreprises

La mine présentée avec force dans la publication de l'*Association*.

L'*École* partenaire des entreprises

Le magazine L'Étudiant publie chaque année un palmarès des Écoles d'Ingénieurs françaises. Sur 160 Écoles classées au palmarès 2014, l'École des Mines de Douai se distingue : elle se classe en 3e position nationale pour sa proximité avec les entreprises.

L'évaluation est faite selon le nombre de diplômés à l'étranger, le salaire de sortie, la durée des stages en entreprise et le nombre d'étudiants en alternance.

Un tel classement n'est pas le fruit du hasard et s'inscrit dans une trajectoire qui va des compagnies minières du Nord-Pas-de-Calais à la formation à la création d'entreprise.

Nous présenterons les relations de l'*École* avec les entreprises en adoptant le plan suivant :

I) Les compagnies minières du Nord et du Pas-de-Calais et la création de l'*École* en 1878.

II) Les sociétés minières, les entreprises des secteurs carrières et ouvrages souterrains.

III) Les entreprises du bâtiment et des travaux publics.

IV) Les entreprises de la plasturgie.

V) Recherche - développement et entreprises.

Le recrutement par l'État d'anciens élèves de l'*École* sera abordé dans le chapitre « Les relations de l'École des Mines de Douai et le Corps des Mines et le Service des Mines » (un décret du 2 janvier 1883 indique déjà que les 3 premiers de chaque promotion peuvent être recrutés sans concours comme Gardes-Mines).

I. Les compagnies minières du Nord et du Pas-de-Calais et la création de l'*École* en 1878

Le rôle joué par les compagnies minières du Nord et du Pas-de-Calais est bien mis en lumière par la lettre ci-après envoyée le 2 novembre 1871 par le Comité des houillères au Président et aux membres du Conseil Général du Nord.

« Messieurs,

Le Comité des houillères du Nord et du Pas-de-Calais sollicite du Conseil général un vœu favorable à la création, qu'il a demandée au Gouvernement, de concert avec la Chambre Consultative des Arts et Manufactures et l'Administration municipale de la ville de Douai, d'une École de Maîtres-Mineurs, établie sur les mêmes bases que celle à Alais dès l'année 1843.

Il me paraît utile, Messieurs, de mettre sous vos yeux, un résumé succinct, au point de vue spécial des exploitants et de la nombreuse population ouvrière qu'ils emploient, des motifs que les corps ci-dessus désignés, invoquent en faveur de l'utilité de la création de ladite École et de son établissement à Douai.

1° Utilité de la création d'une École de Maîtres-Mineurs dans la région du Nord.

Les bassins houillers du Nord et du Pas-de-Calais qui ne produisaient en 1860 que 22 millions de quintaux métriques, en produisent actuellement 45 millions ou le tiers de toute la France.

Dans 10 à 12 ans, leur production sera presque doublée, et atteindra le chiffre de 80 millions.

L'exploitation de la houille dans ces deux départements, qui occupe actuellement 30 mille ouvriers, en emploiera alors au moins 50 mille.

La surveillance, la conduite de ce nombreux personnel, exigent, en outre des Directeurs et des Ingénieurs, des Contre-Maîtres spéciaux qui aujourd'hui sont au nombre de plus de 300, et qui dans 10 ans seront au nombre de 600 au moins.

Le recrutement des ces Contre-Maîtres est une des grandes difficultés de l'exploitation. Ils doivent réunir des qualités spéciales : une bonne conduite, une grande pratique des travaux, et une instruction qui les mette à même de se rendre compte des ordres qu'ils reçoivent, et qu'ils ont à faire exécuter.

Il serait utile, non seulement pour le bon aménagement et la bonne marche des travaux, mais surtout pour la sécurité des ouvriers mineurs, et pour prévenir les accidents auxquels ceux-ci ne sont que trop exposés, que les Maîtres-Mineurs possédassent quelques connaissances générales élémentaires des méthodes d'exploitation, de géologie et de minéralogie et aussi de mécanique pratique qui les familiarisent avec le fonctionnement des nombreux engins mécaniques dont l'usage est si répandu et se répand de plus en plus dans les mines.

L'École d'Alais, qui rend de si grands services aux exploitations du Midi, témoigne, par les résultats qu'elle a fournis, de l'utilité qu'aurait pour les mines du Nord, la création d'une seconde École de Maîtres-Mineurs. Ces mines n'envoient et n'enverront jamais à Alais qu'un petit nombre d'élèves ; et cela par suite de l'éloignement, de la différence d'habitudes des populations, de la dissemblance des gisements et comme conséquence des méthodes d'exploitation.

À ces considérations générales s'ajoute un argument des plus concluants sur l'utilité de cette École ; c'est l'institution par dix des compagnies houillères du Nord et du Pas-de-Calais, dont on ne peut méconnaître la compétence en cette matière, de dix-neuf bourses annuelles de 500 fr. chacune pour l'entretien des dix-neuf élèves, et plus, pris parmi leurs jeunes ouvriers, et l'espoir fondé que bientôt toutes les autres compagnies houillères institueront de semblables bourses de sorte que la nouvelle École est dès maintenant assurée d'avoir un nombre d'élèves considérable.

2° Choix de la ville de Douai pour l'établissement de l'École des Maîtres-Mineurs du Nord.

L'utilité d'une École des Maîtres-Mineurs dans le Nord est reconnue depuis un certain temps déjà ; les Conseils d'Arrondissement de Valenciennes et de Douai, le Conseil Général du Nord ont à plusieurs reprises émis des vœux en faveur de sa création. Valenciennes, Lille et Douai, ont demandé l'établissement de cette École dans leurs murs. Mais à la demande d'un concours financier pour cet établissement, Valenciennes a répondu par un refus ; Lille n'a fait aucune offre ; Douai seule a répondu qu'elle mettait à la disposition de l'État l'Hôtel du Dauphin, situé au centre de la ville, et qu'elle était disposée à faire tout ce qui serait nécessaire pour l'installation et l'entretien de l'École.

Le Comité des houillères du Nord-Pas-de-Calais, juge le plus autorisé et le plus compétent dans la question, a lui-même désigné Douai comme la ville offrant les conditions les plus favorables pour l'établissement d'une École de Maîtres-Mineurs dont les élèves (qu'on ne le perde pas de vue) destinés à devenir des chefs d'ateliers et non des Ingénieurs doivent recevoir un enseignement pratique en même temps que théorique.

Douai est situé sur la limite commune aux deux Bassins, au centre même des exploitations houillères.

De cette ville rayonnent dans toutes les directions, des chemins de fer qui mettent les jeunes mineurs fréquentant l'École en relations faciles, promptes, économiques, avec leurs familles, et les maintiennent ainsi dans le milieu ouvrier où ils sont destinés à passer leur vie, à occuper leurs fonctions.

Ils peuvent, sans déplacement onéreux, visiter toutes les exploitations de la contrée, passer dans les travaux tout le temps consacré à l'enseignement pratique, rentrer fréquemment à l'École pour rendre compte de leur travail à leurs professeurs, et recevoir d'eux les instructions nécessaires à leurs opérations.

Douai offre en outre le calme, favorable aux études, et toutes les ressources désirables pour la vie modeste et économique que doivent mener de jeunes ouvriers appelés, je le répète, à conserver les habitudes du milieu dans lequel ils sont destinés à exercer leurs fonctions de Contre-Maîtres.

Tels sont, Messieurs, les motifs invoqués par le comité des houillères, à l'appui de la création d'une École de Maîtres-Mineurs, et du choix de son établissement à Douai. Ils sont de nature, je pense, à faire admettre la demande qu'il a eu l'honneur d'adresser au Conseil Général, d'un vœu qui aura une influence considérable sur la décision à prendre par le Gouvernement au sujet d'un École vivement sollicitée par une Industrie importante.

Veuillez agréer, Messieurs, l'expression de mes sentiments de hautes considérations. »

Vuillemin
Membre du Comité des houillères du Nord
et du Pas de Calais.

Cette lettre montre bien que l'*École* de Douai a été crée à la demande des compagnies minières du Nord et du Pas-de-Calais.

Le 27 mars 1878, le Président de la République, le Maréchal de Mac Mahon, signe le décret d'institution de l'*École*, calqué sur l'ordonnance du 22 septembre instituant l'École d'Alès.

Le premier Conseil d'Administration de l'*École*, constitué en application de l'article 11 du décret, comprend 7 représentants de l'industrie minière sur 11 membres :

- M. Courtin, des mines de Liévin,
- M. Legrand, des mines de Lourches,
- Le Président du Comité des houillères du Nord et du Pas-de-Calais,
- M. Guary, de la Compagnie des mines d'Anzin,
- M. Brun, de la Compagnie des mines de l'Escarpelle,
- M. Reumaux, des mines de Lens,
- M. Aleyrac, des mines de Courrières.

On trouvera en annexe [B.5] la composition du Conseil d'Administration, en juin 2016.

En 1900, à l'occasion de l'Exposition Universelle, Henri Kuss, directeur de l'*École* publie une notice dont sont extraits les éléments qui suivent :

« **Situations occupées par les anciens élèves**

L'*École* est aujourd'hui dans sa vingt-deuxième année. Vingt promotions en sont sorties.

Indiquer, dans la mesure du possible, ce que sont devenus les élèves de ces vingt promotions suffira pour montrer que l'*École* n'a pas failli à son but et que ses anciens élèves occupent tous, ou presque tous, avec dignité, des emplois de la nature de ceux en vue desquels l'*École* a été créée.

Nous n'utiliserons à cet effet que les renseignements précis que fournit l'Annuaire de la Société amicale des anciens élèves de l'*École*.

Nous nous bornerons à présenter un relevé sommaire des situations occupées en 1899 par les élèves sortis de 1880 à 1898 pendant 19 années, après avoir terminé leurs études à l'*École*.

Nous laissons intentionnellement de côté ceux qui, pour une raison quelconque ont quitté prématurément l'*École*, bien qu'ils en aient plus ou moins conservé l'empreinte et puissent rester attachés à la Société amicale par les liens du Sociétariat, ainsi que les 20 élèves sortis en 1899, dont un nombre important est actuellement au service militaire.

Sur 248 élèves sortis de l'*École* en 19 ans après y avoir terminé leurs études, 14 sont décédés.

Les 234 survivants se répartissent comme suit :

Industries minières	214
Diverses fonctions, tramways, chemins de fer, etc	13
Situation inconnue	7

Les 214 mineurs ci-dessus peuvent à leur tour se répartir de la manière suivante :

Contrôleurs des mines au service de l'État	12
Directeurs, Ingénieurs, sous-ingénieurs, chefs-porions, porions et surveillants dans des compagnies des mines	117
Chefs-géomètres, géomètres ou employés dans des compagnies de mines	47
Ouvriers attendant un emploi de préposé	38

Il suffit de jeter un coup d'œil sur le tableau établi par promotions pour voir qu'à de rares exceptions près tous les anciens élèves qui restent dans les mines, et c'est l'immense majorité, arrivent, après un stage de 2 ou 3 ans au maximum, pendant lequel ils reprennent en général le pic du mineur, à obtenir des emplois de préposés.

Le stage est généralement assez court pour ceux qui se destinent à l'emploi de géomètre : un jeune homme de 21 ans peut en effet remplir très convenablement les fonctions de géomètre.

Il est nécessairement un peu plus long pour les emplois de surveillants des travaux du fond ou de porions, qui exigent une réelle autorité morale et ne peuvent être confiés à des très jeunes gens.

On voit aussi que, malgré le désir naturel qu'ont les élèves sortis de l'*École* de trouver rapidement une place de préposé, le nombre de ceux qui optent à leur sortie pour des emplois de géomètre est inférieur au quart du total des mineurs des toutes catégories : ce sont les fonctions de porions qui sont préférées.

Ce sont en effet celles qui peuvent mener le plus loin les jeunes gens intelligents et travailleurs : un certain nombre d'entre eux sont déjà, grâce à leur travail, arrivés, avant l'âge de 40 ans, à des fonctions supérieures : on compte sur les listes plusieurs directeurs et quelques Ingénieurs d'exploitations importantes.

En résumé, l'*École* a jusqu'ici pleinement rempli l'objet en vue duquel elle a été instituée : former pour l'Industrie minérale des Maîtres-Mineurs et des géomètres instruits et consciencieux. »

Les conclusions d'Henri Kuss, directeur depuis le 14 février 1898, sont à noter au moment où l'*École* entre dans le vingtième siècle :

« Les renseignements donnés dans les pages qui précèdent permettent d'affirmer que le sacrifice total de 39 000 francs environ, par élève, par an que font ensemble l'État, les départements du Nord et du Pas-de-Calais, la ville de Douai et les Compagnies houillères de la région est loin d'être fait en pure perte et qu'à ce sacrifice correspondent des résultats éminemment profitables à l'industrie minière et par suite à l'intérêt général de la France.

L'*École*, à l'origine, répondait surtout à des besoins que ressentaient les Compagnies qui exploitent le beau bassin houiller du nord de la France. Aujourd'hui, tout en continuant à donner satisfaction à ces besoins, elle a pu élargir à la fois son recrutement et ses débouchés. Elle attire les jeunes ouvriers les plus intelligents et les plus instruits, non seulement du Nord et du Pas-de-Calais, mais encore de régions éloignées comme la Lorraine, le Centre, l'Aveyron.

Elle fournit des Maîtres-Mineurs capables, non plus seulement aux mines du Nord et Pas-de-Calais, mais encore aux mines de fer de l'Est de la France, aux grandes ardoisières des Ardennes et à nombre d'exploitations minières dans les colonies ou à l'étranger.

Elle offre enfin à l'élite des fils de notre vaillante population minière française des moyens d'instruction qu'ils ne trouveraient pas ailleurs à leur portée et leur fournit les moyens de s'élever, par leur travail personnel, à une position sociale meilleure que celle de leurs pères ; elle accomplit ainsi, dans la sphère modeste dont elle ne peut pas sortir, une œuvre démocratique dont on ne peut contester ni l'utilité ni la grandeur. »

II. Les sociétés minières, les entreprises des secteurs carrières et ouvrages souterrains

Pendant un siècle, de 1880 à 1980, les mines de charbon (Nord-Pas-de-Calais, Lorraine, Centre-Midi), les mines de fer (bassin lorrain) et les mines de potasse d'Alsace ont employé la majorité des diplômés de l'*École*.

Les postes occupés étaient de divers niveaux hiérarchiques et, s'il est difficile de donner des répartitions chiffrées sur cette période, certaines figures emblématiques peuvent symboliser des parcours professionnels remarqués.

C'est le cas d'Augustin Viseux (Promo 1930), promu commandeur de la Légion d'honneur en 1987 après avoir été Ingénieur en chef aux houillères du Nord-Pas-de-Calais.

Les sociétés minières, en organisant des formations pour préparer le concours d'admission à l'*École*, ont de fait permis une réelle promotion sociale pour des fils de familles modestes travaillant dès l'âge de 14/15 ans dans les travaux du fond.

2.1. Les mines de charbon

2.1.1. Rappel historique sur l'exploitation des mines de charbon

Le texte ci-après figure dans le rapport de décembre 2000 de la Cour des comptes au Président de la République sur la fin des activités minières.

« L'exploitation des mines de charbon commence au milieu du XVIIIe siècle à Anzin, à Saint-Étienne et à Carmaux.

Elle est d'abord très dispersée sur le territoire. Ce n'est qu'au milieu du XIXe siècle après la découverte des gisements du Pas-de-Calais que la région du Nord devient la principale zone de production.

Jusqu'au milieu du XXe siècle, le charbon, première source d'énergie utilisée par l'Industrie, à ce titre clé du développement économique, constitue un enjeu stratégique pour le pays.

La recherche de la sécurité des approvisionnements et de l'indépendance énergétique est une préoccupation majeure des gouvernements.

Dès le XIXe siècle, il est cependant reconnu que les conditions d'exploitation sont moins favorables qu'en Allemagne ou en Grande-Bretagne.

Nos ressources sont insuffisantes pour couvrir les besoins de l'économie et la France est contrainte d'importer de la houille, principalement de Grande-Bretagne.

En 1913, pour une consommation de 65 millions de tonnes de charbon, la France ne dispose que d'une production de 41 millions de tonnes, dont 27 millions fournis par le Nord Pas-de-Calais, soit un déficit de 24 millions de tonnes.

Le charbon français n'est rentable que grâce à des droits de douanes élevés.

À la même époque, la Grande-Bretagne, premier exportateur mondial, produit près de 300 millions de tonnes de charbon, soit 45 % de la production européenne, et l'Allemagne près de 132 millions de tonnes.

La première guerre mondiale a été une dure épreuve pour les houillères du Nord de la France.

En 1915, les besoins sont tels que l'exploitation a été reprise dans le Pas-de-Calais, de nuit, à quelques kilomètres du front.

Les destructions de ce conflit sont considérables et placent à nouveau la France dans une très forte dépendance.

La production s'établit en 1919 à 18,5 millions de tonnes pour une consommation de 37 millions de tonnes.

Bénéficiant de l'aide de l'État, les houillères profitent de la reconstruction pour moderniser et rationaliser l'extraction.

Mais l'économie charbonnière française reste fragile.

Les interventions de l'État se multiplient pour contrôler les marchés et les prix.

À la fin des années 1930, la situation française se caractérise par des prix de revient plus élevés que dans tous les autres pays d'Europe puisque, pour une base 100 en France, ils sont de 64 en Grande-Bretagne et 81 en Allemagne, et par des rendements inférieurs.

À la Libération, durant une brève période marquée par la nationalisation des houillères et la création du statut du mineur, la relance de la production de charbon est une priorité économique incontestée.

Pendant la période de reconstruction qui suit, le charbon reste la source d'énergie dominante, fournie à l'économie à prix coûtant.

Grâce à d'importants programmes d'investissements financés par l'État, les mines sont modernisées et la productivité croît fortement : les effectifs miniers passent de 330 000 personnes en 1946 à 189 000 en 1960, tandis que la production atteint son plafond en 1958 avec 60 millions de tonnes.

Cependant, dès 1947 l'unanimité qui a caractérisé la « bataille du charbon » disparaît.

Après les grèves de fin 1947, des conflits sociaux très durs se reproduisent en 1948, 1953 et 1963.

À partir des années 1960, l'environnement économique de la production française de charbon se modifie profondément : nos mines sont placées dans une situation compétitive difficile au sein de la CECA ; le prix du pétrole devient la référence des différentes sources d'énergie ; les plans d'adaptation et de récession des Charbonnages se succèdent.

Une politique de conversion s'engage à partir de 1967. Le contexte social reste difficile : la violence continuera tout au long de la période à marquer les affrontements sociaux des Houillères.

Immédiatement après le choc pétrolier de 1973 puis à nouveau, durant une très brève période, de 1981 à 1983, le charbon est apparu comme pouvant redevenir une énergie de substitution.

Mais la relance de l'activité qui est intervenue alors, a retardé l'adaptation inévitable des Houillères et s'est vite révélée avoir été imprudente et très coûteuse pour les finances publiques.

Le handicap de notre production charbonnière est devenu irréversible à la fin des années 1980, avec l'arrivée sur le marché du charbon importé du continent austral, qui bénéficie de conditions d'exploitation très favorables et de l'abaissement des coûts de fret.

Désormais, il ne pourra être compensé par aucun plan de productivité ou de restructuration.

Néanmoins, après l'arrêt des Houillères du Nord et du Pas-de-Calais en 1990, sept ans s'écouleront avant que n'interviennent des nouvelles fermetures à Forbach en Lorraine, à la Mure dans le Dauphiné et à Carmaux dans le Tarn.

Des plans sociaux successifs sont mis en place. Puis, après un dur conflit social, le « Pacte charbonnier » est signé le 20 octobre 1994 par Charbonnages de France et toutes les organisations syndicales, à l'exception de la CGT.

Il organise la fin de l'exploitation dont la date est fixée à 2005 par une déclaration ministérielle qui lui est annexée.

Des protocoles d'application établis en avril 1995 le mettent en œuvre.

Alors qu'en 1994 la production s'élevait à 9,4 millions de tonnes et que le personnel inscrit représentait 15 500 personnes, en 2000 la production devrait atteindre 3,9 millions de tonnes pour un effectif de 8 000 personnes à la fin de l'année. »

2.1.2. La catastrophe des mines de Courrières en 1906

Huit anciens élèves de l'École des Mines de Douai ont été tués dans cette catastrophe :

- Adelsent-Joseph Carpiaux (Promo 1885), Porion à Méricourt
- Charles Carrière (Promo 1889), Porion à Méricourt
- Damas Carrière, fils du précédent (Promo 1904), Géomètre à Méricourt
- Édouard Gayet (Promo 1893), Porion à Sallaumines
- François Guyot (Promo 1901), Maître Mineur à Méricourt
- Alexandre Hayez (Promo 1885), Chef Porion à Méricourt
- Émile Laurent (Promo 1882), Maître Mineur à Billy-Montigny
- Antoine Régerat, Élève à l'École des Maîtres Mineurs de Douai, 22 ans, demeurant à Doyet (Allier)

Deux élèves de l'*École* : François Colomer (Promo 1907) et Alexandre Grard (Promo 1899) sont sortis sains et saufs de la catastrophe. Des anciens élèves ont participé aux travaux de sauvetage.

Le directeur de l'*École*, Henri Kuss, Ingénieur en chef des mines, a été nommé secrétaire de la commission chargée par le ministre des Travaux Publics, des Postes et des Télégraphes de procéder à une enquête sur les conditions dans lesquelles ont été effectués par les Ingénieurs de l'État les travaux de sauvetage.

Des anciens élèves ont contribué à tirer des enseigne-

Eugène Fenzy et son appareil respiratoire.

ments de la catastrophe dans les domaines des risques associés aux poussières de charbon et du sauvetage.

Le nom d'Eugène Fenzy (Promo 1892) est connu dans le monde entier.

Après avoir participé aux travaux de sauvetage en qualité de Contrôleur des Mines, il prit en 1908 le poste de directeur adjoint du poste central de secours de Liévin aux côtés de M. Taffanel. Il y développa un appareil respiratoire pour le sauvetage qui portera son nom. En 1934, Eugène Fenzy quitte l'activité minière pour créer une entreprise dédiée à la fabrication d'appareils respiratoires.

La marque Fenzy existe toujours dans le cadre d'un groupe international, le groupe Bacou-Dalloz, et reste associée aux travaux de sauvetage dans la mine au niveau du monde entier.

Un autre ancien élève, Alexandre Grard (Promo 1899), travailla à l'amélioration de la détection du grisou, notamment en créant un grisoumètre portant son nom.

De nombreux anciens élèves de l'*École* ont contribué, soit au sein des sociétés minières, soit au sein de l'administration des mines, aux progrès de la sécurité.

2.1.2-1/ La catastrophe : des faits et des hypothèses

Raymond Schwartzmann (Promo 1961), dans son livre « Le drame de Courrières », présente de la manière suivante une description succincte de la catastrophe :

« L'explosion de poussières de mars 1906 a touché simultanément trois sièges voisins de la Compagnie de Courrières.

Le lieu majeur de la catastrophe a été leur grand étage d'exploitation commun de 340/326/331.

En quelques heures, plus d'un millier de mineurs ont péri, soit par effet direct de l'explosion, soit asphyxiés par les gaz et les fumées qui ont envahi très rapidement la quasi-totalité du champ d'exploitation.

On estime qu'au total, cette explosion a parcouru 110 kilomètres de galeries.

Les dégâts ont été tels que plusieurs des puits, et surtout le puits 3 situé au centre du champ d'exploitation, ont été rendus inutilisables pour plusieurs semaines.

De ce fait, les sauveteurs ont rencontré de grandes difficultés pour secourir les rares survivants. Ces rescapés ont pu être récupérés au cours des tout premiers jours qui ont suivi l'explosion.

Pourtant, vingt jours après la catastrophe, alors qu'on avait pratiquement perdu tout espoir, treize hommes réapparaissent vivants au puits 2, suivis d'un quatorzième rescapé au puits 4 cinq jours plus tard.

Il fallut trois ans pour rétablir l'ensemble de l'exploitation dans son état initial. »

Raymond Schwartzmann

Les hypothèses sur l'origine de la catastrophe ont fait l'objet d'une présentation méthodique par l'Ingénieur général des mines Émile Heurteau, présent sur les lieux à titre d'expert dès les premières heures et au fond des travaux dès le premier jour.

Émile Heurteau évoque une série de 6 hypothèses dont 3 retiennent l'attention au final, pointant vers les voies Lecoeuvre (du nom de ceux qui y travaillaient) où les effets dynamiques sont particulièrement saisissants.

Cependant la cause initiale, grisou ou explosif, n'a pas pu et ne peut pas malgré les connaissances accumulées à ce jour être établie de manière certaine.

Quelle que soit l'origine de l'explosion, c'est bien la quantité de poussières accumulée dans les trois fosses de la Compagnie des Mines de Courrières qui explique l'ampleur de la catastrophe.

Parmi les facteurs qui ont contribué à cette abondance, le développement du havage mécanique tient-il un rôle de premier plan ?

L'utilisation de berlines avec des caisses en bois a contribué à répandre partout des poussières de charbon.

2.1.2-2/ Le danger des poussières

Avant 1906, les spécialistes français n'accordaient pas la même importance que leurs collègues étrangers au danger que représentaient les poussières de charbon.

Ils pensaient qu'une explosion de poussières ne pouvait survenir qu'en même temps qu'une explosion de grisou.

Mallard et Le Chatelier, grands scientifiques français, membres de la commission pour l'étude des moyens propres à prévenir des explosions de grisou, instituée en 1877, affirmaient en conclusion de leurs travaux :

« Quoi qu'il en soit nous considérons comme établi que les poussières, en l'absence de grisou, ne constituent pas une cause de danger sérieux.

Elles ne peuvent jouer un rôle important qu'en aggravant les conséquences d'une explosion produite par le gaz.

Le grisou en proportion susceptible de faire explosion, tel est donc l'ennemi principal contre lequel il faut diriger tous ses efforts, les poussières ne viennent qu'en second rang et très loin derrière. »

Le Conseil Général des Mines, organe consultatif placé après du ministre chargé des mines, a été secoué de plein fouet par la survenance de la catastrophe de Courrières.

Le compte rendu des séances qu'il a tenu de 1906 à 1910 montre la prise de conscience progressive de ce risque nouveau, l'examen prudent des diverses mesures envisageables pour y parer, avec parfois des hésitations voire des retours en arrière, et finalement le réexamen du règlement type départemental des mines pour aboutir à ce qui deviendra le premier règlement national des mines de combustibles.

2.1.2-3/ Les enseignements de Courrières

À la suite de la catastrophe, le Service des Mines a imposé des mesures nouvelles dans le cadre des arrêtés préfectoraux :

- mesures spéciales contre le danger des poussières,
- interdiction des lampes à feu nu,
- suppression des goyots (cloisonnement d'un puits permettant de faire circuler simultanément 2 courants d'air de sens opposé),
- restructuration de l'aérage,
- utilisation d'explosifs de sûreté,
- matériel de sauvetage.

Le 13 août 1911 paraissait le premier « Règlement des mines de combustibles ».

Par ailleurs, les exploitants et les autorités françaises mirent en place, dès 1907, la station d'essais de Liévin. Celle-ci entreprit immédiatement des travaux qui s'avérèrent très fructueux puisqu'en 1910 l'Ingénieur Jacques Taffanel concevait l'arrêt-barrage, dispositif essentiel de prévention du risque d'explosion de poussières, encore utilisé aujourd'hui.

Entièrement détruite lors du premier conflit mondial, la station de Liévin fut remplacée, en 1921, par celle de Montluçon (Allier), elle-même suivie, en 1947, par le CERCHAR (Centre d'Études et Recherches des Charbonnages de France), grand établissement de recherche vite reconnu au niveau mondial.

Les recherches entreprises dans ce centre en étroite collaboration avec Charbonnages de France, associées à un accompagnement réglementaire et à des échanges scientifiques et techniques coordonnés à l'échelle internationale, permirent la poursuite de l'amélioration des résultats de sécurité parallèlement aux progrès techniques tout au long de la deuxième moitié du XXe siècle.

Mais l'évolution économique et l'épuisement de certains gisements amenèrent les pays européens à réduire très notablement, et en France à arrêter complètement, la production de charbon.

Fort heureusement, les moyens, méthodes et ressources humaines qui avaient été mobilisés sur des objectifs de sécurité minière purent, dès lors, dans bien des cas, être valorisés dans d'autres domaines de l'activité économique où les besoins en matière de sécurité et de protection de l'environnement devenaient de plus en plus pressants.

En France, l'INERIS (Institut National de l'Environnement Industriel et des Risques), prenant le relais du CERCHAR en 1990 pour opérer cette transition, est un exemple réussi de ce transfert de compétences.

Le recul historique permet aujourd'hui d'apprécier combien l'amélioration continue des résultats de sécurité minière jusqu'à la fin de l'exploitation en France puis le transfert des compétences acquises à d'autres secteurs de l'activité économique sont, pour une large part, issus de l'héritage de Courrières.

2.1.3. Les accidents miniers

Les catastrophes minières évoquées dans le paragraphe précédent avec le cas de Courrières, la dernière en date pour le NPDC étant celle de Liévin, le 27 décembre 1974 (42 morts), ne doivent pas conduire à oublier les autres accidents collectifs survenus dans les mines. L'accident minier est un accident de travail, et dans une certaine mesure la catastrophe est un accident minier majeur, largement évoqué par la presse et les médias et pour lequel l'intervention de l'État est marquée notamment par la compassion des dirigeants politiques et par une implication financière : aides directes et souscriptions publiques sous les auspices de l'État.

L'histoire de la mine en France comporte malgré l'intervention des pouvoirs publics de nombreux accidents mortels : accidents individuels et accidents collectifs. En 1957, la Communauté Européenne du Charbon et de l'Acier crée après l'accident de Marcinelle en Belgique (8 août 1956-262 morts) l'organe permanent pour la sécurité et la salubrité des mines de houille.

L'École des Mines de Douai a partagé la peine du monde de la mine et a ressenti douloureusement certains événements pouvant avoir valeur de symbole :

Le 29 mai 1959 René Sachs (Promo 1963), qui effectue le stage minier exigé pour être admis par concours à l'*École*, est une des victimes du coup de grisou survenu à la mine Sainte-Fontaine des Houillères de Lorraine (14 morts, 39 blessés). Diplômé de l'*École* en1963 et après une brillante carrière il a publié en 2009 un ouvrage ayant pour titre : « L'énigme d'un coup de grisou - l'enquête d'un rescapé de Sainte-Fontaine » aux éditions Nord Avril.

Le 1er août 1961, des éboulements au puits Sainte-Fontaine font 7 morts dont Christian Beck (Promo 1929) et Marcel Lux (Promo 1934), tous deux ingénieurs aux houillères, et Roger Carpentier (Promo 1946), ingénieur au Service des Mines.

Il faut rappeler que les ingénieurs du Service des Mines, très souvent des diplômés des Écoles des Mines d'Alès ou de Douai, étaient inspecteurs du travail dans la mine et faisaient pour tout accident un rapport d'enquête dont le chef de l'arrondissement minéralogique tirait des conclusions pouvant comporter des suites judiciaires. Dans le Nord-Pas-de-Calais, le directeur de l'*École* était donc personnellement très impliqué au titre de ses fonctions de directeur du Service des Mines dans la vie du monde de la mine.

2.1.4. Le patrimoine culturel de la mine

En 2005, lors de la fermeture des dernières mines de charbon en France, en Lorraine, de nombreuses publications paraissent sous un titre du type suivant : le charbon, une histoire d'hommes.

Le mineur est devenu un personnage mythique et l'histoire de la mine fait partie du patrimoine culturel du pays.

L'inscription en 2012 par l'UNESCO du bassin minier du Nord-Pas-de-Calais au patrimoine mondial de l'humanité en tant que paysage culturel évolutif et vivant s'inscrit dans cette mouvance. L'École des Mines de Douai, comme les autres Écoles des Mines, a sa place dans cette histoire.

Dans une publication des Houillères du bassin du Nord-Pas-de-Calais ayant pour titre : « 270 ans d'histoire dans les mines du Nord-Pas-de-Calais », on remarque dans les 66 dates citées en préambule (de 1720 : découverte d'une veine de charbon à Fresnes-sur-Escaut à 1990 : arrêt du dernier puits, le 9 d'Oignies) la mention : « 1878 : fondation de l'École des Mines de Douai. »

Nous souhaitons dans les pages qui suivent donner quelques aperçus des liens entre l'École des Mines de Douai et le bassin minier du Nord-Pas-de-Calais, liens profonds en raison du lieu d'implantation de l'*École*, du recrutement très régional de l'*École* pendant près d'un siècle et de la responsabilité du directeur de l'*École* en sa qualité de chef de l'arrondissement minéralogique du Nord-Pas-de-Calais.

Ce thème du patrimoine culturel de la mine pourrait faire l'objet d'un ouvrage particulier en raison de son contenu sociologique et politique.

Dans le cadre de l'histoire de l'*École*, nous l'évoquons car le monde de l'entreprise s'est fortement impliqué dans la vie des populations du territoire, non seulement en pourvoyant aux besoins de tous (logement, formation, santé...) mais aussi en créant des sociétés culturelles et sportives (harmonies des mines, clubs de football...).

L'ascension sociale de nombreux anciens élèves de l'*École* s'inscrit bien dans cette volonté des entreprises minières de permette à des personnes de « sortir du rang ».

2.1.4-1/ Le classement du bassin minier du Nord-Pas-de-Calais au patrimoine mondial de l'humanité

Les mines de la région Nord-Pas-de-Calais sont devenues le 38e bien français inscrit au patrimoine mondial de l'humanité, en tant que « paysage culturel évolutif et vivant ». Le bassin minier a donc rejoint la Grande barrière de corail, l'Acropole d'Athènes ainsi que les 960 autres sites considérés comme ayant une valeur exceptionnelle.

Situé en plein cœur de la région Nord-Pas-de-Calais, s'étirant de la frontière belge à l'ouest de la ville de Béthune, il s'agit du premier site de ce type à être inscrit sur la liste de l'organisation.

Yves Martin, élève de 2e année, en tenue de mineur pour le monôme en 1969.

Comme le souligne l'Unesco sur son site internet, le bassin minier du Nord-Pas-de-Calais est un véritable témoignage « de la recherche d'un modèle de ville pour les travailleurs du milieu du XIXe siècle jusqu'aux années 1960 et illustre une période importante dans l'histoire de l'Europe industrielle ».

Ce sont en effet trois siècles d'exploitation du charbon qui sont protégés à travers plus de 100 000 km de galeries, 4 000 hectares de paysage, 600 puits, 17 fosses, 21 chevalements, 51 terrils, diverses infrastructures de transport de la houille, 3 gares ferroviaires, des corons, des bureaux de compagnies minières.

En outre, 87 communes, 38 écoles et groupes scolaires ainsi que 26 édifices religieux portent également les couleurs de ce riche héritage patrimonial, élevant ainsi au rang d'exceptionnelle et d'universelle la vie ordinaire de milliers de gueules noires qui ont, entre 1720 et 1990, extrait plus de deux milliards de tonnes de charbon jusqu'à 1 000 mètres de profondeur.

Cette inscription souligne la reconnaissance d'une histoire humaine et d'une culture régionale singulière qui a dû faire face à une reconversion difficile après trois siècles d'exploitation du charbon.

La prière à St Fabien reste un moment privilégié au cours des rencontres d'Anciens Élèves (Années 90).

2.1.4-2/ Jules Mousseron, mineur poète

a) Biographie

Jules Mousseron était ami avec des anciens élèves des premières promotions de l'*École*. Né le 1er janvier 1868 à Denain, au « coron Plat », dans une famille de mineurs, il travaille lui-même à la mine dès l'âge de douze ans et un jour (le 1er janvier étant férié) comme galibot.

Lorsqu'il rencontre en 1886 Adélaïde Blottiaux, celle qui deviendra son épouse, il commence à écrire des vers pour elle, d'abord en français.

Mais c'est en écrivant, sur les conseils de Julien Renard, des textes en rouchi, qu'il présente dans les spectacles locaux, qu'il commence à connaître un certain succès.

Il publie son premier recueil, « Fleurs d'en bas », en 1897.

Il « crée » en 1899 le personnage de Cafougnette, qui prendra progressivement de l'importance dans son œuvre jusqu'à en devenir le thème comique central. La notoriété de Jules Mousseron s'étend alors bien au-delà de la région. Il reçoit les Palmes académiques en 1908.

Il multiplie les spectacles, mais travaille toujours à la mine en tant que mineur de fond, et y restera jusqu'à sa retraite en 1926.

Il cesse pratiquement d'écrire en 1933.

Il est fait chevalier de la Légion d'honneur en 1936.

Il meurt en novembre 1943. Son dernier recueil paraît en 1946.

La ville de Denain a matérialisé le personnage de Cafougnette en créant en 1950 un géant à son image.

b) Hommage de Jules Mousseron à l'*Association*

C'est au cours du banquet de l'Assemblée Générale du 20 mai 1909 que le Poète-mineur Jules Mousseron, ami d'Adolphe Hotton (Promo 1893), interpréta cet hommage à la Société Amicale des Anciens Élèves des Maîtres-Mineurs de Douai :

Amis, dins c'si biau jour ed' fiète,
Permettez au mineur-poète
D'vous offrir, dins un compliment,
Eun' gross' berlin' d'armerciements.

In effet, j'ai té bin bénache
Quand l'porion passant à m'n'ouvrache
M'a crié del taille d'pa d'zous
Qu'i m'fallot cor v'nir parmi vous.

Min porion sort ed'vot n'école :
Vous pouvez m'in croir' sur parole
Et j'peux mèm'vous citer sin nom :
Ch'est vot' collègue Adolphe Hotton.

J'ai pu comprindr' l'anné' dernière,
L'esprit d'camarad'ri' sincère
Qui règne dins vos réunions
Et j'n'in ai jugé qué du bon.

J'ai bin goûté les fort's paroles
D'vos vaillants directeurs d'École,
Et d'Monsieur Waterlot, l'Président,
Qui vous aim' comm' ses propr's infants.

J'ai r'marqué qu'après vos études,
Vos maîtr's s conservott'nt l'habitude
Ed' s'intéresser à vot' sort,
Afin d'vous savoir à bon port.

Pis j'ai pris part à l'allégresse,
Des maît's-mineurs in plein'liesse
D's'arvir tertous in bonn'santé
Dins un moment d'fraternité.

In pin's bin qué parmi vous autes,
Bin peu d'comarat's s'avérottent
Sans l'réunionn et l'gai banquet
Où l'Amicale vient fair' briquet.

Dins l'dallag' qué l'vi vous destine,
Vous, les fiers pilotes d'la mine
Vous vous épilvaudez partout
Dùss' l'Industrie à bésoin d'vous.

Vous allez guider les équipes
In propageant les bons principes
Qu'vos vaillants maîtr's vous ont dictés
Pou la science et l'sécurité.

Les maît's-mineurs et géomètres
Font trouer l'sol in équeumette
Et livr'nt au Progrès tout puissant
Chus' qué la terre a dins ses flancs.

La promotion 1948 (La Devauchelle) dans laquelle on retrouve Henri Kobierski acteur principal de la vie associative et de l'*École* pendant de nombreuses années.

I lis'nt dins l'tierr' comm' dins un livre,
Et font pou qué l'mineur délivre
Les trésors longtemps écartés
Du dév'lopp'mint d'l'Humanité.

Simpl'carbonnier tout d'puis m' jeune àge,
J'ai apprécié les avantages
D'un bon chef dins nos durs travaux...
Jé n'peut fauqu'vous crier bravo !

Salut aux professeurs habiles !
Salut à l'admirabl'famille,
D'tous les bassins houillers l'honneur :
Aux Anciens Élèves maît's-mineurs !

On trouvera en annexe B.1 un texte commémorant la mort de Jules Mousseron lors de son cinquantième anniversaire.

c) Henri Kobierski (Promo 1948), ambassadeur de Jules Mousseron

Henri Kobierski, président d'honneur de l'*Association*, a été pendant plus de cinquante ans un animateur infatigable de la vie associative et de l'*École*, jusqu'à son décès survenu le 31 octobre 2012.

Jean-Michel Yolin, directeur de l'*École* de 1978 à 1982, lui rendait ainsi hommage :

« C'est une très triste nouvelle ! Henri Kobierski était un type formidable, avec des qualités humaines que tous ceux qui ont eu la chance de travailler avec lui ont pu apprécier !

Il a joué un rôle majeur dans la mutation de l'*École* dans les années 80, mutation tant dans ses domaines technologiques que de niveau de formation, mais il a largement contribué à ce que cette mutation profonde se réalise en conservant les valeurs humaines qui faisaient la force de l'École des Mines, et qui ont pu, largement grâce à lui, être maintenues.

Ayant participé à cette « aventure », je puis témoigner que l'étroite collaboration entre la direction de l'*École* et l'Association des Anciens Élèves a été un facteur clé de la réussite de l'*École* dont nous pouvons tous être fiers.
Un grand merci Henri. »

La vie d'Henri Kobierski a été « immortalisée » lors de l'émission Radioscopie de Jacques Chancel diffusée le 12 novembre 1980 sur les ondes de France-Inter.
Henri Kobierski n'était jamais aussi heureux qu'en parlant de Cafougnette et en chantant : CH'MENEU D'QUEVAUX ou EM'TIOT LAMPISTE.

2.1.4-3/ La tradition du monôme

Le monôme descend la rue d'Esquerchin.

Le monôme des élèves de l'*École* a été pendant des dizaines d'années un élément important dans la vie de l'*École* et de la ville de Douai.

Le premier monôme a eu lieu le 4 décembre 1909, le jour de la fête de Sainte Barbe, patronne des mineurs, le dernier en 1981.
Son caractère minier très marqué : élèves en tenue de mineur, rendez-vous à la Direction Générale des Houillères, le rendait différent des monômes étudiants apparus en France à la fin du XIXe siècle.
Les chansons du monôme, apprises très méthodiquement pendant la période du bizutage, comprenaient pour certaines d'entre elles des thèmes miniers : la course géologique, le stagiaire, l'avenir des anciens.
Ces chansons sont toujours d'actualité car elles sont régulièrement imprimées et enregistrées. On trouvera deux d'entre elles en annexe [B.3].
Le dernier CD a été publié en 2011 par l'*Association.*
La revue de l'*Association* publie en 1960 l'article suivant sur le monôme :

« Les origines du monôme se perdent dans la nuit des temps.
C'est le jour de la Ste Barbe que doit se dérouler normalement cette manifestation. Toutefois, depuis plusieurs années, le monôme a lieu au mois de novembre, le jeudi précédant la semaine des examens et du départ en stage des élèves.
Avant la guerre 1914-1918, la barrette en cuir, le tablier avec une corde comme ceinturon et les galoches étaient de rigueur... Depuis, beaucoup de changements sont intervenus : cette année, chaque élève était équipé d'une tenue composée de vêtements bleus traditionnels, de souliers noirs, casque blanc, ceinturon jaune et lampe au chapeau. Le monôme de l'École des Mines est une manifestation organisée, ayant l'accord du maire de la ville de Douai.
Un itinéraire est fixé par le Président des Élèves qui est responsable des dégâts occasionnés en ville. Le monôme se décompose en deux parties. Dans la première, on rend hommage au Directeur de l'*École* en chantant devant sa maison la prière à

Pochette du disque enregistré le 13 mars 1963.

Le dernier CD, publié en 2011 par l'Association des Diplômés.

Saint Fabien. Ensuite le monôme se dirige successivement, au pas rythmé, devant les maisons des « anciens » professeurs de l'*École* : devant chaque maison a lieu la répétition de la prière à Saint Fabien.

Tout en chantant, le monôme arrive bientôt au Monument aux Morts où a lieu le dépôt d'une gerbe de fleurs. Une minute de silence est consacrée à la mémoire des « Anciens » morts pour la France. Ainsi se termine cette première partie du monôme où le sérieux et l'exactitude sont de règle.

Après un arrêt de vingt minutes environ, pendant lesquelles les cafés sont pris d'assaut, commence la deuxième partie du monôme. Celui-ci « descend » la rue de Bellain, artère vitale de la ville, en faisant le serpentin. À ce moment-là toutes les lampes s'allument. La circulation à travers la rue est plus ou moins bloquée, des voyageurs pressés ne peuvent traverser le monôme et cela sous l'œil moqueur du gendarme… On peut assister à des scènes d'autant plus pittoresques que le monôme s'engouffre dans un grand magasin mais reparaît tout aussitôt pour surprendre et arrêter les automobilistes non avertis. Enfin, sur la Place d'Armes, a lieu une dernière prière à Saint Fabien, avant la rentrée du monôme à l'*École* où le dîner se déroule dans un restaurant éclairé uniquement par les lampes au chapeau. »

2.1.4-4/ Les 250 diplômés de 2014 chantent la mine

Peut-on évoquer ici le fait que les 250 diplômés de l'*École* chantent, à leur initiative, le 26 septembre 2014 devant 800 personnes réunies sur la scène nationale de l'Hippodrome la chanson de Pierre Bachelet « Les corons » ?

Cette chanson est devenue « l'hymne » des supporters du club de football de Lens et connaît donc un succès populaire même au-delà du Nord-Pas-de-Calais.

Le texte de cette chanson figure en annexe [B.2].

Les personnalités présentes ont eu quelque peine à cacher leur émotion.

Certains anciens élèves présents osaient à peine regretter que les chansons traditionnelles des monômes du passé se soient vu préférer « Les corons ».

Des élèves participent à la fête de la Sainte Barbe organisée par l'*École* (2013).

2.2. Les mines de fer de Lorraine

Le minerai de fer est extrêmement répandu en France et de petites exploitations plus ou moins artisanales ont existé dans notre pays jusqu'au XIXe siècle.

À l'époque de la création de l'École des Mines de Douai, l'évolution de la demande de minerai et les progrès techniques ont conduit rapidement à une concentration des mines exploitées sur deux bassins importants : le bassin de l'Est (Lorraine) et le bassin de l'Ouest (Normandie, Anjou et Bretagne), ainsi qu'un bassin nettement plus petit, celui des Pyrénées.

De nombreux diplômés de l'*École* ont travaillé dans les mines de ces 2 bassins ferrifères, et notamment en Lorraine. Raoul Panse (Promo 1934) a été un directeur très remarqué de la mine Sainte-Marie à Sainte-Marie-aux-Chênes en Moselle. À ses engagements professionnels, notamment dans le domaine de la formation du personnel minier, il ajouta successivement des responsabilités dans un syndicat de cadres, dans l'*Association* (président de 1961 à 1966), dans sa commune des Hautes-Pyrénées, lors de la retraite, en qualité de maire.

Ces diplômés ont été des acteurs de l'histoire d'une profession, pendant plus d'un siècle, histoire présentée par Jean-Arthur Varoquaux, ancien élève de l'École polytechnique (promotion 1937), dans un livre publié en 1995 sur le titre « Histoire d'une profession : les mines de fer de France ».

Le texte ci-après est la présentation de cet ouvrage par son auteur :

« L'emploi du minerai de fer français pour la production du fer, de fonte ou d'acier a largement dépendu des technologies métallurgiques connues.

La présence de phosphore dans la plupart des minerais de fer français a toujours posé en effet des problèmes particuliers lors de l'élaboration du métal : si la fonte phosphoreuse, bien que cassante, est utilisable pour de nombreuses applications (le phosphore augmente même sa fluidité pour la coulée), le fer forgé et l'acier fabriqué à partir de ces minerais sont cassants à froid et impropres à de nombreux usages.

C'est avec le procédé Bessemer de fabrication des aciers appliqués aux fontes phosphoreuses, que les gisements de minerais français ont pris leur essor.

Leur croissance a été prodigieuse.

Un seul chiffre : En 1913, une tonne d'acier sur sept produite au Monde l'était à partir de la minette lorraine (dans des usines sidérurgiques de Lorraine Française, de Lorraine annexée, du Grand Duché de Luxembourg, de Belgique, de Sarre et de Ruhr).

En 1945, le minerai lorrain a été remplacé par des minerais concurrents à teneur plus élevée dans les usines sidérurgiques trop éloignées des mines.

Sa position était stabilisée et restait solide dans le Triangle Lourd (Lorraine, Sarre, Luxembourg).

Au lendemain de la guerre, la situation économique générale a subi des modifications profondes, qui ont créé aux minerais de fer des difficultés considérables.

Rappelons que le minerai lorrain est :

- pauvre en fer (32 à 35 % pour du minerai à gangue calcaire, un peu plus pour du minerai siliceux),
- phosphoreux,
- et ne peut être économiquement enrichi.

Par contre, il existe en tonnages considérables, dans un gisement « en plateure » assez facilement exploitable et situé au voisinage immédiat des usines sidérurgiques.

La première transformation fondamentale, amenée par les années 1950, a été que les mines de fer ont été une des premières Industries européennes confrontées à la mondialisation de l'économie.

L'effondrement des frets maritimes des produits pondéreux avec la construction de nouveaux bateaux minéraliers de plus en plus gros a permis d'acheminer à bon marché sur toutes les mers du monde les minerais riches hématites (non phosphoreux) exploités à ciel ouvert dans de lointains gisements exotiques.

Le marché des minerais de fer est devenu mondial.

La seconde transformation est venue de la clientèle, qui pour faire face aux nouvelles utilisations des aciers, notamment dans les produits plats, est devenue de plus en plus exigeante sur la composition et les qualités mécaniques des aciers – en particulier pour la teneur en gaz dissous dans le métal (azote).

Les aciéries à l'oxygène qui se sont mises au point à partir des années 1950 ont bien résolu le problème pour les fontes hématites, mais ce procédé nécessitait pour les fontes phosphoreuses des opérations supplémentaires qui entraînaient une durée plus longue et un coût plus élevé.

Après plusieurs années de recherches assidues, il est apparu que le handicap des fontes phosphoreuses ne serait pas rattrapable et que la « sidérurgie phosphoreuse » était à terme condamnée, donc aussi les mines de fer lorraines.

Mais les mines de fer (dont l'effectif global dépassait alors 31 000 salariés) ont lutté de toutes leurs forces pour retarder cette échéance :

Elles ont réalisé des progrès de productivité extraordinaires, le rendement abattage des mines lorraines est passé de 11 tonnes par homme et par poste en 1946 à 210 tonnes en 1992, avec une amélioration de plus de six cents pour cent de la sécurité, et réussi à maintenir des prix de revient d'exploitation très bas : pendant trois décennies, entre le début des années 1950 et la fin des années 1970, les prix de revient sont restés, en francs courants, sensiblement constants en dépit de l'érosion monétaire et des hausses salariales, et c'est resté vrai pour celles des mines qui ont conservé ultérieurement un niveau d'activité suffisant.

Ces résultats extraordinaires ont gagné du temps et : d'une part permis aux sidérurgies clientes de préparer et réaliser leur indispensable reconversion, d'autre part, rendu possible la reconversion sociale des mineurs de fer, qui, avec l'appui des Pouvoirs Publics et de l'Union Européenne et avec la coopération des syndicats, a pu être réalisée dans des conditions quasi exemplaires.

Le souvenir des combats de la profession des mineurs de fer français mérite d'être conservé dans la mémoire industrielle et humaine de notre Europe Occidentale. »

2.3. Les mines de potasse d'Alsace

Pendant un siècle, de 1904 à 2004 les relations entre les mines de potasse d'Alsace, connues sous le sigle MDPA (Mines Domaniales de Potasse d'Alsace) et l'École des Mines de Douai ont été intenses et multiformes.

Des diplômés de l'*École* ont fait aux MDPA des carrières d'Ingénieurs pleines d'intérêt.

Maurice Verdière (Promo 1912) était Ingénieur en chef quand, le 21 novembre 1944, il remet en activité les travaux du fond à la fin de la deuxième guerre mondiale.

Les 4 frères Parzyjagla, Édouard (Promo 1935), Léon (Promo 1940), Étienne (Promo 1942) et Boleslas (Promo 1947), préparés au concours d'entrée de l'*École* dans le cadre du service formation des mines d'Auchel (Pas-de-Calais) par un ancien élève, Arthur Beugin (Promo 1912), sont des exemples d'une promotion sociale assez exemplaire.

Un ouvrage édité en 2001 par Albin Michel, ouvrage collectif publié sous la signature de Félix Torres, relate et illustre l'épopée de la potasse française sous le titre « L'envol des cigognes ».

Nous en reproduisons ci-après la préface, signée de Jacques Marseille, Professeur à l'université de Paris I – Sorbonne.

« Le 4 juillet 1904, Joseph Vogt, un entrepreneur haut-rhinois, de cette « race » de patrons alsaciens qui ont fait leurs premières armes dans les ateliers paternels, et Jean-Baptiste Grisez, un spécialiste de la recherche des sources d'eau, brasseur de son état, découvrent au sud de Wittelsheim un gisement de potasse dont l'étendue semble promettre qu'une fortune est enfouie sous leur pieds. Un siècle plus tard, en 2004, l'exploitation du minerai alsacien cessera. L'heure n'est toujours pas à la nostalgie. Elle est à la transmission du patrimoine car si les gisements s'épuisent toujours, les traces qu'ils ont laissées dans les paysages et dans les mémoires ne s'effacent pas si facilement.

EMC, ce logo étrange qui semble fait pour se soustraire aux feux de la rampe et défier la mémoire, désigne en fait une entreprise fort originale, de nature à ravir l'historien qui a fait de « la chair humaine son gibier » (selon la fameuse expression de Marc Bloch) et de l'identité des pays son territoire. Créée le 20 septembre 1967 pour se substituer aux Mines domaniales de potasse d'Alsace et à l'Office national et industriel de l'azote, l'EMC est née alsacienne, baptisée jacobine, confirmée libérale. Confrontée, dès sa naissance, aux tourmentes du marché de la potasse et au déferlement brutal des tonnes canadiennes sur le marché mondial, elle est contrainte de penser Alsace avant tout. Établissement public conçu pour devenir un « champion » national dans la fabrication et la commercialisation d'engrais ou de produits chimiques, elle est baptisée jacobine.

Appelée à devenir une holding chargée d'émanciper ses filiales les plus actives, elle était destinée à devenir libérale. À lui seul, le groupe EMC, cette Entreprise minière et chimique qui aurait pu tout aussi bien s'appeler NPF pour Nitro-potasse de France, incarne les spécificités de l'industrialisation à la française qui se présente comme un modèle de compromis entre les appels du marché et la protection des hommes, une heureuse synthèse de compromis entre les logiques de l'État et les aspirations des « pays ».

Entreprise publique au nom d'identité peu mémorable, l'EMC est pourtant d'abord une « maison » dont l'histoire est à la fois celle d'un site sur lequel, pour l'essentiel, elle est née, et d'une collectivité large d'individus plus ou moins unis par des liens de famille ou de proximité. En effet, on ne naît pas impunément en Alsace et en Flandre, là où s'est précocement développé un mode de relation original entre le monde des patrons et celui des ouvriers là où s'est ébauchée la première législation de ce qu'on appellera plus tard l'État-providence. Fidéliser la main-d'œuvre, stimuler la promotion interne, ne pas dissocier qualités esthétiques et esprit commercial, telles sont les vertus « rhénanes » que lèguent les sociétés des anciennes provinces « perdues » aux Mines domaniales de potasse d'Alsace. Des vertus qui ont hissé les Mines au rang des entreprises françaises les plus performantes.

Dépasser l'univers de la mine pour se tourner vers le monde agricole, compenser les fluctuations d'un marché de la potasse désormais dominé par les géants soviétiques et canadiens en diversifiant les produits à commercialiser, telle devient l'ambition d'une entreprise publique qui en 1975, prend le contrôle de SANDERS, le premier fabricant français d'alimentation pour bétail, convoité par une multinationale américaine, et dans les années 1980, confie à sa filiale belge Tessenderlo la mission de devenir le fer de lance du groupe, capable de saisir toutes les opportunités, des profilés PVC à la chimie organique de synthèse.

Ainsi, les entreprises fondées l'une par Joseph Vogt, un prospecteur alsacien, l'autre par les frères Reynaud, convaincus par Eugène Keesen, le curé de Tessenderlo, d'installer une entreprise chimique dans sa maigre paroisse, et la troisième par Louis Sanders, un pharmacien belge, pionnier de l'alimentation animale, ont donné jour à ce qu'on appelle aujourd'hui un « groupe ». Domiciliée rue Jeanne d'Arc, dans le XIIIe arrondissement de Paris, cette société française aux accents belges est finalement restée fidèle à l'esprit de ses origines. Européenne avant l'heure, modestement fidèle à ses métiers, elle sait que le redéploiement nécessaire des ses activités ne peut se faire que dans le respect de sa mémoire. »

Jacques Marseille

2.4. Les mines d'uranium en France et à l'étranger

L'exploitation des mines d'uranium en France trouve son origine dans la création en 1945 du Commissariat à l'Énergie Atomique dont la première mission a été de développer les ressources en uranium contrôlées par la France. Cette mission a été ensuite transférée à sa filiale COGEMA.

La part des mines françaises dans l'extraction d'uranium par COGEMA est passée de 36 % à 8 % entre 1993 et 1999. L'exploitation en Vendée a cessé en 1991, celle de La Crouzille dans la Vienne en 1995, celle de Lodève dans l'Hérault en 1997 et celle de Jouac en Limousin en 2001.

AREVA (qui a pris la suite de COGEMA) exploite au Niger les mines d'Arlit, les mines les plus importantes au monde après celles de Mc Arthur River au Canada.

Les productions du Kazakhstan, du Canada et d'Australie représentent en 2015 les 2/3 de la production mondiale d'uranium.

Dans la période 1945-2015 des diplômés de l'*École* ont travaillé dans les mines d'uranium en France et à l'étranger, et uniquement à l'étranger pour la période récente.

Dans un article publié en 1988 par l'*Association*, Francis Macart (Promo 1958), directeur régional de l'industrie et de la recherche du Limousin, notait l'incidence favorable de l'activité minière sur l'économie régionale (près de 2 000 emplois directs).

2.5. Les mines métalliques

Contrairement aux autres minéraux, comme la houille par exemple dont le développement de l'extraction n'a réellement commencé qu'à partir du XIXe siècle, la production des métaux remonte à des temps immémoriaux, plusieurs milliers d'années, à une époque où l'homme savait déjà tirer profit des gisements contenant des métaux à l'état natif. C'était le cas des métaux précieux : or et argent, et aussi du cuivre par exemple. La récupération par des procédés physiques simples, essentiellement la gravimétrie, ne posait pas de problème.

Ultérieurement les progrès accomplis en matière de traitements pyrométallurgiques, et plus récemment la sophistication des méthodes de traitement par hydro et pyrométallurgie de minerais plus complexes et à maille de libération plus fine, ont permis, en association avec les progrès considérables apportés par les géologues, géophysiciens, géochimistes, minéralogistes dans le domaine de la prospection, de mettre à jour des réserves exploitables considérables.

Dans ce contexte beaucoup de mines ont vu leur rentabilité diminuer et ont dû fermer. Seules celles qui disposaient d'un gisement de grande taille, bénéficiant d'un faible coût d'investissement et d'un coût opératoire adaptable au cours des matières premières, se sont maintenues.

Pendant près d'un siècle, des diplômés des Écoles des mines d'Alès et de Douai se sont vu proposer la direction de mines métalliques de taille modeste, en France et à l'étranger.

Les grandes sociétés minières créées au XIXe siècle : Mokta en 1865, Le Nickel en 1880, Peñarroya en 1881, réunies en 1970 pour former le groupe Imetal, prirent la suite de sociétés de taille modeste. On trouvera en annexe [B.4] sous la signature de Gilbert Troly, ancien directeur de l'exploitation du groupe Imetal, une présentation des activités de Peñarroya en France. En 1985, François De Wissocq (École polytechnique promotion 1953), alors PDG de COGEMA, disait lors du baptême de la promotion de l'École des Mines d'Alès que les diplômés des Écoles des Mines d'Alès et de Douai avaient constitué « la colonne vertébrale » de sociétés minières du type de Peñarroya.

2.6. Les carrières

Dès la création de l'*École*, des sociétés exploitant des carrières ont recrutés des diplômés, notamment pour conduire les travaux, maîtriser l'utilisation des explosifs et avoir en leur sein un géomètre-topographe.

Ces sociétés peuvent être distinguées par l'usage de la roche extraite :

- matière première industrielle : calcaire pour les cimenteries, argile pour la terre cuite, etc.
- roche ornementale et de construction : ardoise, pierre, marbre, granit, etc.
- granulats : graviers et sables utilisés pour le bâtiment et les travaux publics.

Elles peuvent aussi être distinguées par leur mode d'extraction :

- carrières de roche massive,
- gravières et sablières : extraction de dépôts sédimentaires, alluvionnaires ou marins.

Aujourd'hui les carrières de granulats en roche massive représentent de loin le volume extrait le plus important (chaque Français consomme en moyenne 6 tonnes de granulats par an).

Des chiffres publiés par l'UNICEM (Union Nationale des Industries de Carrières et Matériaux de Construction), on peut retenir les éléments suivants :

- nombre d'entreprises : 3 120
- chiffre d'affaires HT : 11 670 M€
- production totale : 496 Mt.

Selon le BRGM, la France comptait, en fin 2013, 4 276 carrières « actives » ; ce nombre est en diminution en raison notamment du développement des activités de recyclage. Après exploitation ou au fur et à mesure de celle-ci, les carriers doivent réaménager leurs sites (base de loisirs, réserve écologique, usage agricole ou forestier...).

2.7. Les ouvrages souterrains

Dès la création de l'*École*, les travaux souterrains (métro, tunnel ferroviaire, galerie d'adduction d'eau, etc.) ont tout naturellement constitué un pôle d'activité pour les diplômés. Au titre de parcours professionnels remarqués, on peut évoquer :

- Robert Longelin (Promo 1947), fondateur de PERFOREX et créateur de la méthode éponyme en transposant des techniques minières (havage) au creusement de tunnels (prédécoupage, prévoûte), a ainsi œuvré au développement de techniques innovantes. La profession des travaux souterrains a reconnu cet apport et cette compétence en l'élisant à plusieurs mandats de président du syndicat de l'activité.
- Georges Firmin (Promo 1948) a su imposer au sein de l'entreprise Bouygues les techniques de creusement mécanisé par tunnelier sur les chantiers tels que, pour les plus emblématiques, le tunnel sous la Manche, le tunnel de Caluire sur le périphérique de Lyon puis ceux du duplex de l'A86 Rueil/Vélizy.

Ces anciens ont su tirer profit de leur formation minière. Ils ont ainsi ouvert la voie à des plus jeunes qui ont œuvré à différents postes dans cette activité des travaux souterrains et des spécialités connexes de forage et de traitement de terrains. L'École des Mines est aujourd'hui reconnue pour avoir formé des ingénieurs option « Génie Civil » capables d'avoir mené et/ou de mener leur carrière avec expertise dans les plus grandes entreprises générales et de spécialité, dans les bureaux d'ingénierie ou de maîtrise d'œuvre, et chez les grands donneurs d'ordre.

De nos jours, si l'activité minière est toujours en sommeil en Europe, de nouveaux défis s'imposent. Des solutions restent à envisager et à développer face à des enjeux grandissants, notamment pour répondre :

- aux besoins croissants qui conduiront à rechercher et exploiter dans de nouvelles conditions les ressources naturelles et essentielles,
- au principe de précaution à retenir pour lutter contre les risques naturels (climat, séisme...) et industriels (chimie, radioactivité...), voire sociétaux (attentats...),
- à la raréfaction du foncier non bâti et à la préservation de l'environnement.

Nos sociétés devront savoir imaginer et investir de nouveaux espaces, notamment souterrains, et nos ingénieurs auront pour ce faire à ressortir le savoir-faire et à créer des techniques nouvelles de réalisation d'ouvrages de plus en plus complexes.

Dans cette perspective et depuis quelques années, différentes organisations au niveau français, européen et mondial se sont créées pour anticiper et apporter des réponses à cette problématique, avec notamment :

- l'AFTES (Association Française des Tunnels et de l'Espace Souterrain),
- la FFTST (Fédération Française des Travaux Sans Tranchée),
- No Dig (technologies sans tranchées et sans excavation).

Toutes ces organisations ainsi que les organisations équivalentes dans chaque pays impliqué adhèrent partiellement à l'AITES (Association Internationale des Tunnels et de l'Espace Souterrain) et participent aux WTC (World Tunnelling Congress).

Leur nombre témoigne d'un intérêt certain du monde économique pour cette activité.

À ce jour, les principaux projets métropolitains restent encore modestes malgré un temps de réalisation assez long, de l'ordre de plusieurs années, et concernent essentiellement le Grand Paris Express, le projet CIGEO de stockage des déchets radioactifs, les parties française et internationale du Lyon-Turin ferroviaire, la ligne nouvelle Provence-Côte d'azur…

À plus long terme, pour les prochaines décennies, les projets sont nombreux dans les principaux secteurs suivants :

- La production d'énergie renouvelable par effet venturi
- Les stockages en souterrain de gaz et d'hydrocarbures
- Les stockages d'eaux usées et bassins d'orage…
- Les exploitations de nouvelles carrières par la méthode de la « dent creuse »
- Les réseaux de transport continental et intercontinental pour personnes, marchandises et fluides.

Les pistes de développement sont variées et ces perspectives sont considérables, surtout si on y ajoute les projets miniers qui deviendront incontournables pour tous les pays ; l'Europe, par son leadership mondial dans ces domaines, a un rôle essentiel à tenir.

Devant l'ampleur de la tâche, les Écoles des Mines sont légitimement aptes à définir et dispenser les programmes de formation de cette génération d'ingénieurs et de techniciens qui aura à relever ces défis.

L'École des Mines de Douai, de par son vécu et l'expertise de ses anciens élèves, pourrait être dans le cadre du département génie civil à l'avant-garde de cette mutation, d'autant que celle-ci n'a pour l'instant pas été véritablement anticipée et qu'un arrêt long de l'activité minière a eu pour conséquence la perte d'un savoir et d'une expérience qu'il faudra de nouveau construire.

III. Les entreprises du Bâtiment et des Travaux Publics

En 1965, dans le cadre de sa reconversion, l'École des Mines de Douai tisse des liens avec les entreprises du secteur du Bâtiment et des Travaux Publics.

Les fédérations professionnelles correspondantes sont très actives dans la création d'une collaboration entreprise-enseignement.

Le Président de la Commission « Enseignement-formation » de la Fédération du Bâtiment de la région Nord-Pas-de-Calais, Paul Rouzé, participe pleinement à la création d'une formation d'Ingénieurs pour les entreprises des Travaux Publics et du Bâtiment à l'*École*.

3.1. La reconversion de l'École en 1965

Dans les années 1960, il apparaît de plus en plus clairement que les activités minières, notamment dans le domaine du charbon, sont en déclin et appelées à cesser à plus ou moins brève échéance.

L'idée d'une reconversion de l'*École* fait son chemin et c'est ce que traduit un rapport du 23 novembre 1963 de Claude Daunesse, directeur de l'*École*.

Nous en reprenons ici le préambule :
« Depuis la fin de la Seconde Guerre mondiale l'École des Mines de Douai a subi trois réformes importantes ayant fait l'objet des Décrets des 11 Octobre 1951, 17 Juin 1953, 19 Décembre 1960 et des Arrêtés d'application des 18 Mars 1952, 28 Août 1953, et du 23 Décembre 1960.
L'examen des études et des rapports d'avant-projets ayant servi à la préparation de ces réformes montre clairement que les problèmes, d'ailleurs identiques, qu'elles prétendaient résoudre étaient essentiellement ceux qui résultaient :
- de l'insuffisance d'abord qualitative puis simultanément qualitative et quantitative des candidats au cours d'admission.
- des difficultés de l'intégration des élèves dans la hiérarchie du fond des exploitations des mines à l'issue de leur scolarité.
- de l'importance des désaffections pour les mines et plus spécialement pour les Houillères Nationalisées intervenant à plus ou moins longue échéance après l'embauchage d'élèves par celle-ci.

Par ailleurs il est aisé de vérifier que ces textes organiques, qui procèdent tous du Décret du 1er Juin 1941 et de l'Arrêté du 18 Juin 1942 pris pour son application, ont essentiellement eu pour objet de procéder aux replâtrages qui paraissaient nécessaires sans toutefois apporter les remèdes efficaces et durables que les véritables causes des problèmes précités exigeaient.
Quant à l'efficacité des ces réformes, il convient pour en juger de se reporter aux statistiques qui ont été dressées.

Le moins qu'on puisse dire est que l'ensemble des réformes intervenues depuis 1951 se solde par un échec quasi complet sur la totalité des objectifs qu'elles se proposaient d'atteindre.
Dans ces conditions il convient, après avoir analysé les causes profondes de cet échec, d'envisager non plus une nouvelle réforme qui serait certainement vouée au même sort que celles qui l'ont précédées mais bien, ainsi que le porte l'intitulé du présent rapport, une reconversion de l'École des Mines de Douai. »

Claude Daunesse

3.2. Le développement du secteur Bâtiment-Travaux Publics

Dans les années 1960-1970, les perspectives de développement du secteur Bâtiment-Travaux Publics apparaissent très bonnes.

Dans son Livre blanc « Pour une politique d'aménagement régional » l'OREAM Nord (Organisation d'Études d'Aménagement des Aires Métropolitaines), étudiant les problèmes d'évolution de l'emploi dans la région au cours des prochaines décennies, déclare qu'une seule profession offre avec certitude des emplois nouveaux importants :

« C'est la branche Bâtiment et Travaux Publics qui, pour soutenir l'énorme effort de restructuration urbaine et de renouvellement industriel, devra progresser rapidement.

Cette branche ne représente actuellement dans la région que 7,3 % des emplois, contre 9,7 % en France et 12,4 % par exemple dans l'aire métropolitaine marseillaise.
Cet écart est significatif de la médiocre croissance urbaine actuelle et du faible dynamisme économique régional.
Pour atteindre 9 % de la population active régionale en l'an 2000, elle devra doubler ses effectifs et offrir environ 100 000 emplois nouveaux.
À côté du problème des besoins quantitatifs, il est non moins certain aussi que la qualité des emplois offerts dans le Bâtiment et les Travaux Publics devra s'améliorer constamment dans les prochaines années, tant sous l'angle de la qualification du personnel, que sous celui de la rémunération et des conditions de travail.
L'industrialisation du Bâtiment avec ses multiples aspects : importance accrue des études, organisation des chantiers, préfabrication, coordination des travaux, matériaux et procédés nouveaux, contrôle de l'exécution, etc., nécessite, à tous les niveaux professionnels une grande compétence et une large formation de base.
Dans les bureaux d'études, les cabinets d'architectes, les organismes publics ou privés responsables du lancement des opérations, et surtout dans les entreprises de tous corps d'état pour leur réalisation, des jeunes ayant le désir de l'action, le goût de l'initiative et le sens du travail en équipe peuvent se voir ouvrir une très belle carrière. »

3.3. La collaboration entreprise-enseignement

La décision de l'École des Mines de Douai de former des Ingénieurs pour le secteur Bâtiment-Travaux Publics s'insère parfaitement dans la dynamique de collaboration entreprise-enseignement qui s'exprime notamment dans le bon fonctionnement de deux organismes qui permettent des contacts fructueux et vraiment constructifs entre milieux professionnels et milieux enseignants :

- d'une part, l'Échelon Régional de l'Éducation Professionnelle (EREP), organe de liaison, de réflexion et d'action qui, par sa double mission, se tourne à la fois vers l'extérieur pour coordonner et animer les actions de formation professionnelle et vers l'intérieur pour contrôler l'adaptation des moyens aux besoins exprimés par la profession ;

- d'autre part, l'Association pour le Développement de la Recherche et de l'Informatique dans la région Nord (ADRI-Nord - créée en 1967), qui a pour objet le développement des laboratoires et des centres de recherches de l'université dans l'esprit d'une collaboration avec l'industrie, par l'amélioration du matériel et la qualification professionnelle du personnel et par la création de bourses pour des stagiaires. D'une manière générale, ADRI-Nord vise à développer les contacts et l'information entre l'université et l'industrie, en s'efforçant notamment d'articuler les recherches fondamentales pratiquées dans les laboratoires universitaires avec les recherches qui sont faites dans l'Industrie.

De leur côté, les différentes branches professionnelles avaient aussi, depuis longtemps, uni leurs efforts pour mieux définir leur politique et affirmer leur volonté de dialogue avec tous les enseignants, et le Comité Interprofessionnel Social et Écono-

Une grande entreprise de la distribution recrute
des ingénieurs pour ses laboratoires de recherche.

Forum des entreprises organisé régulièrement
par l'*École* et l'*Association* depuis 2001.

Le partenariat avec les entreprises, élément majeur constant de l'histoire de l'*École*, est toujours en développement (2013).

mique (CISE - Délégation régionale du CNPF) avait créé sa Commission de formation professionnelle, devenue « Commission enseignement-formation ».

3.4. Le projet de formation proposé par les entreprises en 1965

Un groupe de travail de la Fédération du Bâtiment des Travaux Publics de la région du Nord a élaboré, sous la conduite du président Paul Rouzé, un projet de programme dont nous donnons ci-après le préambule :

Définition et portait du futur Ingénieur.

« Sans perdre de vue que l'enseignement que dispensera l'École des Mines de Douai doit répondre à des conditions bien précises pour que puisse être délivré le titre d'Ingénieur, à savoir :

À partir d'un niveau de culture générale de base correspondant à celui de la fin des études secondaires, l'École doit dispenser un enseignement supérieur de disciplines principalement scientifiques et techniques pour donner à l'intéressé :

Une culture scientifique développée permettant de dominer une spécialisation éventuelle. Une solide formation technique.

Une culture générale favorisant non seulement l'esprit d'analyse, mais aussi le développement d'une mentalité de synthèse ouvrant de larges perspectives sur les problèmes de gestion administrative et des relations humaines. »

Le groupe a souhaité que l'*École* forme avant tout des Ingénieurs ayant le sens et le goût du chantier et dont l'efficacité au sein de l'entreprise soit immédiate après une période d'adaptation la plus courte possible.

« Soucieux, par ailleurs, de ne pas limiter leur champ d'action et leur promotion au sein de l'entreprise, il est apparu nécessaire d'étendre leur formation aux problèmes de gestion et de les préparer à l'utilisation des techniques les plus modernes de traitement de l'information. »

Les jeunes Ingénieurs qui composaient ce groupe de travail se sont passionnés pour leur mission et n'ont pas hésité à imaginer un enseignement basé sur des méthodes actives bousculant la pédagogie traditionnelle.

Ils avaient notamment imaginé de supprimer tous les cours classiques pour mettre en place une pédagogie par projets conduisant les élèves, travaillant par petits groupes, à participer à des appels d'offres réels.

Les élèves auraient ainsi été amenés à acquérir par eux-mêmes toutes les connaissances nécessaires à la présentation d'un projet comparable à ceux déposés par les entreprises.

La proposition du groupe de travail ne fut pas retenue dans sa totalité mais conduisit à mettre en place en dernière année un projet de fin d'études.

Le projet de fin d'études

Les élèves-ingénieurs, par équipe de trois ou quatre, étudient des marchés effectivement traités depuis peu dans la région (ou en cours de réalisation).

Chaque groupe est chargé d'établir tout ou partie d'un dossier type entreprise à partir de l'étude remise par les Ponts et Chaussées ou un autre maître d'œuvre.

Un ingénieur de la société ayant exécuté le marché guide les élèves dans leur travail, leur permettant d'étudier les différents aspects du projet : technique, calcul, étude de prix, planification, exécution...

Cet « animateur projet » au sein de l'entreprise travaille en étroite collaboration avec l'*École* et reçoit les élèves régulièrement.

Les ingénieurs chargés des différents cours de spécialité conseillent les élèves qui, par ailleurs, disposent d'une documentation sérieuse sur le sujet étudié.

Les élèves étudient le projet au rythme d'une journée par semaine pendant six mois.

Ils se rendent dans l'entreprise chaque fois que cela est nécessaire pour l'avancement de leur travail (données complémentaires, vérification d'une hypothèse, présentation de résultats partiels...).

Le groupe d'élèves doit, en dernier lieu, présenter son dossier devant un jury comprenant, outre des professeurs de l'*École*, le directeur technique et des Ingénieurs de l'entreprise d'accueil.

Les élèves sont placés dans la position de l'Ingénieur débutant qui doit présenter à ses supérieurs directs des propositions sur une affaire qui lui a été confiée.

Ce projet de fin d'année est un complément à la formation acquise par les stages en entreprise, pratique fondamentale mise en place par l'École des Mines de Douai dès sa création.

Les stages

En fin de seconde année de scolarité, un stage de deux mois en période d'été a pour but essentiel de faire connaître à l'élève l'Industrie des Travaux Publics en le faisant participer à la vie d'un chantier.

L'élève qui a choisi l'option « Travaux Publics », en tenant le plus grand compte

Des élèves en stage sur un chantier.

des stages déjà effectués, de ses impressions personnelles et des appréciations des entreprises, effectue en fin de troisième année un stage de quatre mois dans une entreprise.

La formation théorique acquise au cours de cette année (mécanique des sols, béton armé, béton précontraint, matériaux, assainissement, explosif) et le stage précédent doivent lui permettre de participer activement à la vie de l'entreprise.

Dans un premier temps, l'élève-ingénieur prend contact avec l'entreprise (personnel, différents services, méthodes de travail, matériel...) et se voit confier des travaux restreints lui permettant de mettre à l'épreuve ses possibilités tout en étant conseillé et guidé judicieusement.

Dans un second temps, le stagiaire peut être appelé à assurer un intérim.

L'enseignement

Dans le programme de formation de 1965, des cours classiques sont mis en place dans les domaines suivants : mécanique des sols ; béton armé ; béton précontraint ; matériaux ; terrassements ; ponts ; génie civil ; route ; charpente métallique ; assainissement ; géologie ; gestion-organisation.

Les cours de spécialité sont assurés par des Ingénieurs d'entreprise, d'organismes professionnels ou des Ponts et Chaussées. Chaque professeur peut donc faire appel à son expérience professionnelle.

Les essais classiques en matière de routes, de béton et de mécanique des sols sont faits par les élèves dans des laboratoires du CEBTP, des Ponts et Chaussées et d'une entreprise routière. La construction de nouveaux laboratoires permettra bientôt de regrouper ces activités à l'*École*.

En complément des cours de spécialités, chaque élève fait durant la troisième année une étude bibliographique sur un sujet technique.

Ce travail permet d'apprendre à se documenter et d'étudier d'une manière plus précise l'un des points des cours enseignés.

Les diverses activités de la formation Travaux Publics (stages, visites de chantiers, cours, travaux désignés, projets) sont coordonnées par un professeur à temps plein qui assure la liaison avec les entreprises et les organismes professionnels.

3.5. Le département Génie Civil et Environnement en 2014

Les éléments essentiels permettant de décrire le département Génie Civil et Environnemental (GCE) à mi 2014 sont décrits dans les pages suivantes par son responsable Denis Damidot.

Néanmoins, pour bien appréhender la stratégie mise en place pour atteindre les missions principalement d'enseignement et de recherche et développement, il est nécessaire de décrire en préambule, le contexte dans le lequel évolue le département, notamment à travers ses principales collaborations académiques.

Au niveau régional, le département GCE est l'une des équipes du Laboratoire Génie Civil et géoEnvironnement (LGCgE). Le LGCgE fédère les principaux départements d'enseignement et de recherche de la Région Nord-Pas-de-Calais dans le domaine du génie civil en lien avec l'environnement. Ainsi, certains enseignants-chercheurs de l'université d'Artois font partie de l'équipe de recherche animée par le département GCE. D'autre part, les enseignants-chercheurs du département GCE sont associés aux enseignements de plusieurs masters gérés au sein du LGCgE. Au niveau national, le département GCE a tissé de nombreuses relations avec les Écoles des Mines de Paris, Alès, Albi-Carmaux et Saint-Étienne grâce à la structuration apportée par le groupement des Écoles des Mines (GEM) puis par l'Institut Mines Télécom (IMT).

3.5.1. La formation génie civil des ingénieurs

La formation génie civil de l'*École* a pour objectif de compléter les enseignements scientifiques généraux des trois premiers semestres de formation par des enseignements de sciences appliquées et des enseignements pratiques permettant aux élèves ingénieurs diplômés de l'*École* d'exercer les métiers suivants : ingénieur travaux, ingénieur d'études, ingénieur méthodes, ingénieur d'affaires et ingénieur de production.

La formation génie civil de l'*École* attire fortement les élèves ingénieurs aussi bien en formation initiale qu'en formation continue diplômante. Ainsi, les 45 places disponibles en majeure génie civil sont toutes attribuées depuis 2011 [Fig. B.1]. L'ouverture du Mastère Spécialisé PPIB (BAC+6) a permis d'augmenter le flux des effectifs entrants. En conséquence, le département GCE gère une centaine d'élèves par an aussi bien au niveau des enseignements que de l'encadrement des projets mais aussi de suivi des stages et des jurys associés à ces derniers [Fig. B.1].

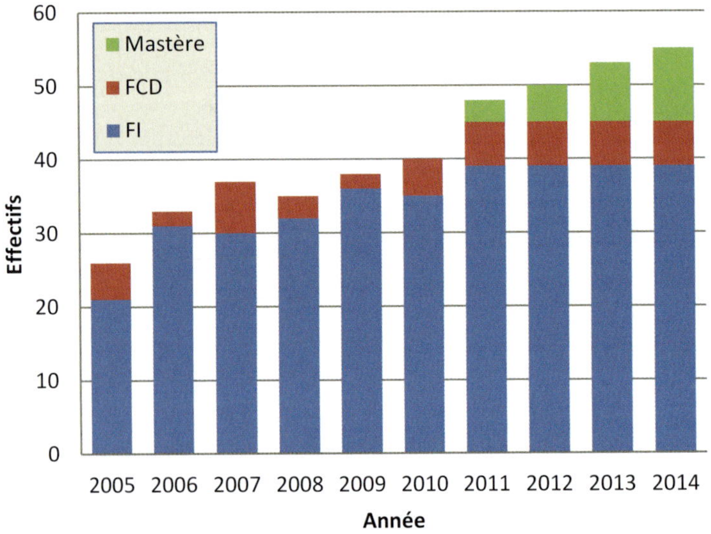

Fig. B.1 - Effectifs entrants FI, FCD et Mastère en Génie Civil

La méthode pédagogique associe cours, dont certains sont accessibles de façon numérique, avant-projets réalisés par les élèves (charpente métallique, béton armé, ingénierie...), travaux pratiques, un projet de découverte de la recherche et un Projet Scientifique et Technique (PST) qui est réalisé avec un client externe. De nombreux aspects liés au développement durable sont intégrés dans la formation des ingénieurs aussi bien en majeure qu'en option.

Un comité d'experts évalue, tous les 4 à 5 ans, le contenu des enseignements et propose des pistes d'amélioration. L'objectif prioritaire de ce comité est de déterminer si la formation reste en bonne adéquation avec les besoins des entreprises.

Au niveau des enseignements de la majeure génie civil, l'objectif est de donner aux élèves ingénieurs une culture générale dans un maximum de secteurs d'activités du BTP et du génie civil, pour leur permettre de prendre des responsabilités et de s'adapter aux mutations technologiques en tenant compte des exigences de la réglementation et de l'environnement. Cette majeure est organisée selon trois unités d'enseignement (UE) :

- l'unité d'enseignement matériaux et processus naturels,
- l'unité d'enseignement méthodes de dimensionnement,
- l'unité d'enseignement projet de construction.

Un projet de découverte de la recherche est effectué par binôme sur des sujets définis puis encadrés par les enseignants-chercheurs du département. La majeure se termine par un stage d'ingénieur adjoint durant lequel l'élève-ingénieur devra prendre des responsabilités identiques ou proches de celles d'un ingénieur et mettre en pratique les connaissances scientifiques et technologiques acquises. Typiquement, l'élève-ingénieur est l'adjoint du responsable des travaux ou de la production : adjoint au conducteur de travaux (BTP) ou adjoint au responsable de la fabrication (industrie du ciment, industrie du béton, carrière, industrie des enrobés ...).

La dernière année permet aux élèves-ingénieurs de se spécialiser à travers trois options :

- Bâtiment, Travaux Publics et Environnement (BTPE),
- Produits et Procédés de l'Industrie du Béton (PPIB),
- Ingénierie Urbaine et Habitat (IUH).

Les élèves-ingénieurs peuvent également choisir d'autres spécialités en choisissant de passer leur dernière année dans des établissements partenaires comme l'ENTPE (École Nationale des Travaux Publics de l'État) mais également à travers la filière internationale qui permet aux élèves ingénieurs d'aller dans des universités partenaires à l'étranger.

Les élèves-ingénieurs intéressés par la recherche et le développement peuvent également préparer un Master recherche en choisissant la filière recherche. Cette formation par la recherche peut être complétée par la préparation d'une thèse de doctorat sur des études ayant un caractère soit de recherche appliquée, soit de recherche fondamentale, mais toujours en connexion avec l'industrie.

L'option BTPE est le fruit des évolutions de la formation historique du département GCE qui intègre maintenant pleinement les préoccupations environnementale dans le secteur de la construction. Les enseignements de cette spécialité sont d'une part, une initiation au domaine du BTP à travers l'ingénierie du bâtiment et de la route et d'autre part, une illustration du lien entre construction et développement durable. Cette option est organisée selon deux unités d'enseignement :

- l'unité d'enseignement ingénierie,
- l'unité d'enseignement environnement et développement durable.

L'option PPIB a été mise en place grâce à un partenariat entre l'*École*, le Centre d'Études et de Recherches de l'Industrie du Béton (CERIB) et la Profession du Béton afin de répondre à une demande de cette dernière pour avoir des ingénieurs formés à ce domaine. Les enseignements de l'option PPIB sont donc centrés sur les produits de l'industrie du béton et les techniques de construction associées. Ainsi, cette formation prépare plus particulièrement, mais non exclusivement, aux métiers d'ingénieur d'études (études techniques et études de prix) et d'ingénieur d'affaires. Cette formation est maintenant accessible à travers le Mastère PPIB, formation Bac+6, ouverte à des candidats ayant le plus souvent une expérience professionnelle.

L'option PPIB est organisée en deux unités d'enseignement :

- l'unité d'enseignement matériaux béton,
- l'unité d'enseignement produits et procédés de l'industrie du béton.

Deux tiers des enseignements sont assurés par la profession ce qui confère à cette formation un caractère très opérationnel.

L'option IUH est le fruit de la collaboration avec les universités de Lille 1 et d'Artois notamment à travers l'appartenance du département GCE au LGCgE. Cette formation prépare plus particulièrement aux métiers d'ingénieur d'études et d'ingénieur chargé de l'urbanisme. Les enseignements de l'option IUH fournissent une vue d'ensemble pluridisciplinaire de systèmes d'infrastructure urbains et de l'habitat et de leurs interactions et interdépendances. L'option est organisée selon deux unités d'enseignement :

- l'unité d'enseignement systèmes urbains et informations,
- une unité d'enseignement au choix entre ingénierie urbaine et habitat, qui sont dispensées dans les universités partenaires.

Sur la période 2009-2014, 31 Projets Scientifiques et Techniques (PST) ont été menés dans le cadre de l'option génie civil. Pour plus de trois quarts des PST, des élèves d'autres options ont été associés. Deux tiers des sujets concernaient le domaine de la recherche et du développement et un tiers le domaine de l'ingénierie. En termes de clients, la moitié des PST projets a été réalisée en relation avec des grands groupes, un quart avec des collectivités et le dernier quart avec des PME ou des associations de recherche et développement.

3.5.2 La recherche et le transfert de technologie

La recherche et le transfert technologique ont été développés à partir de 1975 et ont rapidement convergé vers la valorisation des Sous-Produits Industriels (SPI) dans le domaine du BTP. Une approche multidisciplinaire alliant science des matériaux et mécanique a permis de trouver des formulations adaptées en s'appuyant sur la détermination de lois de comportement mécanique puisque les sous-produits industriels sont des matériaux granulaires complexes car hétérogènes. Puis, le département GCE s'est progressivement ouvert aux aspects physico-chimiques relatifs à l'interaction entre le matériau et son environnement pour estimer la durabilité des matériaux contenant des sous-produits industriels ainsi que leur impact environnemental. Ces deux aspects ont été complétés en 2007 par l'étude des interactions entre matériaux et organismes vivants, d'une part pour prendre en compte la biodétérioration des matériaux, et d'autre part pour mieux estimer l'impact environnemental à travers une approche écotoxicologique. Ainsi, la thématique de recherche actuelle vise à concevoir des matériaux de construction avancés qui apportent de nouvelles fonctionnalités tout en améliorant les performances existantes, mais aussi qui facilitent le recyclage, la diminution de l'empreinte carbonique et de la demande énergétique, ainsi que la réduction des besoins en matières premières. Cette thématique est développée en faisant appel d'une part, à des expérimentations réalisées en laboratoire ou in-situ et d'autre part, avec l'aide de la simulation numérique. Ainsi, deux principaux axes de recherche sont développés le plus souvent à travers des projets de recherche financés :

- axe 1 : la valorisation de matières minérales dans les matériaux de construction,
- axe 2 : la conception de matériaux et d'éco-matériaux de performance pour la construction.

Un troisième axe intitulé « matériaux et procédés innovants pour la santé » a été créé en 2014 à la suite de l'intégration de l'équipe biomatériaux de l'Université d'Artois qui est intervenue en réponse aux recommandations de l'évaluation AERES du LGCgE de 2013. Cette intégration, fondée sur une convergence d'approche à travers la science des matériaux et des thématiques communes, notamment au niveau des biocéramiques, a également permis au département GCE de gagner en

Microscope électronique à balayage.

visibilité sur le domaine très actif des matériaux pour la santé.

Les moyens humains du département GCE qui sont restés inférieurs à vingt agents de 1993 à 2002, ont fortement augmenté pour atteindre 56,5 personnes en 2014 dont 45 agents de l'*École* et 11,5 agents de l'Université d'Artois avec la répartition suivante :

- 6,5 Professeurs dont 4 des Écoles des Mines et 2,5 des Universités,
- 4 Maîtres-assistants HDR des Écoles des Mines HDR,
- 1 Maître de Conférence HDR,
- 6 Maîtres-assistants des Écoles des Mines,
- 4 Maîtres de Conférence,
- 6 techniciens,
- 2 secrétaires,
- 6 post doctorants,
- 21 doctorants (dont 4 Université d'Artois).

Le bâtiment construit sur le site de Dorignies et inauguré le 7 décembre 1993 est rapidement devenu trop exigu pour faire face à l'augmentation du personnel du département GCE malgré ses 2 500 m^2 de surface hors œuvre (1 320 m^2 affectés aux laboratoires du département, 630 m^2 pour 4 salles de cours de 60 places, 1 amphithéâtre de 120 places, 560 m^2 pour les bureaux des enseignants-chercheurs et permanents). Ainsi, le département GCE a été doté en 2006 d'un second bâtiment qui était initialement mis à disposition du GIP CNRSSP (Centre National de Recherche Sites et Sols Pollués).

Le département est organisé sous une forme matricielle thèmes de recherche versus compétences. Les compétences sont réparties dans un pôle expérimental et un pôle numérique. Pour tenir compte de l'aspect pluridisciplinaire, le pôle expérimental est subdivisé en sous-pôles : géotechnique – mécanique, chimie, microbiologie et analyse physique. Les différentes techniques expérimentales disponibles au département GCE permettent de disposer d'un centre de caractérisation microscopique multi-échelle unique de par certains équipements, dont une platine instrumentée de nano-indentation logeable dans la chambre d'observation d'un microscope électronique à balayage.

Le pôle de simulation numérique utilise les ressources du cluster de calcul parallèle de l'*École*. En vue de modéliser la microstructure des matériaux du génie civil, le département GCE développe un code de calcul basé sur un modèle aux éléments discrets, nommé DemGCE, permettant de simuler le comportement des matériaux à différents stades de leur mise en œuvre ou de leur utilisation. L'avantage principal des méthodes aux éléments discrets (Discrete Element Method, DEM) par rapport aux méthodes continues est de pouvoir tenir compte explicitement des hétérogénéités présentes au sein du matériau granulaire en le modélisant directement à l'échelle des particules. Le modèle développé est basé sur une approche dite «smooth DEM» (appelée aussi dynamique moléculaire ou méthode des sphères molles), où les particules sont représentées individuellement par des sphères s'interpénétrant au cours de la simulation. Plusieurs lois d'interaction ont été implémentées dans le modèle et permettent notamment de modéliser plusieurs états granulaires (granulaire sec, suspension diluée, béton frais). Ce modèle est très utile pour optimiser la mise en point des encres à base de matériaux cimentaires pour l'impression 3D de pièces en béton ou directement d'ouvrages.

Principaux résultats scientifiques obtenus par l'axe 1 entre 2009 et 2014

Concernant la valorisation de matières minérales, l'originalité de la démarche repose sur une approche expérimentale partant d'essais de laboratoire et se terminant par des démonstrateurs pilotes à l'échelle 1. Cette approche expérimentale est complétée par la simulation numérique notamment en utilisant un code de calcul basé sur un modèle aux éléments discrets, nommé DemGCE.

La recherche menée sur la valorisation des sédiments marins et fluviaux depuis 2002, est un point fort qui a conduit à de nombreuses collaborations, notamment avec les universités de Sherbrooke (Canada) et de Hohai (Chine). Cette thématique de recherche, identifiée comme majeure par la Région Nord-Pas-de-Calais, a conduit au projet national Sédimatériaux pour l'émergence de filières de gestion et de valorisation, à terre, des sédiments de dragage portuaires et fluviaux. L'*École* est l'un des quatre membres fondateurs de ce projet avec le Conseil régional Nord-Pas-de-Calais, le CD2E et le Ministère de l'Écologie, du Développement durable et de l'Énergie.

La ligne directrice des travaux réalisés sur les sédiments correspond à l'étude du comportement mécanique en associant des aspects relatifs à l'expérimentation, à la modélisation, à l'identification des paramètres de comportement et à l'impact sur l'environnement. Des avancées scientifiques significatives ont été réalisées notamment vis à vis de l'impact de la matière organique sur les lois de comportement mécanique des sédiments. La connaissance de ces dernières a permis de mettre au point une méthodologie de formulation pour des assises routières, des coulis et des bétons, qui prend en compte la variabilité des sédiments.

Les essais en laboratoire ont été validés à l'échelle 1 par la réalisation de pilotes instrumentés qui ont été suivis sur plusieurs années. À titre d'exemple, on peut citer la route faite au Grand Port Maritime de Dunkerque dont l'assise est constituée de 70 % de sédiment tout en économisant 25 % de matériaux pour sa réalisation.

Le département fait ainsi partie des équipes de pointe au niveau international sur la valorisation des sédiments marins et fluviaux, ce qui a permis de créer la chaire industrielle Économie Circulaire des Sédiments (ÉcoSed) en avril 2014 pour un durée de 5 ans avec les membres fondateurs suivants : Colas, Holcim, Carrières du Boulonnais, ARF, NéoÉco, EDF, Ministère de l'Écologie, du Développement Durable et de l'Énergie, VNF, Agence de l'Eau Artois Picardie, Grand Port Autonome de Dunkerque, Lille Métropole Communauté Urbaine, Conseil Général du Nord et Conseil Régional Nord-Pas-de-Calais.

Parmi les autres sous-produits industriels étudiés, la valorisation des laitiers, aussi bien issus de la fabrication de la fonte (laitier HF) que de l'acier (laitier LD), constitue une thématique importante ayant conduit à de nombreuses avancées. Par exemple, une caractérisation physico-chimique fine du laitier LD a permis de mettre en évidence différentes formes de chaux (nodules millimétriques ou inclusions micrométriques) ayant un fort impact sur l'instabilité dimensionnel de granulats réalisés à partir de ce dernier. De plus, une relation a été établie entre les formes de chaux et le mode d'élaboration au travers du procédé utilisé au niveau du convertisseur à oxygène. Cela a permis de définir une méthodologie de sélection des coulées afin d'obtenir des granulats stables pour la construction d'infrastructures routières durables. Ces travaux ont fait l'objet d'un brevet avec une extension mondiale déposé par la société Eiffage.

L'activation chimique des laitiers HF a été également étudiée en utilisant des ajouts permettant d'augmenter leur réactivité pour une utilisation par l'industrie du béton dans le domaine de la préfabrication (collaboration avec le CERIB).

La valorisation des Granulats de Béton Recyclé (GBR) constitue également un enjeu important qui fait l'objet d'un Projet National (PN Recybéton) auquel le département GCE participe en collaboration avec l'École des Mines d'Alès. La maîtrise de la rhéologie des bétons réalisés à partir de GBR passe par une bonne compréhension de l'effet de la teneur en pâte de ciment durcie dans les GBR. Le département GCE a mis au point une méthode originale de mesure de la teneur en pâte de ciment durcie dans les GBR, basée sur une dissolution sélective de cette dernière. Cette méthode a permis de mettre en évidence une corrélation de la teneur en pâte de ciment durcie et du coefficient d'absorption d'eau des GBR en fonction de la taille de grains. Cette double corrélation a été utilisée pour déterminer plus précisément le coefficient d'absorption d'eau de la fraction granulaire la plus fine, ce que ne permettaient pas les méthodes préconisées par les normes.

Principaux résultats scientifiques obtenus par l'axe 2 entre 2009 et 2014

La conception de matériaux de construction de performance repose sur la forte pluridisciplinarité des enseignants-chercheurs du département GCE, permettant ainsi d'aborder des sujets complexes : conception de matériaux durables dans des environnements extrêmes (réseau d'assainissement...) ou pour des applications spécifiques (stockage de déchets radioactifs, utilisation de matières premières locales peu adaptées...), et également la confection de matériaux innovants (moins générateurs de CO_2 lors de leur production, adaptés à des applications spécifiques comme les ciments dentaires à base de ciment Portland...). Toutefois, l'originalité majeure de cet axe repose sur l'étude des interactions entre les matériaux de construction et les micro-organismes, qui est une thématique émergente au niveau international sur laquelle de nombreux espoirs scientifiques sont fondés : matériaux bio-maintenus tels que bio-réparés ou bio-nettoyés ...

Au niveau des matériaux innovants, le département GCE est fortement associé au développement des connaissances sur l'hydratation des ciments à base de sulfoaluminate de calcium, qui suscitent un très fort intérêt au niveau mondial afin de réduire les émissions de CO_2 lors de la fabrication du ciment Portland (6 à 8 % des émissions mondiales de CO_2). Deux points essentiels ressortent de ces travaux. D'une part, la grande complexité de l'hydratation de ces ciments demande d'avoir une approche méthodologique différente de celle qui est utilisée depuis une centaine d'années pour le ciment Portland. D'autre part, la composition chimique de ciments à base de sulfoaluminate de calcium leur confère des propriétés spécifiques non atteignables par le ciment Portland, ce qui ouvre de nouvelles applications comme dans le domaine du stockage de déchets radioactifs (collaboration avec le CEA).

Le thème très en vogue des matériaux capables d'autocicatriser des microfissures a été appliqué au mortier grâce à la bio-précipitation de calcite induite par la respiration cellulaire de bactéries. Le département GCE a mis au point des expériences originales permettant de connaître l'activité bactérienne, et donc de déduire la contribution réelle des bactéries afin d'optimiser cette dernière pour colmater des microfissures de plus de 200 μm non cicatrisables par la carbonatation naturelle (collaboration avec l'Université de Sherbrooke).

Les recherches menées pour garantir une maîtrise de la durabilité des matériaux de construction sont fondées sur la poursuite de l'étude de la réaction alcali-silice, qui est l'une des thématiques historiques du département GCE, et sur l'étude de la biodétérioration qui est une thématique émergente. L'étude de la réaction Alcali-Silice (RAS) (6 thèses de doctorat consécutives avec Holcim) a permis la mise en évidence des paramètres physico-chimiques spécifiques à la RAS en mesurant l'avancement de la réaction conduisant à la rupture de liaison Si-O de silices réactives. Cela a permis de formuler des bétons durables tout en étant constitués de granulats et sables réactifs. L'impact socio-économique de ces résultats est potentiellement très important, puisque certaines régions possèdent principalement des granulats réactifs, qui pour l'instant les conduisent à utiliser, et donc transporter, des ressources minérales d'autres régions.

Deux principales problématiques relatives à la biodétérioration ont été ciblées. D'une part, la biodétérioration des tuyaux d'égout, et d'autre part, l'encrassement des enduits de façade.

Les recherches sur la biodétérioration de mortiers ont été réalisées à partir d'un essai de biolixiviation spécifiquement développé au département GCE qui utilise *Halothiobacillus neapolitanus* comme Bactérie Sulfo-Oxydante (BSO) neutrophile et *Acidithiobacillus thiooxidans* comme BSO acidophile (collaboration avec Kerneos). L'originalité de la démarche provient du suivi de la croissance bactérienne et de la production d'acide sulfurique associée, en relation avec les quantités d'éléments chimiques accumulés en solution par l'altération du mortier. Cela a permis de comparer de façon quantitative la performance de formulations réalisées à base de différents types de ciment.

Les recherches sur la colonisation des façades, notamment par les algues (collaboration avec l'École des Mines de Saint-Étienne), ont mis en évidence l'influence de la rugosité, du type de ciment et de la carbonatation de la surface sur la vitesse de colonisation des mortiers par les algues. Un des résultats majeurs est d'avoir utilisé une loi cinétique de type Avrami pour modéliser la vitesse de colonisation.

3.5.3 Relations académiques internationales et relations avec les entreprises

Au niveau international, le département GCE a des relations avec de nombreuses universités pour définir le cursus pédagogique des élèves-ingénieurs qui passent leur dernière année à l'étranger.

Vis-à-vis des thématiques de recherche, le département GCE s'appuie sur cinq principales collaborations qui reposent sur des séjours d'enseignants-chercheurs, de doctorants et masters dans les institutions suivantes :

- Département Génie Civil de l'Université de Sherbrooke (Canada),
- Département Génie Civil de l'Université Technologique de Delft (Pays-Bas),
- Département Génie Civil de l'Université de Hohai (Chine),
- Finger Institut de l'Université de Weimar (Allemagne),
- Faculté de Médecine, Université de Malte (Malte).

De plus, les enseignants-chercheurs du département GCE participent régulièrement à l'organisation de conférences ou font partie des comités scientifiques associés aux conférences. Par exemple, le département GCE a organisé en 2008 le premier symposium international sur la gestion des sédiments (I2SM) à Lille, et continue d'assurer le pilotage du comité d'organisation de ce symposium, dont la quatrième édition s'est déroulée en Italie en septembre 2014.

Les relations avec les entreprises sont nombreuses. Le département GCE coordonne les stages des élèves pour le stage d'ingénieur adjoint et le projet de fin d'étude de l'option génie civil. Le département GCE est aussi à l'initiative de la mise en relation des élèves-ingénieurs avec les entreprises : intervenants extérieurs pour les cours mais aussi lors d'exposés, de visites de chantier, de journées spécifiques d'information, comme durant le mini-forum annuel de l'industrie du béton et durant

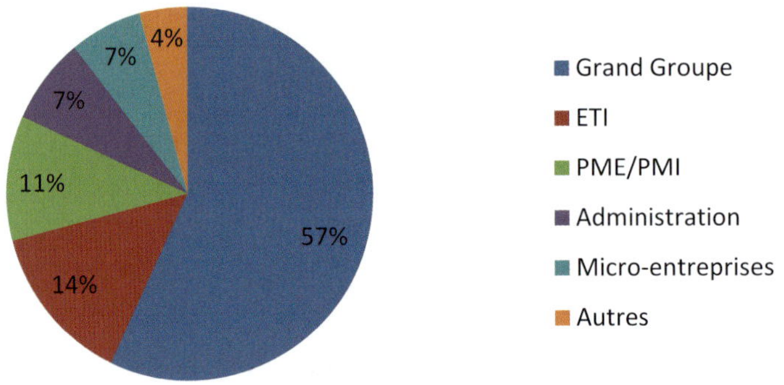

Fig. B.2 – Répartition par type d'entreprise des ingénieurs diplômés
de l'École des Mines de Douai ayant suivis le cursus génie civil (période 2009-2014)

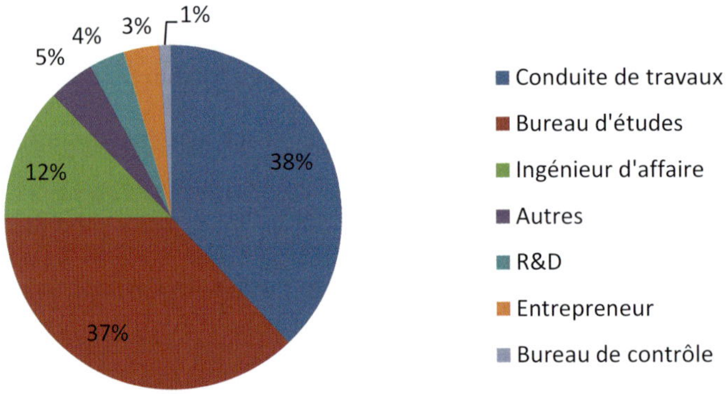

Fig. B.3 – Répartition par domaine d'activité des ingénieurs diplômés
de l'École des Mines de Douai ayant suivis le cursus génie civil (période 2009-2014)

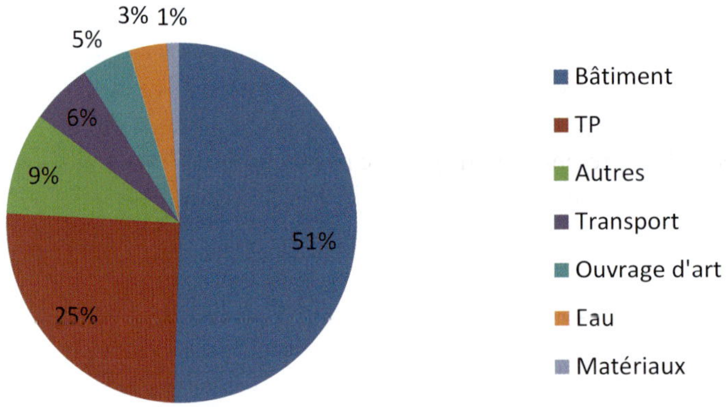

Fig. B.4 - Répartition par secteur d'activité des ingénieurs diplômés
de l'École des Mines de Douai ayant suivis le cursus génie civil (période 2009-2014)

les projets scientifiques et techniques. Cela conduit à un très bon taux de placement (supérieur à 90 % à 6 mois) des ingénieurs ayant suivis le cursus génie civil avec une prédominance pour les grands groupes (Fig. B.2), la conduite de travaux et la réalisation d'études (Fig. B.3) principalement dans le secteur du bâtiment (Fig. B.4).

Les études menées en recherche conduisent également à une interaction forte avec les entreprises. On peut citer des relations suivies sur plusieurs années avec Eiffage, Holcim, Lafarge, Arcelor Mittal, Kerneos mais aussi des syndicats professionnels comme l'ATILH et l'UNICEM. Néanmoins, on assiste à une diminution du nombre de contrats de recherche passés en direct avec les entreprises, au profit d'appel à projets permettant un financement à la fois du département GCE et des entreprises : appels à projets ANR ou financement via le FUI.

IV. Les entreprises de la plasturgie

Le mot plasturgie a été créé par le professeur Dubois, titulaire de la première chaire de plasturgie du CNAM (Conservatoire National des Arts et Métiers), au début des années 1950. Ce mot n'a pas d'équivalent à l'international. Il est par ailleurs un peu réducteur car il ne recouvre que des techniques et matériaux (« les plastiques ») traditionnels, notamment hors composites.

Dans l'étude faite à la demande des Ministères de l'Industrie et de la Recherche par José Pabiot et le Groupe Français de Polymères en 1982, le secteur industriel de la plasturgie est présenté de la manière suivante :

Le secteur de la plasturgie est :

- Hétérogène dans ses structures professionnelles (Chimie, mécanique, transformation, plastiques, caoutchoucs, utilisateurs divers) et administratives.
- Hétérogène dans ses technologies, avec cependant certaines analogies ou complémentarités (analogies des machines, moules, appareils d'analyse, automatismes pour plastiques et caoutchoucs, dépendance matières, machines, outillages, utilisation ...).

Cette hétérogénéité théorique commence à être cassée par le canal de l'intégration (machine – moule, transformation – moule – utilisation, production – transformation – moule – utilisation, caoutchoucs thermoplastiques...) avec une technicité accrue mais où la représentation de groupe par technique élémentaire s'évanouit.

Un secteur de la transformation qui est hétérogène, comme dans les autres pays européens, quant à :

- la taille des entreprises (70 à 80 % inférieures à 100 personnes),
- sa structure (indépendants et intégrés, caoutchoucs et plastiques),
- ses applications,
- ses technologies,
- sa situation géographique.

Avec cependant :
- un poids économique important (120 000 personnes pour les plastiques, 100 000 pour l'ensemble des caoutchoucs),
- 60 % de l'activité couverte par l'injection et l'extrusion,
- un développement croissant dans les composites,
- une industrie intégrée techniquement motrice, mais sans représentation professionnelle.

Secteur qui connaît une dépendance de l'étranger importante pour :
- les polymères techniques,
- les machines,
- les appareils de laboratoires.

Avec dans l'ensemble une balance commerciale plutôt déficitaire.

4.1. Le rapport « Pabiot » de juin 1982

José Pabiot, docteur en sciences, a dirigé pendant huit ans le Centre d'Études de Matières Plastiques (CEMP) centre technique industriel de la filière professionnelle. Il a réalisé en 1981-1982, à la demande du Ministère de l'Industrie et de la Recherche, une enquête sur les besoins en formation et recherche de l'Industrie de la plasturgie. Son rapport présente les conclusions de cette enquête.

Les structures supports de la technologie de transformation des polymères en France ne pourront fournir à cette industrie, dans les années à venir, les outils intellectuels et matériels nécessaires au développement de sa compétitivité, à l'égal de la République Fédérale d'Allemagne (RFA) par exemple, que si se réalisent :
- une unité industrielle caractéristique de la filière « polymères »,
- un développement de la technologie multidisciplinaire à dominante mécanique dans l'enseignement,
- une rationalisation et une uniformisation des données industrielles sur matériaux et matériels par le canal d'une normalisation pratique,
- une recherche technologique de base multidisciplinaire sur du matériel industriel performant,
- un regroupement et une stabilisation financière des multiples organismes de taille réduite, pour disposer d'une structure technique unique, homogène, intégrant tous les éléments de la filière (machines, outillages, matériaux plastiques et caoutchoucs),
- la formation rapide de spécialistes de haut niveau en technologie de transformation qui seraient mis à la disposition de l'industrie et de l'enseignement, d'une manière analogue à ce que propose l'Institut für Kunststoff Veirarbeitung (IKV) en Allemagne (RFA) par groupe de spécialités.

Aucun organisme en France n'est en mesure de proposer une spécialisation technologique. Il est donc important d'atteindre ce niveau très rapidement, en évitant de refaire ce qui est acquis à l'étranger et de maintenir un déphasage permanent.

Tel est l'objectif de la structure proposée sur le schéma général duquel l'ensemble des personnalités contactées sont d'accord, avec certaines modulations cependant : certains industriels pensent que la recherche technologique est du domaine de l'industrie, d'autres pensent que le développement technologique industriel ne peut se faire que par le canal d'un enseignement approprié.

Une rencontre des représentants de l'ensemble des groupes (producteurs, constructeurs de machines et outillages, transformateurs, utilisateurs ...) dans le cadre du Conseil d'Orientation Scientifique et Technique « fondateur » est souhaitée et souhaitable, d'une part pour étudier les premières réalisations concrètes, d'autre part pour valider la notion de recherche technologique, en général considérée comme un besoin résultant de l'insuffisance du secteur professionnel voisin.

Une harmonisation et une hiérarchisation des urgences définies au second semestre 1982 devraient permettre de lancer les premières actions concrètes en 1983.

Après la parution du rapport Pabiot, les industriels de la plasturgie via leur fédération professionnelle ont décidé d'encourager la mise en place de formations spécialisées d'Ingénieurs.

À partir des volontés de développement exprimées par quelques organises régionaux (Douai, Strasbourg, Alençon...) via différents canaux (Ministère de l'Industrie, délégations industrielles régionales ...), la fédération de la plasturgie a décidé de soutenir plusieurs profils de formation par un versement pluriannuel de la taxe d'apprentissage. C'est ainsi qu'a été créée en 1983 à l'École des Mines de Douai une option plasturgie et composites sous la responsabilité d'Émile Lorthioir.

La direction de l'*École* a immédiatement décidé de créer une structure d'assistance technique et de recherche en plasturgie et composites avec des équipements nouveaux complétant les moyens de divers laboratoires. Est ainsi né le département « Technologie des Polymères et Composites » placé sous la responsabilité de José Pabiot, rendu disponible par la fermeture du Centre d'Études des Matières Plastiques.

4.2. Le département Technologie des Polymères et Composites (TPC)

Les éléments essentiels permettant de présenter le département Technologie des Polymères et Composites et Ingénierie Mécanique en 2014 sont décrits dans les pages suivantes par sa responsable Patricia Krawczak (Promo 1989).

Créé ex nihilo en 1983, le Département « Technologie des Polymères et Composites » (TPC) a été la première unité de formation d'Ingénieurs et de Recherche Technologique mise en place en France dans le domaine de la plasturgie (dont composites). Ce noyau a été renforcé en 2005 par fusion avec une partie d'une équipe de Mécanique et Comportement des Matériaux de Mines Douai pour constituer un nouveau département d'enseignement et de recherche en «Technologie des Polymères et Composites & Ingénierie Mécanique» (TPCIM), de taille critique suffisante pour avoir une visibilité nationale et internationale. Depuis cette date, le département TPCIM constitue une équipe pluridisciplinaire de 70 personnes (dont environ 50 % de personnels permanents, dont 18 enseignants-chercheurs), qui intègre des composantes relevant des champs de la science des matériaux, de la science des procédés, de la mécanique des structures et des fluides (rhéologie et écoulement dans les milieux poreux), de la thermique ainsi que de la physico-chimie. Il se caractérise par les associations matériau-procédé-produit et science-technologie dans les investissements et les actions engagés, ainsi que par des partenariats forts avec l'industrie.

Une des trois halles de plasturgie et composites sur le site de Douai-Dorignies.

Au terme d'un ambitieux programme d'extension (+50 % de superficie) et de réhabilitation mené sur la période 2008-2013 (projet structurant «EXTREMOM»), le département TPCIM occupe 7 500 m^2 (dont 3 800 m^2 d'ateliers et laboratoires) répartis sur 3 bâtiments. Ses activités de recherche et de formation peuvent s'appuyer sur une plate-forme technologique d'élaboration, de fabrication, de caractérisation et de modélisation/simulation des matériaux et des procédés de plasturgie (dont composites et nanocomposites), unique en France de par son périmètre, regroupant :

- un parc de machines de plasturgie avec la plupart des technologies de compoundage/mise en œuvre/mise en forme des polymères et composites de l'échelle laboratoire à l'échelle industrielle (avec instrumentation en pression, température, couple, déplacements, rhéologie) : compoundage/granulation, injection, extrusion, coextrusion multicouches, thermoformage, rotomoulage/rotomoussage, compression, impression 3D, technologies composites (injection sur renfort, infusion, injection de compounds thermodurcissables ou thermoplastiques à fibres longues, autoclave, enroulement filamentaire et placement de fibres), soudage laser... ;
- des moyens spécifiques d'analyse et de caractérisation des matériaux polymères et composites (thermomécanique à court et long terme, physico-chimique, structurale, morphologique, rhéologique en régime statique ou dynamique, à l'état solide ou à l'état fondu, avec possibilité de couplage avec des techniques de caractérisation structurale, morphologique ou physico-chimique) ;
- des plates-formes et bancs d'essais modulables de pièces industrielles pleine échelle (dont équipements sous pression) sous sollicitations statiques et/ou dynamiques multiaxiales en environnement thermo-hygrométrique contrôlé ; un pôle de simulation multi-physique, multi-échelle (codes de rhéologie, mécanique, thermique) adossé à un cluster informatique haute performance en environnement sécurisé (600 cœurs, 70 nœuds, 9 TFlops, 20To).

4.2.1. Formation des Ingénieurs (initiale, continue diplômante, professionnelle)

Le département TPCIM est fortement impliqué dans différentes filières de formation d'Ingénieurs de Mines Douai, d'Écoles d'ingénieurs partenaires en France (inGHenia Valenciennes, ISPA Alençon) ou à l'étranger (ESCT - École Supérieure de Communication et de Transport -, Hanoï, Vietnam), mais aussi de masters de l'Université Lille 1 et de masters internationaux en France (IFP School) ou à l'étranger (RWTH, Aachen, Allemagne). Il assure aussi des stages de formation professionnelle, transférant l'expertise acquise en recherche vers des cadres de l'Industrie et/ou de l'administration.

Ainsi, s'agissant de la formation d'ingénieurs Mines Douai (initiale et continue diplômante), le département TPCIM assure la coordination/responsabilité intégrale de deux cursus (niveau M) du cycle d'approfondissement, d'une part en majeure « Ingénierie Mécanique » et option « Conception et Dimensionnement des Structures », d'autre part en majeure « Technologie des Polymères et Composites » et option « Polymeric Advanced Materials and Process Engineering ».
Le cursus « Ingénierie Mécanique » (majeure+option) répond aux besoins industriels de formation de cadres en conception mécanique pluri-matériaux, maîtrisant les outils informatiques et numériques de conception et disposant des connaissances nécessaires au choix des matériaux pour la conception et la réalisation de pièces, produits ou machines.

Le cursus « Technologie des Polymères et Composites » (majeure+option) répond, quant à lui, aux développements industriels dans le domaine de la mise en forme et de la conception des pièces en plastiques et composites : élaboration / fonctionnalisation des matériaux, optimisation des procédés de transformation et de fabrication (outillages et machines), conception (outils numériques de modélisation, simulation, virtualisation), automatisation, acquisition et traitement de données, prise en compte du développement durable (matériaux biosourcés, recyclage, éco-conception)... Il sert les besoins d'entreprises de nombreux secteurs d'activité (transport automobile, ferroviaire ou aéronautique, emballage, médical/santé, bâtiment, énergie/environnement, sports & loisirs...) en cadres capables de participer à la recherche et au développement de l'innovation dans le domaine de la Plasturgie et des Composites.
Ce cursus fait aussi l'objet de deux spécificités, qui le rendent unique et atypique parmi l'ensemble des cursus majeures/options proposées par Mines Douai :

- Jouant résolument la carte de l'ouverture internationale, il propose depuis 2013 en dernière année (option) 90 % de cours en langue anglaise ou avec supports en langue anglaise.
- Il fait l'objet d'une triple labellisation par les pôles de compétitivité MAUD (Matériaux et Applications pour une Utilisation Durable, depuis 2010), IAR (Industrie et Agro-Ressources, depuis 2011 désormais MATIKEM) et, dès sa genèse en 1983, par la Fédération de la Plasturgie et des Composites avec in fine une Chaire Industrielle d'Enseignement en « Plasturgie et Composites » officialisée en 2013 (la première Chaire Industrielle de Mines Douai).

Au-delà, le département TPCIM assure des interventions dans des formations d'ingénieurs développées en partenariat avec Mines Douai (initiale et/ou par apprentissage/alternance), à l'Institut Supérieur de Plasturgie d'Alençon (ISPA) et à l'Institut Polytechnique du Hainaut-Cambrésis (IPHC) de Valenciennes.

Dans le cadre des relations avec l'Université de Lille 1, le département TPCIM assure plusieurs modules de cours dans trois masters (Mécanique, Génie Mécanique et Ingénierie des Systèmes Polymères), les deux derniers étant délivrés en co-habilitation.

Enfin, dans un cadre international, le département TPCIM contribue au master « Computer Aided Conception and Production in Mechanical Engineering » de la RWTH Aachen (Allemagne), au master international cycle « Advanced Technologies in Petrochemicals, Polymers and Plastics » de l'IFP School (École des Pétroles et Moteurs, Rueil), et à la mise en place d'une filière de formation francophone dans la spécialité « Matériaux Avancés » à Hanoï (Vietnam) en partenariat avec l'ESCT (École Supérieure de Communication et de Transport) et d'autres Écoles des Mines.

4.2.2. Recherche et transfert de technologie

Le département TPCIM poursuit deux objectifs principaux dans ses missions de recherche (académique et finalisée, c.-à-d. partenariale et technologique) et de transfert de technologie :

- L'optimisation de la mise en forme des matériaux et pièces industrielles en polymères et composites (plasturgie), avec comme finalité une meilleure compréhension des interactions entre les matériaux constitutifs, les paramètres de transformation (procédés et outillages), les phénomènes physico-chimiques, thermo-mécaniques, rhéologiques associés aux procédés de fabrication, et la qualité et les performances des pièces fabriquées, en intégrant leur cycle de vie.
- L'analyse du comportement des structures mécaniques, avec comme finalité la conception fiabilisée et l'amélioration de la durabilité des pièces et structures, en tenant compte de la technologie de fabrication, des sollicitations, de la microstructure du matériau, de la géométrie et du milieu environnant.

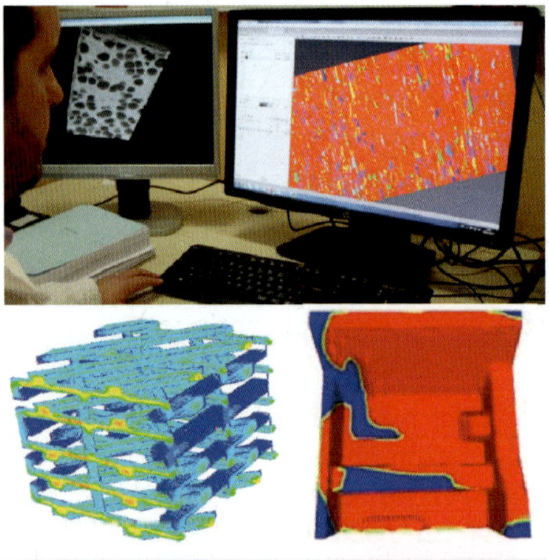

Modélisation et simulation de la fabrication et du comportement de structures composites

Les matériaux et structures étudiés sont majoritairement organiques (polymériques), mais aussi plus ponctuellement métalliques, notamment sous forme d'associations externes multi-matériaux. Pour des besoins de fonctionnalisation, les matériaux polymères peuvent comporter plusieurs phases présentes aux échelles nano- et microscopiques, notamment pour donner naissance à des systèmes hétérophasés (composites, nanocomposites). Différentes matières premières minérales ou végétales (charges, renforts fibreux) peuvent être incorporées aux polymères afin de conférer aux pièces fabriquées certaines propriétés que les polymères ne possèdent pas intrinsèquement. Il est également important de noter que les procédés de mise en œuvre des matériaux polymères monophasés peuvent conduire à la génération de gradients de propriété qui font aussi partie du volet des recherches. Ainsi, dans une logique de réflexion scientifique centrée sur les relations entre les propriétés d'usage et la microstructure des matériaux, l'effet de procédé peut s'avérer prépondérant devant celui du ou des constituants. La recherche d'amélioration d'une performance fonctionnelle peut donc passer par une optimisation d'un procédé de mise en œuvre de matériaux mono- ou multiphasés.

Comprendre l'effet des associations multi-matériaux (hétérophasés par mélange intime ou association externe) et l'incidence des procédés sur les matériaux mono- et hétérophasés requiert le développement de compétences transversales et n'est possible que moyennant une forte pluridisciplinarité de l'équipe, qui permet d'intervenir de façon globale sur ces thématiques et d'appréhender la multiplicité des enjeux afférents.

La démarche mise en œuvre repose en outre sur un équilibre entre modélisation/simulation et expérimentation, à l'échelle tant laboratoire qu'industrielle (pièces et procédés).

Les recherches sont menées essentiellement dans le cadre de thèses de doctorat ou de post-docs supportés par des projets pluriannuels dans le cadre de collaborations académiques et industrielles. Intégrant les évolutions des besoins en termes de matériaux et de technologies exprimés par le milieu socio-économique, elles sont soit initiées par le laboratoire avec une orientation amont à vocation prospective, soit développées avec une orientation aval avec participation technique et financière directe de l'industrie. Elles s'inscrivent dans les deux axes décrits ci-après :

Axe 1 : Mise en œuvre des polymères, polymères multiphasés et composites organiques structuraux

L'objectif général des recherches menées est d'établir les relations entre la mise en œuvre (transformation, mise en forme), la structure et les propriétés thermomécaniques et fonctionnelles des polymères et polymères hétérophasés. Leurs finalités sont la maîtrise de la conception, de la conduite des machines, de la fabrication et de l'utilisation des pièces. Sont considérés à la fois les polymères et les composites structuraux à matrice organique (polymères renforcés de fibres continues).

Dans le premier cas, on s'intéresse aux matériaux homogènes et aux associations de phases résultant d'une juxtaposition (en multicouche) ou d'un mélange hétérogène des constituants : mélanges intimes de polymères non miscibles (conduisant à des phases distinctes), polymères alvéolaires (à cellules ouvertes ou fermées) ou polymères à renforts particulaires, c.-à-d. polymères fonctionnalisés par ajout de particules (micro- ou nanométriques) ou de fibres coupées (courtes ou longues). Les constituants peuvent être d'origine fossile mais aussi végétale. Les technologies d'injection, d'extrusion, de co-extrusion sont également prises en compte, en raison de leur importance industrielle, de leur capacité à produire des structures complexes et de leur impact sur la structure, et donc sur les propriétés résultantes.

Dans le deuxième cas, on s'intéresse plus particulièrement à l'analyse, la caractérisation, la modélisation, la simulation, voire le contrôle de certains phénomènes couplés associés à la fabrication de composites structuraux par les technologies basse pression de type de Liquid Composite Moulding (LCM) ou haute pression (consolidation). La même démarche est utilisée pour les technologies de fabrication de structures fibreuses complexes ou optimisées vis-à-vis des usages considérés. Les travaux réalisés s'appuient sur des approches aux différentes échelles associées à la structure fibreuse pour prendre en compte les effets locaux dans le comportement global. Sont ainsi développées des analyses multi-échelles dans un cadre purement déterministe dans un premier temps ; puis, en fonction du degré de réalisme des modèles proposés, celles-ci sont conduites en contexte probabiliste. Enfin, la mise en place de moyens expérimentaux adaptés permettant d'accéder aux phénomènes étudiés constitue aussi un axe fort de ces travaux.

Axe 2 : Fiabilité des structures mécaniques (organiques, métalliques ou hybrides)

Les recherches portent ici sur l'analyse, la caractérisation et la modélisation du comportement des matériaux, des structures et des assemblages mécaniques, en vue de fiabiliser la conception de composants et pièces structurales industrielles et d'améliorer leur durée de vie et leur comportement à long terme. Pour ce faire, sont mis en œuvre des modèles et outils numériques spécifiques (modèles visco-élasto-plastiques, analyse simplifiée des structures inélastiques, éléments finis de cohésion, bloc fissure, analyse fiabiliste ...) associés à des techniques expérimentales (ultrasons mono- et multi-élément, émission acoustique, thermographie infrarouge, vidéo-extensométrie, corrélation d'images numériques ...), avec comme objectif la prise en compte de paramètres tels que : (i) l'état initial du matériau, fonction du procédé de fabrication (soudage, parachèvement, mise en forme ...), qui se traduit par un état de contraintes résiduelles ou par la présence de défauts qu'il convient de caractériser ; (ii) le comportement de la structure dans son environnement sous conditions de service (sollicitation thermo-hygro-mécanique, adaptation ou accommodation du matériau, interaction entre les composants).

Plusieurs champs d'investigation complémentaires sont abordés dans ce contexte. Un premier volet relatif à la caractérisation et la modélisation du comportement à long terme en fatigue est ainsi pour partie alimenté par les résultats issus d'un deuxième volet focalisé sur l'évaluation non destructive, relatifs en particulier aux états initiaux des matériaux (contraintes internes, défauts...). Ce second volet permet également la caractérisation et le suivi in situ et en temps réel de l'endommagement des matériaux sous sollicitations mécaniques. Il conduit aussi à la génération de données sources (analyses microstructurales) fondamentales pour les recherches poursuivies dans le cadre d'un troisième volet focalisé sur la mécanique stochastique, dont la finalité est la construction de modèles probabilistes (variables et champs aléatoires) associés à des paramètres de microstructure et la prévision des fluctuations des propriétés mécaniques macroscopiques basée sur le développement de méthodes de résolution en contexte aléatoire.

Sur ces thématiques, les collaborations académiques nationales sont nombreuses au sein du réseau constitué des Écoles des Mines mais aussi fréquentes avec d'autres partenaires universitaires (INRA, Université de Reims, Lille et Valenciennes, UTC ...). Au-delà, le département TPCIM est actif au sein de 4 Groupes de Recherche (GdR) CNRS [n°3671 MIC (Mise en Œuvre des Composites et Propriétés Induites), n°3585 LIPS (Liquides Ioniques et Polymères), n°3542 3MF (Mécanique Multiéchelle des Milieux Fibreux), n°3661 PolyNano (Polymères Nanochargés)], de la Fédération régionale FED 4123 sur les Biomatériaux et Dispositifs Médicaux Fonctionnalisés (BDMF), du Campus International Sécurité et Intermodalité des Transports (CISIT) en tant que membre du bureau exécutif, du Groupement d'Intérêt Scientifique (GIS) Matériaux Textiles Avancés en tant que membre fondateur. Il assure aussi depuis 2013 le secrétariat général du comité d'orientation stratégique de l'Institut d'Excellence (IEED/ITE) IFMAS (Institut Français des Matériaux Agro-Sourcés).

Le département TPCIM assure aussi régulièrement l'organisation de manifestations scientifiques d'envergure internationales (par exemple, TEXCOMP10 sur les composites à renforts textiles à Lille en 2010). L'activité éditoriale des membres de l'équipe est également soutenue, avec fonction d'Éditeur Associé d'une revue internationale (Frontiers in Materials : Composites Materials), participation à l'Editorial Board de 8 revues internationales (par ex, Express Polymer Letters, Applied and Computational Mathematics ...), ainsi qu'au Conseil d'Édition du Traité «Plastiques et Composites» des Techniques de l'Ingénieur.

Enfin, l'expertise acquise par les membres de l'équipe TPCIM les a conduit à faire partie des instances de gouvernance (bureau, directoire) de sociétés savantes - Société Française des Ingénieurs des Plastiques (SFIP), sections Nord du Groupe Français d'Études et d'Applications des Polymères (GFP), de la Société Française de Métallurgie et de Matériaux (SF2M), et de la COnfédération Française pour les Essais Non Destructifs (COFREND) - allant jusqu'à y assurer les fonctions de président : Association Franco-Maghrébine de Mécanique et de Matériaux (AF3M), section France Nord–Belgique de l'Association Traitement Thermique et Traitement de Surface (A3TS).

4.2.3. Relations Internationales

Le département TPCIM a fait le choix de recruter des enseignants-chercheurs au profil international dès le milieu des années 1990. Cette stratégie lui a permis de mettre en place un socle solide de collaborations pour la formation et la recherche avec des établissements universitaires leaders en Europe [RWTH Aachen (Allemagne), Université Catholique de Louvain (Belgique), Imperial College London (Grande-Bretagne), Université de Minho (Portugal) ...], en Amérique du Nord (University of Delaware, USA) et en Asie/Océanie [Indian Institute of

Technology Delhi (Inde), Kyoto Institute of Technology (Japon), University of Auckland (Nouvelle Zélande) ...], appuyées par des accords bilatéraux. Ces relations solides conduisent désormais de manière récurrente à des échanges et mobilités de personnels (entrantes et sortantes) et d'étudiants, des co-directions de thèse, des contributions à des masters et *summer school* internationaux, des projets communs donnant lieu à publications et communications.

Par exemple, les liens en recherche et formation ont été structurés avec le centre d'excellence académique et technologique allemand qu'est la RWTH Aachen (instituts de mécanique et de plasturgie), et récemment formalisés par (i) la soutenance de deux thèses de doctorat co-dirigées et (ii) la signature d'un accord de double diplôme (niveau M), dont la mise en place a été pilotée par Mines Douai-TPCIM puis étendue à l'ensemble des Écoles des Mines de l'Institut Mines-Télécom.

Au-delà, le département TPCIM a réussi son insertion dans l'espace européen de la recherche en intégrant le Réseau d'Excellence (REX) européen EPNOE (European Polysaccharide Network of Excellence) en 2013, et en étant partie prenante de 9 projets européens collaboratifs sur la période 2008-2013, dont 4 projets du FP7 (7e programme cadre) incluant une action COST (European Cooperation in Science and Technology), et en assurant dans certains cas la coordination de ces actions.

4.2.4. Relations Industrielles

En cohérence avec les missions de Mines Douai impliquant un fort ancrage dans le monde économique, les actions de formation et de recherche recherches menées par le département TPCIM se font essentiellement sur un modèle partenarial, en interaction avec le secteur industriel, et ce de manière historique depuis plus de 30 ans.

Ainsi, les programmes de formation des deux cursus (majeures+options) de formation d'Ingénieurs en « Technologie des Polymères et Composites » et « Ingénierie Mécanique », dont le département TPCIM assure intégralement la coordination et l'animation, ont été conçus et sont périodiquement révisés soit à la demande expresse de fédérations professionnelles (pour le premier), soit en concertation avec des acteurs majeurs de la filière industrielle (pour le second). Une Chaire Industrielle d'Enseignement en « Plasturgie & Composites » a par exemple été officialisée en 2013 en collaboration avec la Fédération du même nom.

Si la majorité des jeunes Ingénieurs diplômés issus de ces cursus d'approfondissement trouve logiquement son premier emploi dans les filières industrielles correspondantes (c.à.d. mécanique, plasturgie & composites, et secteurs applicatifs aval ou fournisseurs amont), on notera que près de 80 % continuent ensuite leur carrière dans ces mêmes secteurs industriels mais dans différentes fonctions (Ingénieur R&D, production, études/méthodes/industrialisation, achats/logistique, qualité ... puis direction technique, direction R&D/qualité, direction commerciale/marketing, direction générale...).

Les projets de R&D du département TPCIM sont, quant à eux, conduits majoritairement (près de 75 %) dans le cadre de consortiums impliquant des industriels ou, s'agissant de ressourcement, dans le cadre de l'Institut Carnot MINES. Les différents acteurs de la filière industrielle sont représentés dans ces partenariats : producteurs de matières (Arkema, Roquette, OCV Reinforcement, Ecotechnilin ...), transformateurs (Plastic Omnium, Valéo, Vistéon, Faurecia, Stratiforme, Wipak ...), utilisateurs et donneurs d'ordres (PSA, EADS, Airbus, Alstom, Danone, RFF, SNCF, Fleury- Michon ...), éditeurs de codes (ESI Group ...), centres techniques industriels (CETIM, PEP, PPE ...). Ainsi, on peut recenser chaque année de l'ordre de 25 à 30 projets de recherche et d'innovation d'envergure en cours (de type ANR, FUI, européen ou sur financement industriel direct). À ces projets s'ajoutent 4 actions structurantes retenues dans le cadre du Programme d'Investissements d'Avenir (PIA) : Institut d'Excellence en Énergies Décarbonées (IEED) IFMAS (Institut Français des Matériaux Agro-Sourcés), Institut de Recherche Technologique (IRT) RAILENIUM (Ferroviaire) ; et deux projets structurants de pôles de compétitivité (PSPC) complémentaires (FIABILIN, SINFONI) ayant vocation à structurer la filière française des fibres végétales techniques. Au-delà des actions de R&D, sont également organisés des stages de formation professionnelle pour des cadres de l'industrie et de l'administration. Plus ponctuellement, un accompagnement est également proposé aux prteurs de projets et créateurs d'entreprises hébergés au sein de l'incubateur technologique APUI de Mines Douai. Le chiffre d'affaires contractuel moyen ainsi généré est de 1,6 M€/an sur la période 2008-13.

Les interactions avec le monde industriel prennent dans certains cas une forme plus structurée (mise en place de laboratoires communs avec le CETIM, participation au centre de transfert IndustriLAB, à l'Institut Technologique du Froid INNOCOLD et au Centre Européen des Textiles Innovants CETI), voire structurante (participation en tant que membre fondateur au capital de la SAS support de l'IEED/ITE IFMAS, et membre associé de l'IRT RAILENIUM juridiquement articulé autour d'une SAS et d'une FCS).

Le transfert de connaissances vers l'environnement économique prend aussi la forme de l'organisation de journées techniques et colloques destinés à un public industriel (par exemple, Congrès International SFIP/SIA « Matériaux Polymères & Industrie Automobile » à Douai, en 2008, 2010 et 2012, attirant 150 à 170 participants, industriels à 90 %), d'une participation aux commissions de normalisation du BNPP (Bureau de Normalisation des Plastiques et de la Plasturgie) et aux groupes reflets CEN ou ISO correspondants, ou de l'animation d'un club d'industriels PME du secteur des composites (Composites +20).

Enfin, le département TPCIM est fortement impliqué dans les pôles de compétitivité, dont 4 des 7 pôles de la région Nord-Pas-de-Calais : i-Trans (Ferroviaire au cœur des systèmes innovants, pôle à vocation mondiale), MAUD (Matériaux et Applications pour une Utilisation Durable désormais MATIKEM), UP-tex (Textiles Haute Performance) et TEAM^2 (Technologies de l'Environnement Appliquées aux Matières et Matériaux), ainsi que hors région dans le pôle de compétitivité à vocation mondiale IAR (Industrie et Agro-Ressources, pôle à vocation mondiale). Il est membre des instances de gouvernance scientifiques des pôles régionaux MAUD et TEAM^2. Son ambitieux projet d'extension EXTREMOM (EXTension du pôle de

REcherche sur la Mise en Œuvre des Multi-matériaux), labellisé en tant que projet structurant par le pôle i-Trans, a été inauguré en 2013. On soulignera enfin l'implication des membres de l'équipe TPCIM dans des structures professionnelles (Bureau du comité scientifique et technique de la Fédération de la Plasturgie et des Composites) ou commissions d'experts de l'administration (Commission Centrale des Appareils à Pression, Section Permanente Nucléaire et commission de rédaction du CODAP, Code Français des Appareils à Pression). Dans ce dernier domaine, le département TPCIM a en outre été l'entité support du Pôle National d'Expertise en Appareils à Pression (PNEAP), mis en place par le Ministère chargé de l'Industrie, dont il a assuré la responsabilité scientifique de 1998 à 2012.

V. Recherche-Développement et Entreprises

Créée en 1878 par l'État, l'École des Mines de Douai a été marquée par les relations qu'elle a eues avec le Corps des Mines et le Service des Mines. Ces relations sont présentées dans le chapitre C.

Dans le cadre de son rattachement au Ministère de l'Industrie, l'*École* se positionne dès les années 1970 sur une activité de recherche et développement tournée vers les besoins des entreprises, qu'elle élargira rapidement aux besoins de divers Ministères, dont notamment celui chargé de l'écologie.

Les éléments essentiels permettant de présenter cette activité recherche sont décrits dans les pages suivantes par Alain De Mets (Promo 1978), directeur délégué à la recherche.

5.1. Structuration des laboratoires et départements

L'activité de Recherche au sein de l'*École* est encore assez récente. Fondée en 1878, l'*École* abandonne la formation des cadres des mines pour se transformer en école d'ingénieurs au milieu des années 1960.

Au début des années 1970, l'*École* embauche des Enseignants-Chercheurs disposant d'une thèse de 3e cycle, voire d'une thèse d'État, pour créer et développer des laboratoires : Chimie, Corrosion, Métallurgie, Analyses physiques venant compléter les départements Travaux Publics et Mécanique des Sols (renommé en 1980 département Travaux Publics - Bâtiments, puis en 1987 Génie Civil), Mécanique et, un peu plus tard (1975), Énergétique (devenu en 1992 Énergétique Industrielle). Elle fera aussi appel dans les années 1970-1990 à 2 conseillers scientifiques dans les domaines 1) de la géotechnique, mécanique des sols, mécanique des structures et milieux continus et 2) de la mécanique.

Le centre de calcul de l'*École* et son laboratoire d'Automatique furent regroupés pour constituer le département Informatique – Automatique à la fin des années 1970 avant d'être à nouveau séparés en un département Automatique et un centre de calcul en 1981. À cette période, le département Analyses – Matériaux sera créé par regroupement des laboratoires 1) de métallurgie et contrôles non destructifs,

Laboratoire d'électrotechnique
dans les années 1960.

2) d'analyse physique, et 3) de chimie – corrosion – pollution atmosphérique. Début 1984, le département Productique est créé en regroupant les départements Mécanique et Automatique. En 1985, le département Matériaux est créé, regroupant le laboratoire d'Essais Mécaniques et Calcul des Structures, laboratoire rattaché alors au département Productique, avec les laboratoires de Métallurgie, de Contrôles Non Destructifs et de Corrosion, ceci entraînant la disparition du département Analyse – Matériaux et la création du département Chimie et Environnement. Ce département Matériaux intégra en 1990 en son sein le laboratoire d'Analyse physique ; il prit le nom de département Matériaux Métalliques en 1992, puis en 1996 celui de département Mécanique et Comportement des Matériaux (MCM). En 1985 également, le centre de calcul devient le département Informatique.

Le rattachement de l'École Supérieure de Métrologie (ESM) à l'École des Mines de Douai en 1985 conduira à la création du département Métrologie-Qualité (MQ) en 1986. Au début des années 1980, le Centre (technique) d'Études des Matériaux Plastiques (CEMP) est dissous et, dans le cadre d'un partenariat entre la fédération de la Plasturgie et l'*École*, une partie des équipements et 3 cadres du CEMP (dont le directeur) arrivent à l'*École* ; ainsi, en 1983, l'option Plasturgie est lancée puis, le 1er janvier 1985, le département Technologie des Polymères et Composites (TPC). Ainsi, à la fin des années 1980, l'*École* dispose de 8 départements d'enseignement et de recherche.

Par la suite (période 2001-2006), l'*École* restructure progressivement ses départements pour en réduire le nombre aux 5 suivants :

- Département Énergétique Industrielle (EI).
- Département Génie Civil, qui devient le département Génie Civil et Environnemental (GCE) en 2006.
- Département Génie Informatique et Productique (GIP), regroupant en 2001 les départements Informatique et Productique, département prenant le nom de département Informatique Automatique (IA) en 2006.
- Département Chimie et Environnement, qui prend le nom de département Sciences de l'Atmosphère et Génie de l'Environnement (SAGE) le 1er janvier 2014.
- Département Technologie des Polymères et Composites & Ingénierie Mécanique (TPCIM), regroupant en 2006 le département TPC et les laboratoires 1) Essais Mécaniques et Calcul des Structures, 2) Métallurgie et 3) Contrôles Non Destructifs du département MCM. Les laboratoires 4) Analyse physique et 5) Corrosion de MCM furent alors rattachés au département GCE où l'activité Corrosion fut mise en extinction. De même, en TPCIM, l'activité Métallurgie s'arrêta fin 2014.

Le département Métrologie-Qualité (MQ), dont l'activité de R&D était quasi inexistante si ce n'est quelques prestations métrologiques, sera fermé, les personnels étant pour l'essentiel reconvertis dans le département IA, qui devient le support de l'option Qualité, et le département TPCIM.

Des étudiants dans le laboratoire de chimie.

5.2. Activité contractuelle de Recherche et Développement

De par son rattachement au Ministère de l'Industrie, l'*École* se positionne dès les années 1970 sur une activité de recherche et développement tournée vers les besoins des entreprises, qu'elle élargira rapidement aux besoins des ministères, le directeur de l'*École* étant aussi le directeur du Service des Mines, service dont les missions évolueront progressivement pour devenir la Direction Régionale de l'Industrie, de la Recherche et de l'Environnement (DRIRE) jusqu'en 2006 où l'*École* disposera de son propre directeur.

Au début, les départements et laboratoires de l'*École* auront essentiellement des activités de prestations et d'études. Le statut de l'époque de l'*École* ne lui permet pas d'aborder cette activité sur le plan économique ; étant service extérieur du Ministère de l'Industrie, elle ne peut effectuer une facturation pour les travaux réalisés. Cette situation commune à toutes les Écoles des Mines conduira le Ministère de l'Industrie à accepter la création en 1967 d'ARMINES, à une époque où la faiblesse des relations entre le monde de l'enseignement, de la recherche et celui de l'entreprise était considérée comme une lacune grave du système français. ARMINES est une Structure de Recherche Contractuelle adossée à des établissements d'enseignement supérieur, au statut d'association selon la loi de 1901. Elle a pour objet, aux termes de ses statuts, de dispenser une formation à la « recherche orientée », de contribuer au perfectionnement d'ingénieurs par la formation continue, et d'entreprendre, en liaison avec l'industrie, des « recherches orientées ». ARMINES est de statut privé, ce qui lui donne l'indispensable réactivité permettant de mettre les laboratoires en situation de traiter avec la sphère économique : pouvoir décider, engager sa responsabilité, être réactif et affranchi de certaines pesanteurs administratives. Cette souplesse de fonctionnement conduira l'*École* à maintenir ce partenariat après son changement de statut fin 1991 où elle devint un EPA, acquérant ainsi une personnalité morale propre lui permettant de contracter en son nom.

Par la suite, ARMINES est devenue la 1re Structure de Recherche Contractuelle française. En mars 2006, le groupe ARMINES – Écoles des Mines a été labellisé Institut Carnot par le Ministère en charge de la Recherche ; ce label a été reconduit pour 5 ans en 2011.

Les relations qui lient ARMINES aux Écoles d'ingénieurs, au premier rang desquelles figure le réseau des Écoles des Mines (Paris, Saint-Étienne, Albi-Carmaux, Alès, Douai et Nantes), sont régies par une convention passée en 1972 avec l'État (Ministère de l'Industrie) et par une convention cadre avec chacune des Écoles des Mines en 2002, renouvelée en 2007 (et reconduite depuis par un avenant), après à l'acquisition de la personnalité morale par ces Établissements.

En 2015, l'activité contractuelle de l'*École* sur ARMINES est de l'ordre de 5 M€ (environ 11 % de l'activité totale d'ARMINES qui est de l'ordre de 45 M€) ; elle se situe sur ce point à la 2e place des Écoles des Mines (après Paris, 1re de très loin).

5.3. Enseignants-Chercheurs et doctorants

À la fin des années 1970, l'*École* dispose de bourses pour accueillir en stage des étudiants préparant le Diplôme d'Études Approfondies (DEA, devenu par la suite Master 2 Recherche) et, surtout, des doctorants. Dans les années 2000, les bourses de thèse passeront sous statut salarié (généralisation à tous les doctorants en 2008). Par ailleurs les Enseignants-Chercheurs (E-C) de l'*École* sont amenés à préparer une thèse d'État, diplôme qui sera remplacé par la suite par l'Habilitation à Diriger des Recherches (HDR, diplôme créé en 1984, obligatoire pour diriger un doctorant). L'*École* dispose alors progressivement de moyens lui permettant de développer une réelle activité de Recherche et Développement.

Dans ce contexte, la 1re thèse de 3e cycle et la 1re thèse d'État préparées à l'*École* seront soutenues en 1979. Le nombre de doctorants de l'*École* restera alors limité et il faudra attendre 1997 pour voir la 100e thèse soutenue. Ensuite les choses s'accéléreront (200e thèse en 2005, 300e en 2010, 400e en 2015). La croissance du nombre de doctorants sera assurée par une augmentation de la dotation budgétaire, mais aussi et surtout par le développement du (co)financement des doctorants par des partenaires académiques ou des industriels au travers de contrats. Actuellement, la part de doctorants sur fonds propres de l'*École* est ainsi inférieure à 50 %.

En parallèle, le nombre d'E-C de l'*École* disposant du doctorat et de la HDR qui dirigent et/ou encadrent ces doctorants croîtra. En 2000 on compte 40 docteurs dont 10 HDR, en 2010, 67 docteurs dont 22 HDR, et en 2015, 70 docteurs dont 34 HDR.

5.4. Évaluation de la Recherche et Publications

Les Écoles des Mines étant rattachées au Ministère chargé de l'industrie, elles étaient initialement exclues du système national d'évaluation de la recherche organisé par le Ministère chargé de la recherche.

L'évaluation des activités de recherche conduites dans les Écoles des Mines n'a été effectuée qu'à partir du début des années 2000, par le Conseil d'Évaluation Scientifique des Écoles des Mines (CESEM). Ce CESEM a effectué quelques audits, ceux-ci par thématiques (Matériaux en 2002, STIC et Biotechnologies en 2003, Énergie et Risques en 2005-2006).

Pour compenser cela, l'*École* a commencé à mettre en place des Conseils Scientifiques à partir de 2006 (départements TPCIM et GCE en 2006, IA en 2007). Ceci s'est arrêté avec la création de l'AERES (Agence d'Évaluation de la Recherche et de l'Enseignement Supérieur).

En effet, sur le plan académique, les départements de l'*École* sont évalués depuis sa création en 2006 par l'AERES, devenue fin 2014 le Haut Conseil à l'Évaluation de la Recherche et de l'Enseignement Supérieur (HCERES), comme les laboratoires universitaires. Cela a conduit l'*École* à inciter les E-C et doctorants à publier plus, et ceci dans des revues reconnues. Ainsi le nombre d'articles dans des revues à comité de lecture, qui n'était que de 20 en 2000, est désormais actuellement autour de 100 par an.

5.5. Développement de la politique de site – Reconnaissance du niveau de la recherche

Après la 1re évaluation effectuée fin 2008 par l'AERES, la politique de site de l'*École* se développe, et des partenariats sont établis entre les départements avec des laboratoires régionaux.

L'*École* joue un rôle actif dans la structuration de la recherche en région. Elle est impliquée dans 5 des 7 pôles de compétitivité de la région, au niveau de la gouvernance et par de nombreux projets de recherche et d'innovation : i-Trans (ferroviaire, pôle à vocation mondial), MATIKEM (ex MAUD : Matériaux et applications pour une utilisation durable), Up-tex (Textiles haute performance), PICOM (Industries du Commerce) et TEAM^2 (Technologies et environnement appliqués aux matières et matériaux).

L'*École* devient membre fondateur du Pôle de Recherche et d'Enseignement Supérieur Université Lille – Nord de France, dont les statuts ont été signés début 2009. Conformément à la loi sur la Recherche de juillet 2013, ce PRES s'est transformé en 2015 en COMmunauté d'Universités et d'Établissements (COMUE) Lille Nord de France, dont Mines Douai est l'une des 2 écoles d'ingénieurs membres.

Dans le cadre du Programme d'Investissement d'Avenir, l'*École* participe en 2015 aux projets labellisés suivants :

- « CaPPA » : Laboratoire d'Excellence dans le domaine des Physiques et de la Chimie de l'Environnement Atmosphérique.
- « IFMAS » : Institut pour la Transition Énergétique (ex Institut d'Excellence en Énergie Décarbonnée - IEED) dans le domaine des matériaux biosourcés.
- « RAILENIUM » : Institut de Recherche Technologique (IRT) dans le domaine du transport ferroviaire.

Le centre de recherche à Douai-Dorignies (20 000 m² de laboratoires) créé en 1972 (2007).

- « SILAB » : Plate-Forme Mutualisée d'Innovation (PFMI) Shopping Innovation LAB, une plate-forme d'innovation dédiée au commerce du futur, portée par le PICOM.
- « FIABILIN » Projet de R&D Structurant des Pôles de Compétitivité (PSPC) sur "l'industrialisation des composites thermoplastiques bio-sourcés hautes performances à renfort en fibres de lin : contribution à l'émergence d'une filière du lin technique dédiée en France", co-labellisé par les pôles Mov'éo et EMC2.
- « SINFONI » PSPC sur "la structuration d'une filière fibres végétales techniques (lin, chanvre) à usage matériaux", co-labellisé par les pôles de compétitivité IAR, Fibres, Techtera et UP-Tex.

Tout cela conduira à une reconnaissance de l'*École* par les structures académiques, et notamment par les Écoles Doctorales et le Ministère chargé de la Recherche. Fin 2010, l'*École* devient habilitée à co-délivrer le diplôme de docteur avec les Écoles Doctorales régionales Sciences Pour l'Ingénieur (ED SPI) et Sciences de la Matière, du Rayonnement et de l'Environnement (ED SMRE) ; précédemment, elle n'était que simple laboratoire d'accueil. L'*École* devient accréditée à diplômer seule les doctorants de ces 2 écoles doctorales à la rentrée scolaire 2015-2016.

5.6. Aide à la création d'entreprise - Innovation

L'*École* fut une pionnière dans ce domaine en créant en 1984 un service d'appui à la création d'entreprise. Cette structure portera plusieurs noms : Pépinière d'entreprises, Nursery d'entreprises... avant de devenir en 1998 l'incubateur technologique APUI (Accompagnement de Projets Utiles et Innovants), nom conservé depuis. C'est en 2003 que l'incubateur de l'*École* est relancé. Fin 2013, APUI comprenait 6 cadres et 1 secrétaire et disposait d'un budget de plus d'1 M€ ; sur les 47 entreprises créées depuis 2003, 42 étaient encore en activité avec plus de 200 emplois générés.

L'*École* complète ce dispositif fin 2012 par la création du Centre d'ingénierie et d'innovation (Ci^2). Il s'agit d'un projet pédagogique permettant de former ses élèves à la prise en charge de projets innovants émanant de PME-PMI (*éventuellement* les porteurs de projet d'APUI), grands groupes, organismes et associations.

Le Centre d'innovation contribue à la mission de développement économique de Mines Douai en soutenant les projets innovants d'entreprises et organismes. Il renforce ainsi l'image de Mines Douai dans le domaine de l'innovation et complète la dynamique régionale créée autour de l'incubateur technologique APUI.

En 2015, la Communauté d'Agglomération du Douaisis et le Conseil Régional Nord – Pas de Calais acceptent de financer le projet de FabLab (Laboratoire de Fabrication) de l'*École*. Celui-ci a été inauguré le 27 avril 2016.

FabLab *by* Mines Douai, financé par la Région et l'Agglomération de Douai : un lieu de créativité et d'innovation pour les élèves, le personnel de l'*École* et le Douaisis.

1810

LES INGÉNIEURS DES MINES : cultures, pouvoirs, pratiques

Maurice ALLAIS

Georges BESSE

Henri POINCARÉ

2010

Invitation au colloque de Bercy des 7 et 8 octobre 2010.

L'École des Mines de Douai

Chapitre C

Les relations de l'*École* avec le Corps des Mines et le Service des Mines

Les relations de l'*École* avec le Corps des Mines et le Service des Mines

Depuis sa création en 1878, l'École des Mines de Douai est dirigée par un ingénieur du Corps des Mines.

Jusqu'en 2005, le directeur avait une double fonction puisqu'il était aussi le chef du service déconcentré de l'État ayant en charge les problèmes de sécurité, d'environnement et de développement industriel.

Francis Mer, PDG d'Usinor-Arcelor parrain des promotions en 1994
ministre chargé de l'Industrie, il décide en 2003 de séparer les fonctions de directeur d'École des Mines et de directeur de DRIRE.

Ce service de l'État a connu des appellations diverses :

La plus connue était « Service des Mines », la dernière en date est DRIRE (Direction Régionale de l'Industrie, de la Recherche et de l'Environnement), suivie par la double création de la DREAL (Direction Régionale de l'Environnement, de l'Aménagement et du Logement) et de la DIRECCTE (Direction Régionale des Entreprises, de la Concurrence, de la Consommation, du Travail et de l'Emploi), qui ont chacune repris une part des attributions de la DRIRE.

Rappelons que « c'est en fonction de l'Industrie minérale que le Service des Mines a été créé, lorsque l'État, à l'aube de la société industrielle, estima nécessaire de disposer de fonctionnaires alliant la compétence technique au souci de l'intérêt général pour orienter, pour le bénéfice de la collectivité nationale, la mise en valeur des ressources non renouvelables du sous-sol, tout en veillant à contenir les dommages que cette activité industrielle peut faire subir à son personnel et à son environnement » (texte d'octobre 1969 du directeur des Mines).

Rappelons aussi que le Corps des Mines, créé en 1810, aujourd'hui rattaché au Ministère de l'Économie et des Finances, regroupe des Ingénieurs recrutés essentiellement dans les premiers de l'École polytechnique (X-mines) ainsi qu'à l'École normale supérieure, à l'École des Mines de Paris (Mines Paris Tech), et à l'École supérieure des télécommunications (Télécom Paris Tech). Un examen professionnel permet également à des IIM (Ingénieurs de l'Industrie des Mines, ex Ingénieurs des Travaux Publics de l'État-Mines) d'intégrer le Corps des Mines.

Nous souhaitons, dans le présent chapitre de l'histoire de l'École des Mines de Douai de 1878 à nos jours, montrer les aspects les plus importants des relations qui se sont tissées au cours du temps entre l'École des Mines de Douai, le Corps des Mines et le Service des Mines.

Nous adopterons le plan suivant :

I- Les directeurs de l'École des Mines de Douai depuis sa création.

II- Des Ingénieurs des Mines chargés de cours ou directeurs-adjoints.

III- Le recrutement par l'État d'ingénieurs, diplômés de l'École des Mines.

IV- Des formations initiales ou continues organisées à l'École des Mines de Douai pour des personnels du Service des Mines.

V- Le Centre de calcul de l'*École,* acteur de l'informatisation du Service des Mines.

I. Les directeurs de l'École des Mines de Douai depuis sa création

Avant de présenter brièvement les directeurs qui ont successivement eu la responsabilité de l'École des Mines de Douai, il est important d'évoquer globalement le rôle fondamental qu'ils ont eu dans la vie de l'*École*.

Dans une communication lors de la réunion du 4 avril 1878 du district Nord de la société de l'Industrie minérale, Louis-Albert Le Bleu, Ingénieur en chef des Mines, trace des perspectives pour l'École des Mines en création :

« Vous connaissez tous aujourd'hui le décret du 27 mars dernier qui institue à Douai une École de maîtres mineurs fondée sur les mêmes principes et dans les mêmes conditions que l'École d'Alais. Il est inutile de faire ressortir l'importance d'une pareille création pour l'exploitation du bassin.

Ce que j'aurais voulu vous exposer surtout, c'est le caractère que l'*École* est destinée à prendre en devenant le centre de ralliement de tous les Ingénieurs de la contrée. Nous y aurons une bibliothèque, un assez grand nombre de publications périodiques, les documents les plus récents concernant les mines, des collections de coupes de sondages et d'échantillons minéralogiques, les cartes géologiques et topographiques du Nord, du Pas-de-Calais et des pays voisins. Tout sera mis à votre disposition. »

L'ancrage territorial de l'*École* évoqué dans cette communication aura pour base au fil des années la grande connaissance des réalités industrielles du directeur et du service de l'État qu'il dirige, en ayant comme collaborateurs de jeunes Ingénieurs du Corps des Mines. Les relations avec la préfecture de région, les services déconcentrés de l'État et avec de nombreux ministères sont grandement facilitées.

Le réseau relationnel du directeur du Service des Mines a aussi une réalité nationale qui est efficace pour l'*École* : recrutement d'élèves dans toute la France, recherche de stages, placement des élèves...

Les parcours d'un grand nombre d'anciens élèves témoignent de liens constructifs entre secteur privé et secteur public au service de l'industrie et de l'intérêt général. Ce constat est certainement à mettre en parallèle avec le fait que les ingénieurs du Corps des Mines participent à la conception, à la mise en œuvre et à l'évaluation des politiques publiques et à la vie des grandes entreprises privées.

De nombreux directeurs de l'*École* ont par ailleurs été sensibles aux aspects sociaux de la vie de l'*École*, et notamment au fait que pendant de très nombreuses années les études supérieures n'étaient pas accessibles à tous. À titre de symbole, citons le cas d'un directeur ayant lui-même animé des cercles d'études humaines pour compléter la formation technologique et scientifique dans le domaine culturel et civique.

1- Louis-Albert Le Bleu : 1878-1880.

Ancien élève de l'École polytechnique (promotion 1846), Louis-Albert Le Bleu est nommé directeur de l'École des Maîtres-Ouvriers mineurs en mars 1878.

Il décède brutalement en fin 1880.

Le terminal méthanier EDF de Dunkerque, mis en service en 2016.

2- Henri Peslin : 1881-1892.

Ancien élève de l'École polytechnique (promotion 1853), Henri Peslin, Ingénieur des Mines à Tarbes (Hautes-Pyrénées), a publié de 1868 à 1875 trois articles et une série de commentaires très novateurs sur les mouvements verticaux et horizontaux des masses d'air.

Henri Peslin est nommé inspecteur général en 1892 et chargé de la division minéralogique du sud.

3- Henri Kuss : 1892-1906.

Ancien élève de l'École polytechnique (promotion 1871), Henri Kuss est nommé à Douai le 10 février 1892, après avoir exercé des responsabilités dans les arrondissements et sous-arrondissements minéralogiques de Grenoble, Saint-Étienne et Rodez (Aveyron).

Après 14 ans passés à Douai, il est nommé Inspecteur général des Mines.

Il préside notamment la Commission interministérielle de la navigation aérienne.

Henri Kuss prend la direction de l'École des Mines de Paris le 20 février 1914. Il décède le 22 novembre 1914, ce qui ne lui permettra pas d'occuper réellement ce poste.

4- Maurice Mettrier : 1906-1918.

Ancien élève de l'École polytechnique (promotion 1883), Maurice Mettrier est nommé à Douai le 25 juillet 1906 après avoir exercé des responsabilités dans les sous-arrondissements minéralogiques de Foix (Arriège) et Montpellier.

En 1914, en poste à Douai, il est pris en otage par les Allemands et expulsé de l'*École* en mars 1917.
Par décret du 19 septembre 1920, Maurice Mettrier est fait officier de la Légion d'honneur pour son comportement pendant l'occupation ennemie.
Promu Inspecteur Général, il devra quitter la vie active pour des raisons d'invalidité.

5- Félix Lavaste : 1918-1920.
Ancien élève de l'École polytechnique (promotion 1900), Félix Lavaste est nommé à Douai en 1918.
Après avoir quitté l'administration de l'État, il est nommé président de la Société de la Grande Paroisse.

6- Achille Stouvenot : 1920-1926.
Ancien élève de l'École polytechnique (promotion 1901), Achille Stouvenot est nommé à Douai en 1920.
Ingénieur en chef des Mines, il a été nommé le 9 novembre 1932 membre du Conseil d'Administration de l'Office National industriel de l'Azote. En 1933, Achille Stouvenot est Ingénieur Délégué de la Compagnie des Mines de la Grand'Combe, dont il devient le directeur général en 1943.

7- Daniel Ganière : 1926-1936.
Ancien élève de l'École polytechnique (promotion 1908), Daniel Ganière est nommé à Douai en 1926. Daniel Ganière a été directeur général des MDPA (Mines Domaniales de Potasse d'Alsace) de 1937 à 1942. Il devient en 1945 président de l'Office National Industriel de l'Azote.

8- René Lévy : 1937-1938.
Ancien élève de l'École polytechnique (promotion 1924), René Lévy est nommé à Douai en 1937.
Il est nommé en 1939 rapporteur auprès du Conseil Supérieur des Transports et du Comité Technique institué auprès dudit Conseil.
En 1945, René Lévy est Inspecteur Général des Mines de la 6e division minéralogique de Montpellier.

9- Michel Duhameaux : 1939 puis du 1er juin 1941-1945.
Ancien élève de l'École polytechnique (promotion 1918), Michel Duhameaux est nommé directeur de l'École des Mines de Douai de 1939 à 1944.
La période de septembre 1939 à mai 1941, durant la seconde guerre mondiale, le voit occuper des postes à Rouen et Nancy (le Nord-Pas-de-Calais lui ayant été décrété zone interdite par l'occupant).
Pendant la période de l'occupation allemande, Michel Duhameaux défend la profession minière avec beaucoup d'énergie.
Cette attitude lui vaut des rappels à l'ordre des autorités allemandes et françaises.
En 1945, il est nommé président directeur général des Houillères du bassin Nord-Pas-de-Calais, puis successivement directeur général des Houillères de Lorraine, de Charbonnages de France, du BRGM...

10- Georges Schneider : 1er octobre 1939-31 janvier 1940.

Ancien élève de l'École polytechnique (promotion 1917), Georges Schneider est nommé à Douai en 1939.
Il est nommé en 1945 Chef du service du gaz à la direction des Mines, puis en 1966 vice-président au Conseil Général des Mines.

11- Edmond Friedel : 1er février 1940-30 juin 1940.

Ancien élève de l'École polytechnique (promotion 1914), Edmond Friedel est appelé à la tête de l'arrondissement minéralogique du Nord-Pas-de-Calais alors qu'il est depuis 1937 sous-directeur de l'École des Mines de Paris.
Dans une conjoncture désespérée, il entend conserver au maximum les intérêts français et obtenir les garanties qu'il juge indispensables pour les mineurs.
Il est incarcéré pendant plusieurs mois avant de reprendre son poste à l'École des Mines de Paris dont il prend la direction à la libération.
Il est le fondateur du BRGM (Bureau de Recherches Géologiques et Minières).

12- Georges Duchemin : 1er juillet 1940-31 mai 1941.

Ancien élève de l'École polytechnique (promotion 1921), Georges Duchemin est nommé à Douai en 1940).
Il a été nommé en 1942 à l'Union Européenne et Française.

- Michel Duhameaux : 1er juin 1941-1945

Voir ci-dessus (9)

13- Paul Baseilhac : 1945-1948.

Ancien élève de l'École polytechnique (promotion 1928), Paul Baseilhac est nommé dans le Nord-Pas-de-Calais après avoir occupé des postes aux Services des Mines d'Alger, de Nancy et de Paris. Il est le représentant du gouvernement dans le Comité consultatif des houillères nationales constituées en février 1945. Il est ensuite successivement directeur général des Houillères du Nord-Pas-de-Calais et des charbonnages de France et président de la Cie des forges de Châtillon-Commentry et Neuves-Maisons.

14- Jean Chenevier : 1948-1949.

Ancien élève de l'École polytechnique (promotion 1937), Jean Chenevier est nommé au Service des Mines à Douai en 1942.
Il est sous-directeur de l'*École* de 1945 à 1948.
En 1948, il devient chef de l'arrondissement minéralogique et directeur de l'*École*.
En octobre 1949, il quitte l'administration pour la Société BP dont il sera le président directeur général pour la France.
Jean Chenevier apportera son concours à divers organismes du patronat français (Institut de l'entreprise), et à l'ESSEC dont il fut le président.

15- Pierre Robert : 1949-1951.

Ancien élève de l'École polytechnique (promotion 1926), Pierre Robert a été nommé à Douai en 1949.
Pierre Robert a été affecté, à compter du 15 février 1951, en qualité de Chef de l'Arrondissement Minéralogique de Lyon.

16- Henri Nicolas : 1951-1958.

Ancien élève de l'École polytechnique (promotion 1935), Henri Nicolas a été nommé à Douai en 1951.
Il quitte Douai en 1958 pour prendre des fonctions de direction dans le plan pour l'Algérie dit plan de Constantine (1958-1963).
Henri Nicolas devient en 1960 directeur de l'Énergie et l'Industrialisation à la délégation générale en Algérie.

17- Claude Daunesse : 1958-1964.

Ancien élève de l'École polytechnique (promotion 1944), Claude Daunesse est affecté pour son premier poste à l'arrondissement minéralogique de Montpellier où il exerce en particulier pendant quatre ans les fonctions de sous-directeur de l'École des Mines d'Alès.
Après un court passage en 1957 à l'arrondissement minéralogique de Clermont-Ferrand, il est nommé directeur de l'École des Mines de Douai et chef de l'arrondissement minéralogique de Douai.
Claude Daunesse est nommé directeur des Mines au Ministère de l'Industrie le 1er juin 1964, fonction qu'il exercera jusqu'à son décès le 31 octobre 1989.

18- Roger Callou : 1964-1971.

Ancien élève de l'École polytechnique (promotion 1945), Roger Callou a été nommé à Douai en 1964 après avoir été chef de l'arrondissement minéralogique de Clermont-Ferrand (1958-1964).
Roger Callou a été adjoint au Délégué du Tunnel sous la Manche (1971-1975), puis directeur Centre d'Études et de Recherches de Logistiques industrielle et commerciale (1975-1980), et directeur Interdépartemental de l'Industrie Picardie-Champagne-Ardenne (1980-1983).

19- André-Claude Lacoste : 1971-1978.

Ancien élève de l'École polytechnique (promotion 1960), André-Claude Lacoste débute sa carrière aux sous-arrondissements minéralogiques de Valenciennes et Lille avant de devenir chef de l'arrondissement minéralogique de Douai et Directeur de l'École des Mines de Douai.
En 1978, il rejoint le Ministère de l'Industrie pour prendre en charge les problèmes de l'action Régionale pour la sécurité et la compétitivité industrielle.
En 1993, il est nommé directeur de la sûreté des installations nucléaires et en 2006 président de l'ASN (Autorité de Sûreté Nucléaire).

20- Jean-Michel Yolin : 1978-1982.

Ancien élève de l'École polytechnique (promotion 1965), Jean-Michel Yolin débute sa carrière à l'arrondissement minéralogique de Douai.
En 1978, il est nommé directeur de l'École des Mines de Douai, directeur interdépartemental de l'Industrie et délégué régional de l'ANVAR.
De 1982 à 1986, il est directeur de la chimie, du textile et des industries diverses au Ministère de l'Industrie.
Il est nommé en 1992 directeur de l'innovation, de la technologie et de l'action régionale au Ministère chargé de la recherche.

Les cinq directeurs de l'*École* pour la période 1964 – 1994.
Photo prise à l'École des Mines de Nantes le 11 octobre 1991.
De gauche à droite : André-Claude Lacoste, Gustave Defrance, Roger Callou, Marcel Gérente, Jean-Michel Yolin.

21- Marcel Gérente : 1982-1989.

Ancien élève de l'École des Mines de Douai (Promo 1957), Marcel Gérente est nommé Ingénieur des Mines en 1971.

Il est professeur, secrétaire général et sous-directeur de l'École des Mines de Douai, puis directeur de l'École des Mines d'Alès et directeur de la DRIRE du Languedoc-Roussillon.

Il est directeur de la DRIRE du Nord-Pas-de-Calais et directeur de l'École des Mines de Douai de 1982 à 1989.

Marcel Gérente est ensuite nommé directeur de l'action régionale et de la petite et moyenne industrie au Ministère chargé de l'Industrie.

22- Gustave Defrance : 1989-1994.

Ancien élève de l'École des Mines de Douai (Promo 1955), Gustave Defrance est nommé Ingénieur des Mines en 1976.

Il est professeur, secrétaire général de l'École des Mines de Douai, puis directeur de l'École des Mines d'Alès et directeur de la DRIRE du Languedoc-Roussillon.

Il est directeur de la DRIRE du Nord-Pas-de-Calais et directeur de l'École des Mines de Douai de 1989 à 1994.
Gustave Defrance est ensuite nommé directeur de la prévention des pollutions et des risques, délégué aux risques majeurs au Ministère chargé de l'Environnement.

23- Maurice Cotte : 1994-1999.

Ancien élève de l'École des Mines de Douai (Promo 1964), Maurice Cotte est nommé Ingénieur des Mines en 1980.
Il est ingénieur au service de l'équipement puis au Service des Mines, directeur des études à l'École des Mines de Douai, puis directeur de l'École des Mines d'Alès et directeur de la DRIRE du Languedoc-Roussillon.
De 1994 à 1999, il est directeur de la DRIRE du Nord-Pas-de-Calais et directeur de l'École des Mines de Douai.
Maurice Cotte est ensuite nommé successivement chef du service des industries manufacturières puis directeur de la stratégie des Écoles des Mines au Conseil Général au Ministère chargé de l'Industrie.

24- Pierre-Franck Chevet : 1999-2005.

Ancien élève de l'École polytechnique (promotion 1981), Pierre-Franck Chevet débute sa carrière à la DRIRE de Bourgogne avant d'être successivement sous-directeur de la sûreté des installations nucléaires, directeur de la DRIRE et délégué Régional de l'ANVAR en Alsace.
Il est nommé directeur de l'École des Mines de Douai et directeur de la DRIRE du Nord-Pas-de-Calais en 1999.
En 2007, Pierre-Franck Chevet est nommé directeur général de l'énergie et du climat au Ministère chargé du développement durable et en 2013 président de l'ASN.

25- Jean-Claude Duriez : 2005-2012.

Ancien élève de l'École des Mines de Douai (Promo 1971), Jean-Claude Duriez est nommé Ingénieur des Mines en 1985.
Il est successivement Ingénieur au Service des Mines du Havre et de Douai, directeur de la rec herche à l'École des Mines d'Alès, directeur adjoint de l'École des Mines d'Albi-Carnaux et directeur de l'École des Mines de Nancy.
Il est directeur de l'École des Mines de Douai de 2005 à 2012.

26- Daniel Boulnois : 2012-

Ancien élève de l'École des Mines de Douai (Promo 1975), Daniel Boulnois est nommé Ingénieur des Mines en 1991.
Il est Ingénieur à la DRIRE du Nord-Pas-de-Calais, directeur de la recherche et directeur adjoint de l'École des Mines de Douai, directeur de l'Agence de l'eau Rhin-Meuse, directeur de la DIREN de la région Poitou-Charentes et adjoint au Directeur général de l'aménagement, du logement et de la nature au Ministère chargé du développement durable.
Daniel Boulnois a été nommé directeur de l'École des Mines de Douai en 2012.

II. Des Ingénieurs des Mines chargés de cours ou directeurs-adjoints

2.1. Des Ingénieurs des Mines chargés de cours

Pendant de très nombreuses années, il était de tradition que les jeunes Ingénieurs des Mines affectés au Service des Mines à Douai soient invités à participer à l'enseignement de l'*École* en qualité de chargés de cours.

À titre d'exemple, citons le cas de Georges Besse, chargé du cours de chauffage industriel en 1954-1955, tragiquement disparu à la suite d'un attentat alors qu'il était PDG de Renault ; (l'usine Renault de Douai porte son nom).

Georges Besse et la quasi-totalité des jeunes Ingénieurs du Corps des Mines ayant vécu cette expérience d'enseignant ont dit combien ils avaient apprécié cette mission.

Peut-on oser la situer dans les perspectives présentées dans le premier numéro du journal des Mines vendémiaire an III (septembre 1794).

« L'agence des Mines préside à une Maison d'instruction qui réunira un Cabinet de minéralogie, une bibliothèque, un laboratoire, un dépôt de dessins et de modèles. En hiver les officiers des Mines y donneront des leçons ; en été ils parcourront la République pour répandre des lumières en ajoutant aux leurs ; des élèves les suivront dans ces tournées.

Ainsi toujours l'instruction s'unira aux soins administratifs ; mélange dont il n'appartient qu'à un pays libre d'offrir le principe et l'exemple »

2.2. Des Ingénieurs des Mines directeurs-adjoints de l'*École*

Le poste d'adjoint au directeur de l'*École* appelé pendant de nombreuses années sous-directeur a toujours été occupé depuis sa création par un Ingénieur du Corps des Mines.

La délégation de pouvoirs du directeur était importante en raison de la charge de travail que représentait la direction du Service des Mines.

Les personnes suivantes ont occupé ce poste :

- Jean Chenevier 1945-1948
- René Delmas 1948-1949
- Alain Stahl 1949-1952
- Édouard Gonnet 1952-1967
- Roland Hérenguel 1967-1968
- Marcel Gragez 1968-1971
- Marcel Gérente 1971-1974
- Jean-Claude Casciola 1974-1980
- Maurice Cotte 1980-1984
- Yves Lecointe 1984-1989
- Didier Lansiaux 1989-1993
- Daniel Boulnois 1993-1997

- Rémi Favier 1997-2000
- Laurent Michel 2000-2003
- Jean-Claude Bara 2003-2010
- Vincent Théry 2010-2015
- Jean de Zélicourt.............. 2015-

Édouard Gonnet,
directeur adjoint de l'*École* de 1952 à 1967.

III. Le recrutement par l'État de diplômés de l'*École*

Dans l'histoire de l'École des Mines de Douai, comme dans celle de l'École des Mines d'Alès, le recrutement par l'État de diplômés de l'*École* occupe une place singulière pour diverses raisons :

- Dès 1883, les 3 premiers de chaque promotion peuvent devenir « garde-mines » par nomination directe. Ce titre deviendra le titre d'Ingénieur des Travaux Publics de l'État en 1920 et en 1988 le titre d'Ingénieur de l'Industrie et des Mines. Ce recrutement dérogatoire aux règles de la fonction publique sera maintenu avec diverses modalités pendant plus d'un siècle.
- Alors que l'*École* n'était pas habilitée à délivrer le titre d'Ingénieur, l'État reconnaissait des diplômés de l'école comme Ingénieur des Travaux Publics.
- En application des règles permettant aux fonctionnaires d'un Corps d'accéder aux Corps supérieur, un petit nombre de diplômés de l'*École* deviennent Ingénieur des Mines. En 1935, Alexandre Grard (Promo 1899) est le premier ancien élève intégré au Corps des Mines par la voie de l'examen professionnel. En 1979, Jean Colliot (Promo 1935) est le premier ancien élève à accéder au grade d'Ingénieur Général des Mines.

3.1. Le Corps des Ingénieurs de l'Industrie et des Mines : présentation

Les Ingénieurs de l'Industrie et des Mines (IIM) constituent un Corps de l'administration d'État française.

Ce Corps a vocation à veiller au fonctionnement des activités industrielles au travers d'une part de missions de contrôle (inspection de la sûreté nucléaire, contrôle des barrages, contrôle des poids et mesures, inspection des installations classées pour la protection de l'environnement, inspection du travail des mines et carrières, etc.) et d'autre part de missions d'accompagnement de projets industriels (financement de pôles de compétitivité, aide aux projets collaboratifs d'entreprises, analyse sectorielle de l'Industrie, veille technologique, normalisation, etc.).

Les IIM exercent leurs missions au sein des différentes structures qui ont besoin de leur compétence, en particulier : les Directions Régionales de l'Environnement de l'Aménagement et du Logement (DREAL), les Directions Régionales des Entreprises, de la Concurrence, de la Consommation, du Travail et de l'Emploi (DIRECCTE), l'Autorité de Sûreté Nucléaire (ASN), ainsi que dans les administrations centrales correspondantes des Ministères du Redressement Productif et de l'Écologie, du Développement durable et de l'Énergie.

Ils ont donc une vocation interministérielle forte dans l'exercice de leur métier, bien que rattachés statutairement au Ministère chargé de l'Industrie.

On trouvera dans l'annexe [C.1] la présentation, des Ingénieurs de l'Industrie et des Mines (IIM), faite en 1980 par Michel Poinsignon (Promo 1961), secrétaire général du groupement national des Ingénieurs des Travaux Publics de l'État (Mines).

3.2. Les modalités de recrutement

De 1823 à 1988, le recrutement des Ingénieurs de l'Industrie et des Mines a fait une large part au recrutement direct ouvert aux anciens élèves de l'École des Mines d'Alès et de Douai ayant obtenu leur diplôme avec l'un des premiers numéros de classement (3 ou 5 généralement).

Cette part, pendant longtemps égale à 3/6, était de fait augmentée quand les autres recrutements ne donnaient pas les résultats escomptés : le recrutement dans la proportion des 2/6 parmi les élèves Ingénieurs des TPE (Mines) et dans la proportion de 1/6 par la voie d'un examen professionnel ouvert aux techniciens de l'Industrie et des Mines.

Depuis 1988 (décret du 29 avril 1988 portant création et statut particulier du Corps des Ingénieurs et de l'Industrie et des Mines) le recrutement se fait selon les modalités suivantes :

- Par voie de concours : pour au moins 45 % des emplois à pourvoir par un concours externe sur titres (une forte majorité d'ingénieurs dont des diplômés des Mines de Douai), pour au moins 30 % par un concours externe d'élèves-ingénieurs (concours commun TPE).
- Pour au minimum un cinquième et au moins un tiers du nombre total des nominations, par la voie d'un examen professionnel ouvert à des fonctionnaires relevant du Ministère de l'Économie, des Finances et de l'Industrie appartenant à la catégorie B et par la voie d'une liste d'aptitude.

En 2012, les 35 Ingénieurs de l'Industrie et des Mines recrutés sur titres se répartissaient de la manière suivante pour leur cursus :

- 27 d'écoles d'Ingénieurs dont 10 pour Alès et Douai
- 8 de l'Université (Bac+6 et Master 2).

3.3. Une relation exemplaire entre les Ingénieurs des Mines et les Ingénieurs de l'Industrie et des Mines

La vie du Service des Mines a été marquée selon de nombreuses observations par la véritable osmose qui a existé entre les Ingénieurs des Mines et les Ingénieurs des Travaux, formés par les Écoles des Mines d'Alès et de Douai. On peut évoquer cet aspect des choses au travers de deux personnes : Jacques Taffanel et Eugène Fenzy

Jacques Taffanel, Ingénieur des Mines, a été chargé, après la catastrophe de Courrières en 1906, de faire des recherches sur l'inflammabilité des poussières de charbon, inflammabilité et danger qui avaient été presque ignorés jusqu'à cette époque.

Jacques Taffanel, dont le nom est encore connu aujourd'hui dans toutes les mines de charbon du monde parce qu'il a inventé ce que l'on appelle des « arrêts barrages », qui permettent de mettre en suspension au cœur de l'inflammabilité des poussières stériles qui réduisent la vitesse de propagation de la flamme.

L'adjoint direct de Taffanel, Eugène Fenzy (Promo 1892) était ce qu'on appelait à l'époque un « Contrôleur des Mines ». E. Fenzy, avec J. Taffanel, a inventé le premier appareil respiratoire permettant d'être isolé du milieu ambiant. Encore aujourd'hui, le nom de Fenzy est connu dans le monde entier pour des appareils permettant de s'isoler de l'atmosphère ambiante.

Ces deux noms associés paraissent assez symboliques de la parfaite relation que les Ingénieurs des Mines ont su tisser avec les Ingénieurs de l'Industrie et des Mines. Cette relation ne s'est pas faite simplement au gré des personnes. Il y a eu aussi, pendant des générations, le fait que les Ingénieurs des Mines se sont intéressés à la formation des Ingénieurs de Travaux, dans les Écoles des Mines d'Alès et de Douai. Cela a permis d'avoir un Corps d'ingénieurs de Travaux très lié aux Ingénieurs des Mines, dès même sa formation.

3.4. Des Ingénieurs de l'Industrie et des Mines enseignants à l'*École*

Dès la création de l'*École* en 1878, Louis-Albert Le Bleu, son directeur, fait appel à des personnels de l'arrondissement minéralogique pour exercer des fonctions à temps plein à l'*École* ou pour être chargés de cours à temps partiel.

Cette pratique se maintiendra tout au long de la vie de l'*École*, avec bien entendu les ajustements liés au développement de l'établissement.

À titre de symbole, on peut évoquer l'exemple de Gustave Tison (Promo 1909) qui fut pendant 30 ans, de 1920 à 1950, un professeur de mathématiques très apprécié.

Gustave Tison, qui enseignait aussi la topographie et la résistance des matériaux, a publié plusieurs ouvrages sur la topographie souterraine et sur les affaissements miniers. Il consacrera par ailleurs une partie de son temps à l'*Association* en qualité de vice-président pendant 20 ans et de président de 1924 à 1928, avant d'être nommé président d'honneur. Gustave Tison était aussi expert auprès des tribunaux et de la Cour d'Appel de Douai. Les insignes de Chevalier de la Légion d'honneur lui furent remisent le 20 juillet 1951 par Pierre Robert, Ingénieur en chef des mines et directeur de l'*École*, en présence de nombreuses personnalités dont deux anciens directeurs de l'*École* : Michel Duhameaux et Paul Baseilhac.

D'autres exemples pourraient être cités, notamment des Ingénieurs passionnés par des technologies nouvelles et par l'enseignement. Il y a lieu de noter qu'il est apparu possible pendant une période limitée dans le temps d'encourager des Ingénieurs de l'Industrie et de Mines à obtenir le titre de Docteur pour faciliter leur intégration dans l'*École*.

Deux Ingénieurs de l'Industrie et des Mines sur le site de Mazingarbe au titre de l'inspection des installations classées.

En dehors de l'enseignement, il est apparu tout à fait normal de confier, dès sa création dans les années 1960, le poste de secrétaire général à un Ingénieur de l'Industrie et des Mines.

À titre d'exemple, citons Kader Amara (Promo 1976), titulaire de ce poste depuis 2006, qui pilote par ailleurs la démarche du développement durable de l'*École*.

Le nombre d'Ingénieurs de l'Industrie et des Mines en poste à l'*École* est de 7 en 2015. Ce nombre a été de 15 pendant la période 1980-1995 et de 3 à la création de l'*École* en 1878.

Il y a lieu de noter à ce sujet que ces Ingénieurs de l'Industrie et Mines étaient quasiment tous des anciens élèves de l'*École*. Cette remarque est à compléter par le fait que la quasi-totalité des Ingénieurs de l'Industrie et des Mines en poste à la DRIRE Nord-Pas-de-Calais étaient aussi des anciens élèves de l'*École*.

IV. Des formations initiales ou continues organisées à l'École des Mines de Douai pour des personnels du Service des Mines

4.1. La formation des élèves-ingénieurs de l'Industrie des Mines

L'École des Mines de Douai reçoit depuis 1957 les étudiants reçus au concours commun TPE (Ingénieurs des Travaux publics de l'État).

Le décret de 1988 précise que les candidats recrutés dans le cadre de ce concours suivent une scolarité de 3 ans dans une École nationale supérieure des techniques industrielles et des Mines. Le cursus de 3 ans comprend, en 2015, deux premières années à Douai et la dernière année possible dans une autre École des Mines (Albi, Alès, Nantes) ou en Université étrangère.

4.2. Des formations spécifiques pour des agents du Service des Mines

L'École des Mines de Douai a, depuis sa création, organisé des cycles de formation pour les Ingénieurs et les Techniciens des Services des Mines, soit au titre de la formation initiale, soit au titre de la formation continue. Cette mission se poursuit aujourd'hui au bénéfice des DREAL et des DIRECCTE.

Pour préciser l'importance de ce travail, citons des chiffres relatifs à la période 1972-1976. En 5 ans, 472 personnes (15 431 heures stagiaires) ont suivi des formations ayant pour thèmes les appareils à pression, les nuisances, les véhicules. Chaque thème pouvait donner lieu à des modules de formations techniques – citons à titre d'exemple, pour les appareils à pression, des modules sur la mécanique de la rupture, l'extensométrie, la corrosion, les traitements thermiques, le soudage, les contrôles non destructifs.

En 2015, les actions de formation figurant au catalogue de l'*École* sont les suivantes :

- Formations techniques :
  - métrologie,
  - appareils à pression,
  - véhicules,
  - environnement.
- Formation à la qualité.
- Connaissances de l'entreprise :
  - juridiques,
  - financières,
  - économiques.
- Informatique et bureautique.
- Management et gestion des ressources humaines.
- Communication.
- Politique et droit européens.

V. Le centre de calcul de l'*École*, acteur de l'informatisation du Service des Mines

Dès les années 1970, l'École des Mines met en place des moyens informatiques importants avec un objectif prioritaire : donner un enseignement de qualité dans ce domaine nouveau.

Les directeurs successifs de l'*École*, au titre de leur fonction de responsable régional du Service des Mines, sont amenés à imaginer ce que pourrait être une informatisation de la gestion des activités qui leur sont confiées.

5.1. Informatique et activités liées au contrôle technique de sécurité

Les contrôles techniques de sécurité désignent pour le Service des Mines les activités exercées dans le domaine des véhicules automobiles, des appareils à pression de gaz et vapeur, des dépôts d'explosifs.

Le contrôle des véhicules automobiles consiste essentiellement à réaliser des réceptions par type ou à titre isolé de véhicules et des visites techniques périodiques.

À titre indicatif, le Service des Mines du Nord-Pas-de-Calais réalise, en 1980, 70 000 visites techniques et 6 000 réceptions à titre isolé.

Cette activité fortement déconcentrée donne lieu à des documents administratifs et suppose de disposer d'une abondante documentation réglementaire.

Le recours à l'informatisation s'est imposé car les fichiers manuels étaient devenus ingérables.

Le contrôle des appareils à pression consiste schématiquement à autoriser la mise en service d'un appareil à pression après étude sur dossier et réalisation chez le constructeur d'une épreuve hydraulique, épreuve à renouveler périodiquement en cours de vie.

Dans les années 1980, le Service des Mines du Nord-Pas-de-Calais intervient dans la fabrication de 120 000 appareils neufs, et contrôle plus de 400 000 appareils en service.

Entrée de l'*École* et de la DRIRE, site Bourseul.

L'informatique en 1978.

L'informatisation dans ce domaine permet de gérer plus facilement la facturation et les recettes, la documentation et les calculs, en l'absence de la tenue d'un fichier central.

5.2. Informatique et activités liées à l'environnement

Les activités du Service des Mines dans le domaine de l'environnement, exercées pour le compte du Ministère chargé de l'Environnement, s'articulent pour l'essentiel dans les années 1980 autour de la législation des installations classées (ICPE), de la mesure de la pollution atmosphérique, des eaux souterraines et des déchets.

Le flux des données ICPE traitées en 1983 concerne 400 établissements pour le Nord-Pas-de-Calais, avec la publication de 180 arrêtés préfectoraux pour l'application très déconcentrée d'une législation abondante.

Après la discussion avec les industriels, la rédaction des projets d'arrêté d'autorisation, le suivi du fonctionnement des établissements, la gestion de la documentation, la formation des personnels, la définition des priorités de l'inspection sont facilitées par l'informatisation.

Dès 1950, et à la demande du Conseil général du Pas-de-Calais, le Service des Mines du Nord-Pas-de-Calais mesure la pollution atmosphérique (jauges OWEN) et demande à l'École des Mines de Douai de créer le laboratoire correspondant.

En 1980, les régions industrielles françaises bénéficient de réseaux automatiques et le Service des Mines a suscité la création d'associations multipartites (État, collectivités territoriales, Entreprises, associations de défense de l'environnement...).

La mesure de la pollution atmosphérique.

L'informatique devient rapidement un outil indispensable, notamment quand on assigne au réseau de mesure une fonction d'alerte.

Le suivi systématique des déchets toxiques est un élément du renforcement du contrôle des déchets. Ce contrôle exercé par le Service des Mines, déjà chargé de contrôler les producteurs et les éliminateurs de déchets, exige de recourir à l'informatique.

5.3. Informatique et activités liées à l'exploitation du sol et du sous-sol et à l'énergie

C'est l'exploitation des carrières qui apparaît le secteur le plus concerné pour l'informatisation, bien que la gestion des séquelles minières et des fins de concessions puisse être concernée (800 puits creusés dans le Nord-Pas-de-Calais pour le bassin charbonnier).

Le Service des Mines est conduit à s'intéresser à l'apport de l'informatique pour le suivi des rapports d'expertise, la création d'un tableau de bord régional et le développement de matériels dans le domaine de la maîtrise de l'énergie.

5.4. Informatique et activités en matière de développement industriel Régional

Dans le cadre de la politique industrielle de l'État, le Service des Mines concourt au développement industriel et technologique régional et gère des procédures d'aides financées par la France et l'Europe.

Dans le cadre de la reconversion industrielle du Nord - Pas-de-Calais, le recours à l'informatique pour gérer les dossiers correspondants est vite devenu incontournable.

5.5. Informatique et activités de gestion interne

Les tâches des services centraux et notamment du secrétariat général ne peuvent qu'être facilitées par l'informatisation.

Les actions de communication, communication devenue indispensable pour les services extérieurs de l'État dans les années 1970, ont grandement été facilitées par l'informatisation.

La publication dans les années 1980 d'un ouvrage comme « Les Industries au regard de l'environnement » par le Service des Mines du Nord-Pas-de-Calais est à citer en exemple.

Il faut noter que cette parution est facilitée par un service communication commun à l'*École* et au Service des Mines.

5.6. L'évolution rapide des réseaux informatiques du Service des Mines

Dans un premier temps, l'informatisation du Service des Mines s'est faite en utilisant les compétences des moyens informatiques des Écoles des Mines de Douai et d'Alès. Pendant plusieurs années, les Écoles des Mines d'Alès et de Douai, et notamment celle de Douai, ont été prestataires de services informatiques pour l'ensemble des DRIRE.

La problématique des années 1970/1980, informatique distribuée ou informatique répartie, a rapidement été dépassée par les évolutions considérables des moyens disponibles.

Les centres de calcul des Écoles des Mines de Douai et d'Alès ont très certainement contribué à créer au sein des Services des Mines une culture informatique.

L'administration des Mines, services extérieurs et services centraux, a de fait été un précurseur au sein de l'administration de l'État.

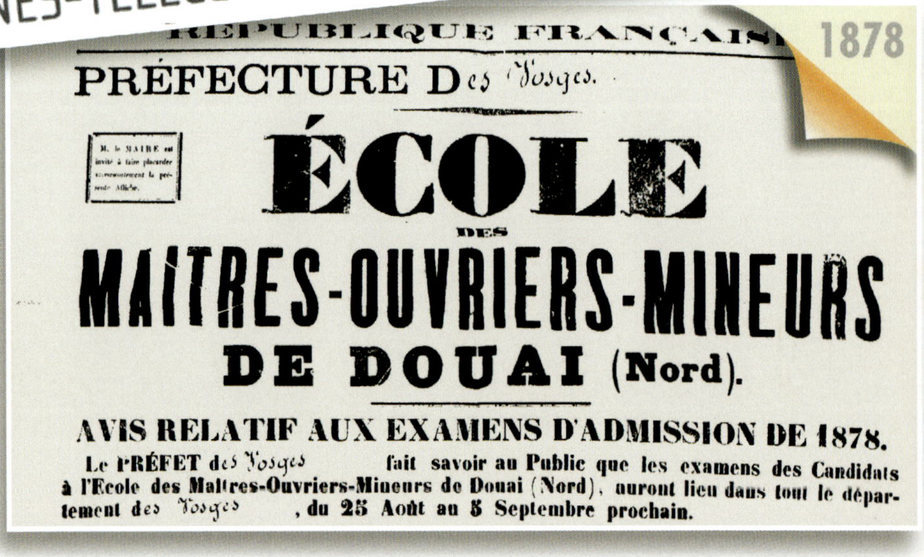

RÉPUBLIQUE FRANÇAISE

PRÉFECTURE Des Vosges.

M. le MAIRE est invité à faire placarder [illegible] la présente Affiche.

ÉCOLE

DES

MAITRES-OUVRIERS-MINEURS

DE DOUAI (Nord).

AVIS RELATIF AUX EXAMENS D'ADMISSION DE 1878.

Le PRÉFET des Vosges fait savoir au Public que les examens des Candidats à l'Ecole des Maîtres-Ouvriers-Mineurs de Douai (Nord), auront lieu dans tout le département des Vosges, du 25 Août au 5 Septembre prochain.

L'École des Mines de Douai

Chapitre D

Admissions, recrutements & diplômes

Promotion 1901-1903.

Promotion 1927-1929 - L'Éspérance.

I. L'*École* et son recrutement d'élèves de 1878 à 1964

Lors de sa création, l'*École* avait comme mission de former du personnel d'encadrement pour les mines, en ciblant son recrutement sur des ouvriers mineurs âgés de plus de seize ans et justifiant d'une année au moins dans les travaux souterrains des mines, ou durant un temps d'autant plus long que l'ouvrier est plus âgé.

Les élèves justifiant de telles dispositions les ayant familiarisés avec la pratique du métier de mineur, et possédant une bonne instruction élémentaire, sont recrutés par concours (un premier examen d'admissibilité suivi d'un examen définitif).

La formation de Maîtres-Ouvriers mineurs ou de géomètres de mines se déroule sur deux années d'études.

À l'issue de ces deux années couronnées de succès lors des examens et notations programmés, les élèves reçoivent du ministre chargé des Mines le diplôme supérieur de Maître-Mineur.

Un décret du 18 juillet 1890 porte à 18 ans l'âge minimal pour l'admission et à dix-huit mois au moins la durée préalable de travail minier.

Par décret en date du 29 mars 1907, ces caractéristiques d'admission restent à 18 ans au moins l'année du concours et deviennent 500 jours de travail rémunéré dans les travaux souterrains miniers – cette durée sera réduite à 300 jours en 1926.

En bilan des trente premières années de fonctionnement, on observe que :

« La plupart des candidats proviennent des centres miniers du Nord, du Pas-de-Calais, mais également de la Loire, de la Saône-et-Loire, de l'Aveyron, de l'Allier et du Puy-de-Dôme.

Il n'existe pas de limite d'âge supérieure et parfois des ouvriers de 28 ou 30 ans, mariés et pères de famille, avec 12 ou 15 ans de pratique minière, viennent, à leur honneur, suivre la formation.

Après avoir admis, les deux premières années après sa création, un nombre de candidats un peu trop élevé pour les besoins de l'époque, l'*École* s'est limitée, jusqu'en 1889, à des promotions de 10 à 15 élèves.

Puis, les offres d'emploi devenant plus nombreuses, l'effectif s'est peu à peu accru : 30 élèves en 1901 pour se figer autour de 35 en 1909 – soit 70 élèves pour les deux années d'études, nombre que les dimensions des locaux de l'époque ne permettaient pas de dépasser ».

« Le nombre des élèves en provenance des départements du Nord et du Pas-de-Calais est resté à peu près constant durant cette période, et ce sont les autres départements qui, au fur et à mesure que s'étendait la renommée de l'*École*, ont fourni un contingent de plus en plus élevé. »

(extraits du document sur l'École des Maîtres-Mineurs de Douai, élaboré en 1910, par Maurice Mettrier, Ingénieur en Chef des Mines, Directeur de l'*École*, pour l'Exposition Universelle et Internationale de Bruxelles).

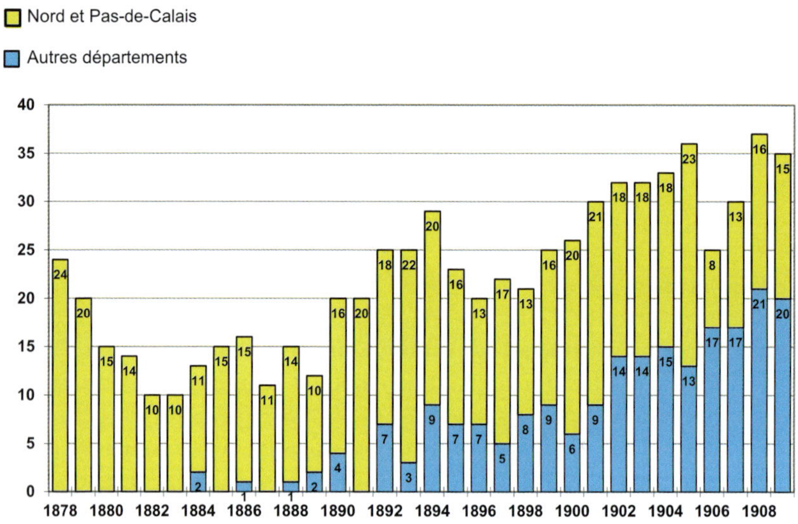

Fig. D.1 - Effectif et provenance des admis à l'*École* depuis sa fondation

Le diagramme ci-dessus indique comment ont varié, depuis la fondation de l'*École* jusqu'en 1909, le nombre d'élèves admis et leur provenance.

Le nombre de candidats est sensiblement double de celui des élèves admis.

La première guerre mondiale de 1914-1918 conduit à la fermeture de l'*École*, qui sera réquisitionnée par les armées allemandes et servira d'hôpital militaire.

Les bâtiments subiront des dommages du fait des bombardements sur la ville de Douai.

Après l'armistice de 1918 et la remise en état de l'*École*, celle-ci est rouverte en 1920.

Son rapide développement nécessite en 1922 de construire un nouveau bâtiment sur un terrain acheté au Génie Militaire, permettant ainsi de se doter de laboratoires, de collections géologiques nouvelles, et d'envisager de porter à 110 le nombre total d'élèves présents.

L'effectif moyen par promotion passe à 45 et atteint 51 diplômés sortis en 1930.

Le décret du 11 août 1931 concrétise l'élévation du niveau scientifique de l'enseignement dispensé à l'*École* et destine celle-ci à former des Maîtres-Mineurs, des Géomètres de mines et des Conducteurs de Travaux miniers.

Cette nouvelle formation s'effectue à la suite des deux années d'études, dans une section complémentaire facultative recevant pendant un semestre, du 1er octobre au 1er avril, ceux des élèves ayant obtenu au moins 15/20 de moyenne en fin de seconde année.

Le diplôme de Conducteur de Travaux miniers sanctionne cette formation complémentaire.

Un décret du 20 février 1933 change les appellations des Écoles d'Alès et de Douai, qui prennent le nom d' « École Technique des Mines ».

Un décret publié le 1er juin 1941 précise et allège certaines dispositions concernant le prix de pension, les droits de scolarité et les modalités de règlement, l'admission d'étudiants étrangers, fixe la durée de la formation en section complémentaire à huit mois ainsi que les conditions de délivrance des diplômes d'ancien élève diplômé ou de Conducteur des Travaux miniers.

Durant la seconde guerre mondiale, il n'y eut aucun arrêt dans le recrutement et la formation, mais les bombardements sur le quartier de la gare de Douai détruisirent entièrement les bâtiments de l'*École* en juin et août 1944.

Les élèves étant en stage, une seule personne fut blessée.

Malgré cette destruction totale, l'*École* continue à fonctionner dès fin 1944 en empruntant des locaux de l'École Nationale des Industries Agricoles, rue de l'Université à Douai, puis s'installe en avril 1947 rue Charles Bourseul dans des bâtiments provisoires, construits sur le terrain où se trouve l'*École* actuelle.

Le décret du 11 octobre 1951, fixant en particulier l'âge minimal d'admission à dix-neuf ans au 1er juillet de l'année d'entrée à l'*École* et le stage préliminaire à quatre cents jours aux travaux productifs, crée des différences importantes entre les Écoles d'Alès et Douai.

Aussi, l'Association des anciens élèves a manifesté son inquiétude face à cette situation nouvelle et désastreuse pour l'avenir de son École. On pourra utilement trouver davantage de précisions au chapitre chronologie traitant de l'année 1951.

En 1952, le ministre de l'Industrie prend la décision de faire reconstruire l'*École* sur les crédits de dommages de guerre.

Le 4 mars 1954, sont inaugurés les bâtiments de la première tranche, et l'ensemble est achevé en 1957.

Toutefois la capacité d'accueil de l'internat limite à 120 le nombre d'élèves.

C'est encore pour tenir compte de l'évolution des techniques minières et des besoins des industries extractives en personnel de valeur que le décret du 17 juin 1953 marque une évolution encore plus prononcée de l'*École* : le niveau du concours est relevé, la durée de l'enseignement est portée à trois ans, avec dans le programme de chaque année un stage pratique d'une durée conséquente dans diverses mines où les élèves seront reçus comme ouvriers soumis à l'autorité des chefs d'exploitation.

À l'expiration de la troisième année, est délivré par le ministre de l'Industrie un diplôme de Conducteur des Travaux miniers.

Après leur sortie de l'*École*, un brevet de compétence de Chef d'Exploitation minière pourra être délivré aux titulaires du diplôme de Conducteurs des Travaux miniers ayant fait preuve de qualités de commandement, d'organisation, d'initiative, et justifié de leur compétence professionnelle.

Mais c'est dans les années soixante que l'*École* va effectuer et vivre le véritable tournant de son histoire.

Gravement touchée par la crise du charbon, se sentant vouée à disparaître, l'*École* refuse la fatalité et innove dans un nouveau projet pédagogique.

Elle propose, dans une première étape, la création de la section complémentaire d'ingénieurs, reprise depuis sous l'appellation Formation Continue Diplômante, qui servira de modèle dans la réglementation en 1974, au niveau national, des formations Fontanet, pour la délivrance d'un diplôme d'Ingénieur par la formation continue.

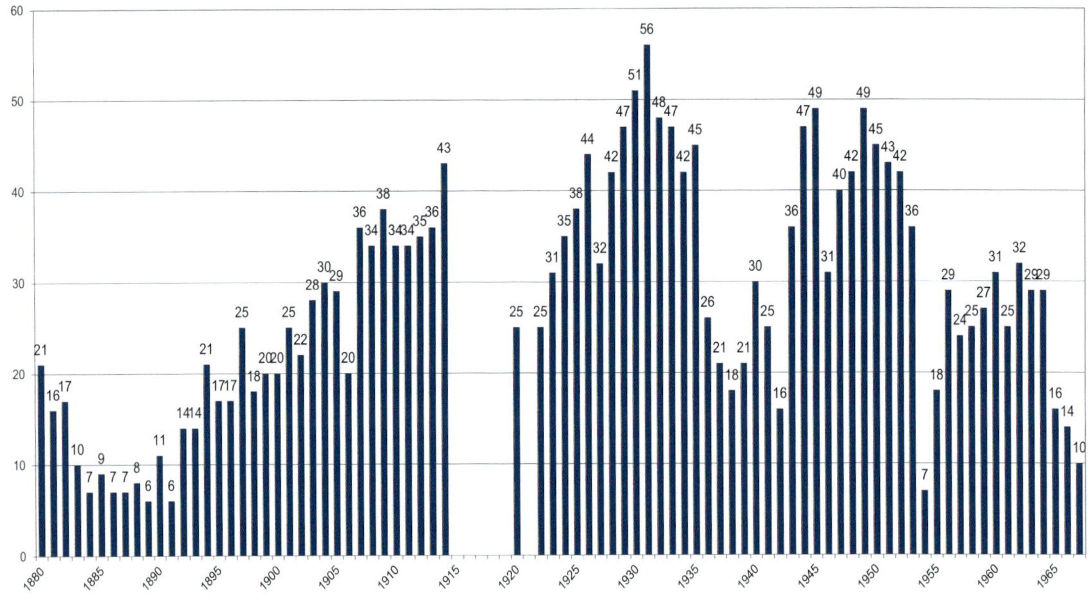

Fig. D.2 - Répartition des diplômés de 1880 à 1967 selon l'année de sortie de l'*École*.

Cette section complémentaire d'ingénieurs, instituée par le décret du 19 décembre 1960, a pour objet de former en quinze mois des Ingénieurs d'exécution pour les industries extractives.

Cette section est créée à la demande des représentants des industries extractives pour satisfaire leurs besoins en ingénieurs d'exploitation.

En fait, il s'agissait essentiellement de permettre à une fraction d'élèves issus des Écoles d'Alès et de Douai, ayant fait leurs preuves dans l'exercice de leur fonction, d'accéder aux fonctions d'Ingénieurs dans des délais plus courts qu'il n'était d'usage, grâce à un complément d'enseignement approprié.

Une statistique établie en janvier 1964 a confirmé que 60,3 % de l'effectif des anciens élèves sortis depuis un quart de siècle étaient effectivement classés Ingénieurs, dont plus d'un tiers dans les industries privées.

La délivrance de ce diplôme d'Ingénieur « de la Section Complémentaire de l'École Technique des Mines de Douai » était reconnue par la Commission des Titres d'Ingénieur (décision prise lors de sa séance du 11 juillet 1960).

À titre de comparaison, une statistique avait montré en 1933 que 35 % des anciens élèves des promotions postérieures à la première guerre mondiale étaient classés comme Ingénieurs.

Un décret du 29 avril 1963 donne à l'*École* le nom d'École Nationale Technique des Mines de Douai.

II. L'*École* et le recrutement sur concours d'élèves en formation initiale de 1965 à 2015

Après avoir délibéré dans ses séances des 4 juin 1965 et 12 mai 1966, la Commission des Titres d'Ingénieur habilita les Écoles Nationales Techniques des Mines d'Alès et de Douai à délivrer, à compter de 1969, le diplôme d'ingénieur de l'École Nationale Technique des Mines (d'Alès ou de Douai selon le cas).

Le décret du 8 août 1966 consacrait l'évolution de l'École Nationale Technique des Mines de Douai et sa transformation en École d'ingénieurs, avec la mission de former non seulement des ingénieurs pour le secteur minier, mais également d'une part pour la métallurgie, la sidérurgie et la mécanique, et d'autre part pour les travaux publics et le bâtiment.

Le stage ouvrier dans le secteur minier, précédemment préliminaire à la candidature, a disparu.

Durant leurs quatre années d'études, les élèves ont à effectuer cinq stages obligatoires dans les secteurs industriels que leur propose l'*École* et parmi lesquels l'élève effectuera son choix d'option pour suivre un enseignement plus approfondi durant les derniers semestres de sa formation.

À l'issue de leurs quatre années d'études, les élèves reçoivent le diplôme d'ingénieur de l'*École*, reconnu par la Commission des Titres d'Ingénieur et délivré par le ministre chargé de l'Industrie.

On peut ici rappeler qu'autour des années 1960 plusieurs Écoles d'ingénieurs furent créées et firent l'objet d'une habilitation délivrée par la Commission des Titres d'Ingénieurs, avec un recrutement niveau Bac et quatre années d'études : Écoles d'Ingénieurs ENI ou INSA, à Brest, Metz, Tarbes, Lyon, Toulouse, Belfort...

Il faut noter que l'*École*, tout en faisant évoluer et développer ses missions, a conservé sa vocation initiale de promotion sociale.

Cette vocation s'est toujours manifestée dans le recrutement, la formation des élèves-ingénieurs, et les conditions matérielles proposées durant leurs études.

2.1. De 1965 à 1970

L'admission principale est réalisée chaque année sur concours (une admission sur titres est également proposée – ce thème est abordé dans un autre paragraphe).

Ce concours organisé par l'*École*, est ouvert aux candidats français ou étrangers, âgés de 17 ans révolus au 1er juillet de l'année du concours.

Il comporte des épreuves écrites d'admissibilité et des épreuves orales d'admission, sur le programme du baccalauréat série Mathématiques et Technique.

De 26 élèves-ingénieurs admis à la rentrée en octobre 1965 sur 342 candidats, on observe les quelques années suivantes un nombre moyen d'admis de 30 élèves-ingénieurs sur un effectif moyen de 450 candidatures.

La formation de spécialité – option Mines – fut arrêtée en 1969 (baisse puis absence de recrutement dans l'industrie minière).

Le décret et l'arrêté de 1966 ont en pratique restructuré l'*École* et en ont fait une véritable École d'ingénieurs, en réactualisant ses statuts, en réorganisant son enseignement et ses programmes de formation.

De plus, l'*École* procède au recrutement de professeurs agrégés et fait appel à de plus en plus d'intervenants extérieurs, professionnels du secteur, pour dispenser les enseignements de spécialités (options).

2.2. De 1971 à 1992

L'admission se fait toujours sur concours, organisé par l'*École*, ouvert aux candidats français ou étrangers, et intègre une modification de son niveau.

Les épreuves écrites d'admissibilité et les épreuves orales d'admission portent sur un programme du niveau de la première année des classes préparatoires scientifiques aux grandes Écoles (classes préparatoires de Mathématiques Supérieures, classes préparatoires à l'ENSAM, classes préparatoires à l'ENSET, ou classes de niveau équivalent ou universitaires).

Cette modification du niveau auquel l'*École* recrute ses futurs élèves était rendue nécessaire pour se conformer aux souhaits et dispositions énoncés par la Commission des Titres d'Ingénieurs de ne délivrer le diplôme d'ingénieur qu'à l'issue de cinq années de formation après l'obtention du baccalauréat, autrement dit au niveau Bac+5.

Dès les premiers recrutements auxquels on peut associer le vocable de niveau Bac+1, on observa un accroissement, devenant chaque année plus important, du nombre de candidatures d'étudiants issus des classes préparatoires scientifiques de niveau Bac+2 ou Bac+3 (par exemple Mathématiques Spéciales, ou DEUG 2A), se présentant au concours d'admission en 1re année de l'*École*.

Aussi, afin de ne pas pénaliser les candidats de niveau Bac+1, une majoration de points leur était accordée aux épreuves d'admissibilité puis aux épreuves orales.

Toutefois les candidats issus des classes de niveau Bac+1 constituaient toujours une majorité des élèves inscrits, admis et entrants par promotion.

À partir de 1974, le nombre de places offertes à l'admission sur concours en 1re année est fixé à 60, puis entre 65 et 70 vers 1980.

Il devient 85 en 1985, 90 en 1986, 100 en1988, et 110 en 1991.

Ces augmentations d'effectifs entrants ont été rendues possibles en accroissant le recrutement en personnel, les capacités d'hébergement et de restauration, en construisant de nouveaux locaux d'enseignement ou de travaux pratiques, et en faisant parallèlement évoluer le contenu et les modalités de l'enseignement.

De plus, la réponse du public concerné par l'offre de l'*École* permettait un accueil plus important, dans la mesure où l'*École* était prête à y répondre positivement : le nombre de candidats inscrits au concours, proche de 500 en 1970, passait à 1 000 en 1975, avoisinait 2 000 postulants en 1982, puis 3 000 en 1985, pour atteindre 4 500 candidats en 1990 et 4 854 en 1991.

Il y a lieu d'ajouter que, à la suite de la création en 1968 de baccalauréats techniques, et plus particulièrement du baccalauréat F, des classes préparatoires Techniques et Mathématiques furent instaurées en 1977 par Lionel Stoléru.

Ces classes, désignées sous le vocable Sup TA et Spé TA, apparurent dans les arrêtés relatifs aux admissions des Écoles des Mines d'Alès et de Douai (concours,

Salle de concours et d'examens à la Résidence Descartes (2007).

programmes et épreuves spécifiques pour les candidats issus de ces classes).

Le nombre de places offertes au concours TA d'admission en 1re année à Douai fut fixé à 5.

En 1975, changement dans l'appellation de l'*École* qui devient l'École Nationale des Techniques Industrielles et des Mines de Douai (ENTIMD).

La création d'une nouvelle option – Génie Thermique et Climatique – est décidée en octobre 1976.

Des nouveaux laboratoires (halle d'usinage) sont inaugurés et mis en service à Dorignies en octobre 1976 sur un terrain de 5 ha appelé à permettre à l'*École* une extension de ses activités de recherche et d'enseignement.

Le 1er avril 1980 (JO du 10 avril 1980), l'*École* se voit (enfin) attribuer le qualificatif « Supérieur » et se dénomme École Nationale Supérieure des Techniques Industrielles et des Mines de Douai (ENSTIMD).

L'option plasturgie est mise en place en 1983 avec l'aide de la profession et de son syndicat UNIMAP.

En 1985 se crée une cinquième option, Métrologie-Qualité, dont la mise en œuvre résulte du transfert en 1984, à Douai, dans les locaux de l'École des Mines à Dorignies, de l'École Supérieure de Métrologie initialement opérationnelle rue de Varenne à Paris, et sous tutelle du Ministère de l'Industrie.

Le développement de ces options se réalisa avec l'installation et l'équipement de nouveaux laboratoires assurant des activités d'enseignement et de recherche.

Par la suite, ces options reçoivent une nouvelle dénomination et deviennent les options suivantes : Mécanique-Robotique, Génie Civil, Technologie des Polymères et Composites, Génie Énergétique et Métrologie-Qualité.

L'hébergement des élèves, assuré au départ sur le site Bourseul de l'*École*, a été transféré progressivement dans des résidences construites en centre ville (dites Maisons des Élèves) : la première tranche de 90 chambres fut mise en service en octobre 1975 et suivie de la seconde tranche à la rentrée 1977, totalisant ainsi 200 chambres dans cette première Maison dite Résidence Condorcet.

Une seconde résidence, Résidence Lavoisier, fut érigée en 1990 rue du Grand Bail ; elle offrait un complément de 400 chambres et 180 places de parking et abritait le restaurant des élèves et du personnel.

Enfin, une troisième construction, Résidence Descartes, de 200 chambres, rue du Kiosque, à proximité de la Résidence Lavoisier, vint compléter cet ensemble résidentiel, portant à 800 le nombre de places offertes aux élèves de l'*École*.

C'est durant ces deux décennies, de 1966 à 1985, que l'*École* va réussir son épanouissement et affermir sa personnalité, marquant l'importance de son évolution.

On peut ajouter que, dans ces changements et la réorientation de l'*École*, celle-ci a réussi à conserver sa tradition sociale : internat et logement en chambre individuelle en résidence d'étudiants propre à l'*École*, gratuité de l'enseignement – absence de frais de scolarité, attribution de bourses aux élèves français lorsque la situation de la famille le justifie, placement des élèves en stage pratique durant lequel le stagiaire perçoit une gratification ou une rémunération de la part de l'entreprise d'accueil, ou une bourse européenne Erasmus.

	1965	1983	1985	1988
Nombre d'élèves (à la rentrée d'octobre)	60	282	358	511
Surface des locaux (en m^2)	6 000	22 500	27 000	33 830
Personnel à occupation principale	12	167	190	237
Crédits de fonctionnement : en kF (hors Informatique)				
-Budget Ordinaire		1 975	5 320	7 062
-Budget Recherche		866	2 048	3 300

Fig. D.3 - Quelques chiffres permettant d'apprécier l'évolution de l'*École* durant les années 80.

2.3. De 1993 à 1995

De nouvelles modalités sont mises en œuvre pour le recrutement :

Pour l'admission en première année de formation initiale dans les quatre Écoles des Mines, Albi (créée en 1993), Alès, Nantes (créée en 1990) et Douai, les épreuves écrites du concours deviennent identiques pour tous les candidats et se déroulent dans les mêmes centres d'écrit.

Les candidats déposent leur dossier d'inscription à l'École dans laquelle ils souhaitent intégrer (choix unique).

C'est également dans cette École que le candidat, en cas d'admissibilité, passera les épreuves orales (épreuves spécifiques pour chaque École).

Une majoration de points, différente pour l'admissibilité et pour l'admission, est accordée aux candidats n'ayant effectué qu'une année d'études après le baccalauréat.

Cette procédure a été appliquée pour les admissions en 1993, 1994 et 1995.

2.4. De 1996 à 2009

Mise en place pour la rentrée scolaire de 1995, la réforme des classes préparatoires scientifiques (en abréviation CPGE – Classes Préparatoires aux Grandes Écoles) amena l'ensemble des grandes Écoles à réaménager leurs procédures de recrutement, selon les filières nouvelles et programmes différents des classes préparatoires nouvelles formules ; cette réforme s'inscrivait parfaitement dans les objectifs des quatre Écoles des Mines (ENSTIM), en leur permettant de faire correspondre de façon plus précise leurs recrutements d'élèves-ingénieurs aux options ou filières de formation qu'elles ont mises en place ou qu'elles envisagent de créer.

Un nouveau pas est franchi dans l'évolution de l'*École*.

En effet, dès 1996, un véritable concours commun des Écoles des Mines (ENSTIM) d'Albi, Alès, Douai et Nantes, est instauré et comporte :

- des épreuves écrites et orales uniques pour les candidats et communes aux quatre Écoles,
- des classements séparés SUP (pour les CPGE 1re année) et SPE (pour les CPGE 2e année), avec un recrutement majoritaire à Bac+1,
- un ordre préférentiel d'intégration choisi par le candidat, (en classant 1, 2, 3 ou 4 Écoles),
- des épreuves orales se déroulant dans l'école de 1er choix,
- une communication commune.

Ce concours commun, initialement mis en place pour une période de deux ans, fit, à partir du concours commun 1998, l'objet d'une modification du niveau de recrutement et d'admission des candidats :

- Un classement SUP, s'adressant aux élèves de CPGE 1re année des filières MPSI, PCSI ou PTSI (ou de formation équivalente niveau Bac+1). Les épreuves orales se déroulent dans l'école classée en premier choix. Les admis entrent dans l'École (classée dans leurs choix, proposée et retenue) en 1re année de formation initiale. Ce recrutement était exclusivement réservé aux candidats qui pourraient justifier qu'ils étaient, pour la première fois, en 1re année d'études supérieures après le baccalauréat.
- Création d'un concours commun d'admission d'élèves en 2e année de formation initiale des Écoles des Mines (ENSTIM), Albi, Alès, Douai et Nantes. Ce concours, dit concours commun SPE, était, à sa mise en place, organisé sur la base d'un classement spécifique et d'un nombre donné de places dans chacune des Écoles, ce pour chacune des filières MP, PC, PSI, PT et TSI pour les élèves issus des CPGE 2e année MP-MP*, PC-PC*, PSI-PSI*, PT-PT*, MT et TSI (ou possédant une formation équivalente).

À la création de ce concours commun SPE, les candidats devaient obligatoirement être candidats au concours servant à l'admission en 1re année des Écoles des Mines de Paris et de Saint-Étienne (pour y passer les épreuves écrites d'admissibilité), et de plus s'inscrire au secrétariat du concours commun des ENSTIM.

Ce secrétariat était chargé d'établir l'admissibilité sur la base des notes aux épreuves écrites, d'organiser, dans un centre d'oral unique, les épreuves orales d'admission communes aux quatre ENSTIM, et de gérer la procédure d'intégration des élèves admis par École et par filière.

Ce concours commun d'admission apparaît avec la dénomination de Concours Commun des Écoles des Mines (CCEM) et gère les recrutements en classes préparatoires des quatre Écoles des Mines d'Albi, Alès, Douai et Nantes (concours commun SUP et concours commun SPE).

Progressivement, au niveau national, le cadre des concours d'admission aux grandes Écoles se modifia pour opérer des regroupements d'Écoles et unifier les procédures d'admission en permettant aux Écoles de confier l'organisation des épreuves écrites, et éventuellement orales, à des structures organisatrices de leurs recrutements.

	DOUAI			4 écoles : Albi, Alès, Douai, Nantes	
Année du Concours SUP	Nombre de places	Nombre de candidats inscrits	Nombre d'entrants	Nombre de total de places	Nombre total de candidats inscrits
1996	93	2 038	94	335	8 025
1997	101	1 686	101	384	7 189
1998	110	1 570	110	428	7 534
1999	110	1 660	110	433	7 206
2000	120	1 623	120	445	6 906
2001	120	1 622	118	445	7 076
2002	115	1 665	117	435	6 630
2003	115	1 397	115	435	6 496
2004	110	1 457	110	415	6 643
2005	100	1 522	99	390	6 495
2006	95	2 005	92	380	6 732
2007	90	1 963	87	370	6 994
2008	85	1 895	88	345	7 132
2009	80	1 863	74	300	7 296
2010	45	1 609	47	180	6 853

Fig. D.4 - Évolution du concours commun SUP de 1996 à 2010.

Ces structures prennent en charge le choix et la mise au point des sujets d'épreuves, mettent à la disposition des Écoles la banque de notes résultant des épreuves écrites, voire orales, communes aux étudiants ayant suivi une formation identique, dans la même filière, par exemple la Banque PT qui regroupe les candidats issus de la filière PT et candidats à l'admission dans diverses Écoles.

Les Écoles puisent dans la Banque les notes de leurs candidats, en totalité ou pour certaines épreuves uniquement, et y appliquent leurs coefficients pour établir leur classement d'admission.

	DOUAI							4 puis 5 écoles :	
		Entrants						Albi, Alès, Douai, Nantes et ENSTA Bretagne (à partir de 2012)	
Année du Concours Commun SPE	Nbre de places	Mines-Ponts	PT	TSI	ATS	Nbre d'entrants	Élèves IIM concours TPE/EIVP	Nbre total de places	Nbre total de candidats inscrits
1998	20	3	3			6	2	72	1 468
1999	20	3	1	1		5	3	87	1 529
2000	20	10	4	2		16	3	87	1 956
2001	20	19	4	1		24	3	87	2 345
2002	25	13	5	2		20	2	94	2 345
2003	25	18	5	2		25	1	94	2 456
2004	25	18	5	2		25	4	104	2 457
2005	35	30	8	2		40	2	122	3 311
2006	45	38	5	2		45	7	139	4 106
2007	45	37	6	2		45	18	160	5 162
2008	55	46	10	1		57	12	190	5 504
2009	70	56	12	2		70	14	255	6 251
2010	85+10	78	15	2		95+0	17	340+40	7 801
2011	120+10	100	17	0		117+2	18	445+40	9 965
2012	143+10	126	17	2		145+4	14	726+45	12 786
2013	155+10	145	16	2	4	167	5	737+48	13 375
2014	155+10	134	15	2	3	151+5	14	748+47	14 911

Fig. D.5 - Évolution du Concours Commun SPE de 1998 à 2014.

La Banque peut aussi prendre en charge la gestion des intégrations des candidats de la filière concernée dans une des Écoles figurant pour chaque candidat dans sa liste de choix (exploitation des classements, proposition d'intégration dans une École...).
On trouve ainsi l'exemple de la filière TSI gérée par les Concours Communs Polytechniques (émanation du concours commun des ENSI...), la Banque PT pour la filière PT et surtout le concours Mines-Ponts et la Banque Mines-Ponts pour les filières MP, PC et PSI, concours auquel sont rattachés toutes les Écoles des Mines et bien d'autres grands établissements.

On observe dans ces tableaux que, peu après les premières années de ce troisième millénaire, les quatre Écoles des Mines d'Albi, Alès, Douai et Nantes ont engagé, de façon concertée et en accord avec leur tutelle, un processus de diminution du nombre de places réservées aux candidats de niveau Bac+1 pour offrir chacune davantage de places au concours commun d'admission SPE, et on peut constater un impact positif de ce choix en examinant l'évolution significative du nombre des candidatures à ce concours commun SPE s'appuyant davantage sur la Banque Mines-Ponts.
Cette dernière modification du cursus de formation initiale se réalisa en 2010 en organisant la dernière session du concours commun SUP et en ramenant la scolarité de formation initiale à trois années d'études, avec comme objectif de ne recruter sur concours dorénavant, en première année, que des étudiants originaires des classes préparatoires Spé, inscrits au Concours Commun SPE, en s'appuyant sur les épreuves écrites du concours Mines-Ponts et d'autres Banques selon les filières, et par ailleurs en permettant, à partir de cette année 2010, à un nombre limité d'élèves admissibles au concours Mines-Ponts, inscrits et admissibles au concours commun SPE, d'être directement admis dans une des quatre Écoles des Mines sans avoir à passer les épreuves orales de ce concours commun SPE, dans la limite des places offertes par cette voie.

2.5. De 2010 à 2015

Ce sont donc jusqu'à 4 voies d'accès qui sont ouvertes, selon la filière, aux élèves de deuxième année des classes préparatoires et leur permettent d'intégrer, en 1re année, l'École des Mines de Douai :

- le Concours Commun des Mines (regroupant les Écoles Nationales Supérieures des Mines d'Albi, Alès, Douai et Nantes – nouvelle dénomination des Écoles et par conséquent du concours commun depuis la création le 1er mars 2012 de l'Institut Mines-Télécom), pour les filières MP, PC, PSI à partir des épreuves écrites du concours Mines-Ponts, pour la filière PT à partir de la Banque PT, pour la filière TSI à partir des Concours Communs Polytechniques,
- le concours Spé ATS organisé par l'ENSEA (voir nota ci-après *),
- le concours TPE-EIVP qui permet le recrutement des Élèves Ingénieurs de l'Industrie et des Mines issus des filières MP, PC et PSI,
- la voie appelée « Concours Mines-Ponts », pour les admissibles (filières MP, PC et PSI) à ce concours et au Concours Commun des Mines.

(*) Nota : ENSEA : sigle de l'École Nationale Supérieure de l'Électronique et de ses Applications, grande École d'ingénieurs française, généraliste et publique, située à Cergy-Pontoise (Val-d'Oise). Cette École gère depuis 1998 le Concours Spé ATS (banque d'épreuves écrites et orales, pour environ une quarantaine de grandes Écoles). D'appellation Spé ATS (Adaptation Technicien Supérieur), ce nouveau type de classe préparatoire spécifique, réservée aux titulaires d'un BTS ou d'un DUT, a été créé en 1986 et prépare en un an, dans plusieurs lycées techniques, aux concours d'entrée dans des Écoles d'ingénieurs.

À partir de 2015, les trois Écoles d'Albi, Alès et Douai offrent quelques places (3 pour Douai), à des élèves issus de classes prépas BCPST (Biologie, Chimie, Physique et Sciences de la Terre), ex-prépas Bio-Véto, mises en place dans le cadre de la réforme des prépas en 1995.

Pour cette filière BCPST, les trois Écoles intègrent le Concours G2E (Géologie Eau et Environnement), organisé pour les épreuves écrites et orales par l'École Nationale de Géologie située à Vandoeuvre-lès-Nancy (Meurthe-et-Moselle). Ce concours regroupe pour 2015 18 Écoles.

Le graphique ci-après fait ressortir l'évolution, pour ne pas dire l'explosion, du nombre d'inscriptions au Concours Commun des Mines (désignation retenue pour le concours regroupant les admissions des élèves de 1re année de formation initiale pour les quatre Écoles des Mines d'Albi, Alès, Douai et Nantes, concours auquel s'est rattachée l'ENSTA Bretagne depuis la session 2012).

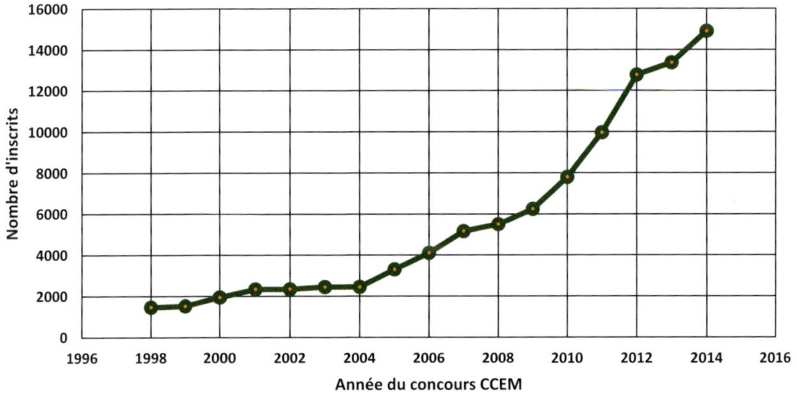

Fig. D.6 - Évolution du nombre d'inscriptions au Concours Commun des Mines.

L'admission en première ou en deuxième année de formation initiale est également toujours possible dans le cadre d'une admission sur titres. Ce type de recrutement sera précisé plus loin.

2.6. Le recrutement sur concours des élèves-ingénieurs de l'Industrie et des Mines

Ce recrutement, au niveau des classes préparatoires, s'effectuait déjà en 1959 en intégrant, au sein d'une section spéciale, un nombre relativement restreint d'élèves-ingénieurs, admis par un concours organisé par l'École Nationale des Travaux Publics de l'État.

Ces élèves, dénommés élèves-ingénieurs des Travaux Publics de l'État, puis par la suite élèves-ingénieurs de l'Industrie et des Mines, bénéficiaient du statut de fonctionnaire (stagiaire, puis titulaire) et suivaient une formation adaptée à leur future intégration dans un Corps de l'État.

L'École des Mines de Douai est, de toutes les Écoles des Mines, la seule à avoir reçu la mission de recruter par concours au niveau des classes préparatoires ces élèves-ingénieurs et de leur assurer cette formation de futurs cadres du Ministère de l'Industrie ou du Ministère de l'Environnement.
Le diplôme de l'*École* est délivré en fin d'études à ces élèves fonctionnaires.

Actuellement, depuis l'an 2000, ce recrutement d'élèves-ingénieurs issus des classes préparatoires scientifiques est assuré au sein d'un concours commun dénommé concours commun TPE/EIVP, intégré au Concours Mines-Ponts.
Ce concours commun TPE/EIVP regroupe les recrutements des Écoles suivantes dans les filières MP, PC et PSI :

- École Nationale des Travaux Publics de l'État (ENTPE)
- École Nationale des Sciences Géographiques (ENSG)
- École des Ingénieurs de la Ville de Paris (EIVP)
- École Nationale de la Météorologie (ENM)
- École des Mines de Douai

On retrouvera, dans le tableau [Fig. D.5] présenté plus haut et donnant l'évolution du concours commun SPE, le nombre d'élèves-ingénieurs issus de ce recrutement ayant intégré l'École des Mines de Douai durant ces dernières années.

III. Les admissions sur titres en formation initiale d'ingénieurs

Sans avoir à passer par les classes préparatoires, de nombreuses voies d'admission permettent aux étudiants ayant débuté des études supérieures, courtes ou assez longues, et désireux d'obtenir le diplôme d'ingénieur, de donner une inflexion positive à leurs études, qui, tout en complétant leur cursus, leur apportera une plus-value certaine pour aborder le marché de l'emploi, ou leur permettra de concrétiser une orientation nouvelle qu'ils envisagent de donner à leurs projets.
Ces voies d'accès sont regroupées sous les dénominations « admissions sur titres » ou « admissions parallèles ».

Dans la pratique, ces admissions sont au catalogue de la quasi-totalité des écoles d'ingénieurs, y compris parmi les plus grandes ou les plus sélectives.
Une enquête de février 2012 menée par la Conférence des Grandes Écoles (CGE) indique que 16,5 % des entrants en école d'ingénieurs par ces voies d'admissions parallèles viennent de DUT, BTS, filière ATS, Licence 2, et 10,7 % entrent après Licence 3, Master 1 ou Bachelor.

La réforme LMD

Mise en place en 2004, la réforme LMD (Licence Master Doctorat) a pour objectif d'harmoniser en Europe les diplômes de l'enseignement supérieur. Elle a commencé à se concrétiser en France à partir de 2006. On oublie les dénominations DEUG, Maîtrise, DESS, DEA...

On ne parle plus d'UV, mais d'UE. Chaque UE (unité d'enseignement) est une matière. Elle est soit fondamentale, soit complémentaire ou en libre choix.

Trois niveaux diplômants :

- **L**icence : dure 3 ans (L1, L2, L3 – diplôme Bac+3),
- **M**aster : 2 ans (M1, M2 – diplôme Bac+5),
- **D**octorat : 3 ans – Bac+8.

Les DUT, IUP, DEUST, BTS restent opérationnels.

Si aux environs de 1970, le recrutement en admission sur titres se faisait en 1re année : élèves étrangers - 2e année : DUES (MP ou PC), DUT (Génie Civil ou Génie Mécanique) - 3e année : Licence ou Maîtrise des sciences (Mathématiques ou Physique), durant les années suivantes ce recrutement portait essentiellement en 2e année sur des candidats titulaires majoritairement d'un DUT, ou d'un BTS, ou d'un DEUG A, ou en provenance de SPE ATS à partir de 1999, et concernait un nombre de places oscillant entre 5 et 30.

En 3e année de formation initiale, seuls quelques titulaires d'une licence ou d'une maîtrise étaient admis épisodiquement.

De 1991 à 1998, un recrutement, sur proposition du Rectorat, permit d'offrir aux étudiants en BTS de l'Académie, classés majors dans certaines filières, d'être admis à l'*École*.

À partir de 2006, l'*École* adopte le système LMD :

- **admission sur titres en 1re année du cycle formation initiale Ingénieur :**

  Sont autorisés à présenter leur candidature les étudiants titulaires d'un diplôme ou titre français de niveau Licence L3 ou d'un diplôme DUT, selon une liste des mentions ou spécialités fixée par l'*École*. Le nombre de places ouvertes est de 10 (5 pour L3, 5 pour DUT). Le dossier est unique pour les quatre Écoles des Mines et est à adresser à l'école placée en premier choix. Les étudiants étrangers sont autorisés à présenter leur candidature s'ils sont titulaires d'un diplôme ou titre équivalent.

- **admission sur titres en 2e année du cycle formation initiale Ingénieur :**

  Sont autorisés à présenter leur candidature les étudiants titulaires d'un titre français de niveau Bac+4, 1re année cycle master validée M1, ou d'un titre ou diplôme jugé équivalent, selon une liste des spécialités fixée par l'*École*. Le nombre de places ouvertes est de 40 (5 au niveau M1 et 35** sur recrutements à l'étranger).

**Les 35 places sont ouvertes à des candidats recrutés à l'étranger dans le cadre d'accord inter-établissements (étudiants chinois, brésiliens, vietnamiens...) ou de missions de recrutement, principalement dans le cadre de l'Institut Mines-Télécom ou de partenariats spécifiques, tel celui qui a été mis en place avec l'ESIAC (École Supérieure d'Ingénieurs d'Afrique Centrale) à Douala (Cameroun).

Signature d'une convention entre l'*École* et l'Université de Zhejiang le 18 octobre 2007.

On trouvera ci-après un bilan des admissions sur titres durant la période 1990 – 2014.

3.1. En 1re année (ex 2e année avant 2010)

Admission sur titres en 1re année (avant 2010 admission en 2e Année)									
Année	Total	DEUG	DUT	Spé TS ou Spé ATS (>=1998)	BTS*Filière Rectorale	L2	L3	Étranger	Pays d'origine
1990	8								
1991	14				7*				
1992	15				6*				
1993	16				7*				
1994	21				6*				
1995	26				6*				
1996	28				5*				
1997	28				4*				
1998	29				3*				
1999	21								
2000	16								
2001	12	6	1	5					
2002	13	3	3	7					
2003	17	3	11	3					
2004	16	7	7	2					
2005	8	2	4	2					
2006	4		3	1					
2007	5					5			
2008	7		2			2	1	2	Burkina-Faso
2009	6		1			1	4		
	Passage de la durée des études à 3 ans								
2010	6		6						
2011	7		3	2		1	1		
2012	15		5	5		1	3	1	Cameroun
2013	8		3				4	1	Cameroun
2014	8		4				4		

Fig. D.7 - Évolution des admissions sur titres en 1re année.

3.2. En 2e année (ex 3e année avant 2010)

	Admission sur titres en 2e année (avant 2010 admission en 3e année)				
Année	Total	Maîtrise ou M1(*)	Licence	Étranger	Nombre et pays d'origine
1990	1				
1991					
1992	1				
1993					
1994					
1995					
1996	3				
1997	2	1	1		
1998	2	1	1		
1999	2				
2000					
2001	2	2			
2002	1	1			
2003	4	4			
2004	9	4		5	5 Chine
2005	11	8		3	3 Chine
2006	12	5*		7	7 Chine
2007	14	2*		12	6 Chine 2 Brésil 4 Burkina-Faso
2008	14	3*		11	8 Chine 1 Brésil 2 Cameroun
2009	29	3*		26	17 Chine 1 Inde 3 Roumanie 5 Cameroun
Passage de la durée des études à 3 ans					
2010	24	1*		23	17 Chine 1 Inde 5 Cameroun
2011	34	1*		33	21 Chine 1 Inde 6 Brésil 5 Cameroun
2012	36	5*		31	22 Chine 6 Brésil 2 Cameroun 1 Vietnam
2013	28			28	23 Chine 4 Cameroun 1 Vietnam
2014	28	4*		24	23 Chine 1 Cameroun

Fig. D.8 - Évolution des admissions sur titres en 2e année.

IV . Composition de la promotion entrante en 1re année de formation initiale d'ingénieurs

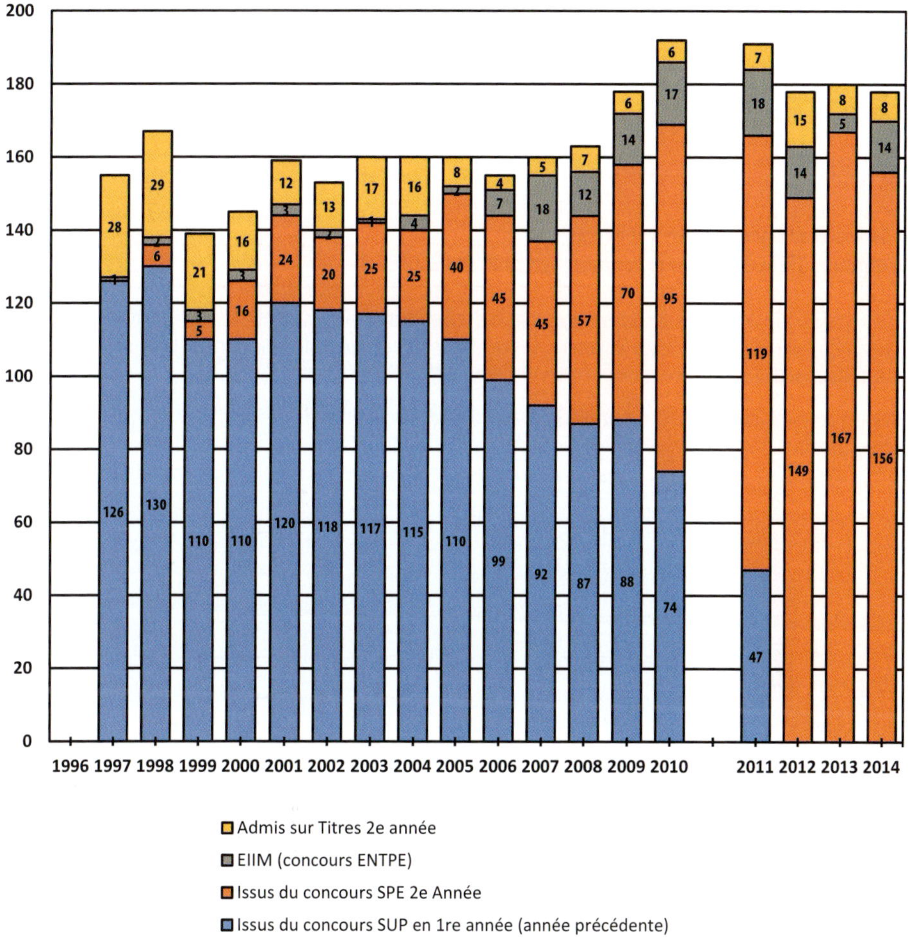

Fig. D.9 - Évolution des admissions en Formation Initiale.
de 1997 à 2010 en 2e année (cursus en 4 ans) et après 2010 en 1re année (cursus en 3 ans).

V. Organisation, à partir de 2016, de l'admission en 1re année de formation initiale d'ingénieurs

Document élaboré par l'Institut Mines-Télécom et l'Agence OXYGEN pour diffusion par voie de presse de l'annonce du nouveau concours « Concours Mines-Télécom »)

INSTITUT Mines-Télécom

Paris, le 23 juin 2015 - Alerte presse

> 14 Écoles d'ingénieurs en 1 concours :
le concours TELECOM INT et le concours commun des ÉCOLES des MINES fusionneront en 2016.

En décembre 2015, les élèves des classes préparatoires scientifiques (CPGE) s'inscriront à un nouveau concours intitulé « Concours Mines-Télécom ». Les candidats auront une seule série d'écrits et une seule série d'oraux pour accéder à 14 grandes écoles de l'Institut Mines-Télécom et ses partenaires.

Un accès simplifié aux écoles : des écrits et des oraux communs pour simplifier l'emploi du temps des élèves. Les épreuves écrites du concours Mines-Télécom restent communes avec celles du concours commun Mines-Ponts (CCMP). Les mêmes coefficients seront retenus pour ces épreuves écrites par les deux concours.

Avec le nouveau concours Mines-Télécom, à l'issue des écrits :

- une seule série d'oraux pour les admissibles du concours Mines-Télécom afin d'accéder à 14 grandes Écoles* de l'Institut Mines-Télécom et ses partenaires,
- le concours Mines-Télécom prendra en compte les notes des oraux des candidats admissibles au CCMP, afin de pouvoir accéder à ses Écoles.

Les oraux du nouveau concours Mines-Télécom auront lieu sur deux sites : Paris et à Evry, avec la possibilité d'un hébergement des candidats à Evry.

Pourquoi cette initiative de l'Institut Mines-Télécom ?
Ce projet de fusion est né de la dynamique Institut Mines-Télécom créé en 2012. Historiquement, les Écoles Mines d'Albi, Alès, Douai et Nantes avaient mis en place un concours d'accès commun qu'avait rejoint l'ENSTA Bretagne. De son côté, Télécom SudParis avait conçu son propre concours, auquel avaient adhéré huit partenaires. Des analyses ont été menées pour déterminer s'il fallait maintenir deux dispositifs distincts, d'autant que les doubles inscriptions des candidats étaient très majoritaires. Il a été décidé de mettre en place le concours « Mines-Télécom » pour simplifier le calendrier des concours des étudiants sans réduire leurs chances d'intégrer une école.

Pour Alain Schmitt, directeur de Mines Albi-Carmaux et président du concours commun des Écoles des Mines : *« Ce projet a nécessité d'examiner très finement nos épreuves respectives, nos modalités de classement, les candidats que nous rendions admissibles et ceux qui étaient finalement intégrés, pour arrêter ensemble ce qui était essentiel. »*

Pour Christophe Digne, directeur de Télécom SudParis, président du concours TELECOM INT et futur président du nouveau concours : *« Les 14 grandes Écoles du Concours Mines-Télécom répondent à des enjeux majeurs de la société contemporaine, tels que le numérique, l'énergie et le développement durable ou les industries 4.0 qui intègrent toutes ces dimensions. C'est une offre très diversifiée qui préparera les élèves-ingénieurs à être moteurs des transformations de notre société. »*

*** La liste des 14 écoles du nouveau concours Mines-Télécom :**
ENSTA Bretagne, ENSG Géomatique, ENSIIE, ENSSAT, Mines Albi, Mines Alès, Mines Douai, Mines Nantes, Mines Saint-Étienne (cycle ISMIN), Télécom Lille, Télécom Nancy, Télécom Physique Strasbourg, Télécom Saint-Étienne et Télécom SudParis.

Tous les détails sur ce nouveau concours seront présentés en septembre 2015.

VI. La Formation Continue Diplômante (FCD)

Le premier diplôme d'ingénieur décerné par l'*École* est celui de la Section Complémentaire (SC), nom donné à la première formation continue instaurée à Douai et aboutissant à un diplôme de niveau Bac+5.
Le décret du 19 décembre 1960 permettait à l'*École* d'accueillir dans une section complémentaire, selon des conditions fixées, des candidats titulaires du diplôme de conducteur de travaux miniers (anciens élèves d'Alès ou de Douai) ou du Diplôme d'Études Universitaires Scientifiques et Techniques (DEUST) pour leur délivrer, en fin d'études, le diplôme d'ingénieur.
Cette délivrance a été reconnue par la Commission des Titres d'Ingénieur en juillet 1960.

D'une durée de 19 mois dans les années 70, puis de 20 mois, cette formation accueillit des diplômés du 1er cycle du CNAM, des titulaires d'un DUT, ou d'un BTS ou d'une licence des Sciences et pouvant justifier d'au moins 3 ans d'expérience professionnelle dans un emploi de technicien supérieur ou d'agent de maîtrise ou de niveau supérieur.
Ce diplôme, comportant le qualificatif *section complémentaire*, a été décerné jusqu'en 1986, et depuis il est identique au diplôme de formation initiale (de niveau Bac+5, grade de Master), délivré par le ministre ayant en charge l'Industrie.

Depuis leur création, l'École des Mines de Nantes en 1990, et l'École des Mines d'Albi en 1992, sont venues rejoindre Alès et Douai pour mettre également en œuvre ce type de formation continue diplômante dans leur établissement. Ces cursus, dans ces deux nouvelles Écoles, ont débuté avant le recrutement en formation initiale.

Puis, à partir de 2000, les quatre Écoles initièrent en commun un nouveau cursus de formation continue à distance, venant compléter leur offre en formation continue diplômante.
Ces deux formations se différencient par leur organisation dans le temps, mais leurs programmes de formation sont identiques. Les cursus de formation comportent un cycle préparatoire (d'un semestre en formation présentielle, de deux semestres en formation à distance), suivi d'un cycle d'approfondissement de deux semestres à l'*École* regroupant les deux formations, et d'un projet industriel de 6 mois en entreprise.

En 2004, Nantes a cessé ses formations continues diplômantes, suivie par Albi et Alès pour leur formation présentielle.
Seule Douai a maintenu sa formation présentielle.

En formation à distance, après les retraits d'Albi, puis en 2014 d'Alès, Douai reste seule sur ces deux créneaux et s'interroge sur l'avenir de ces formations.

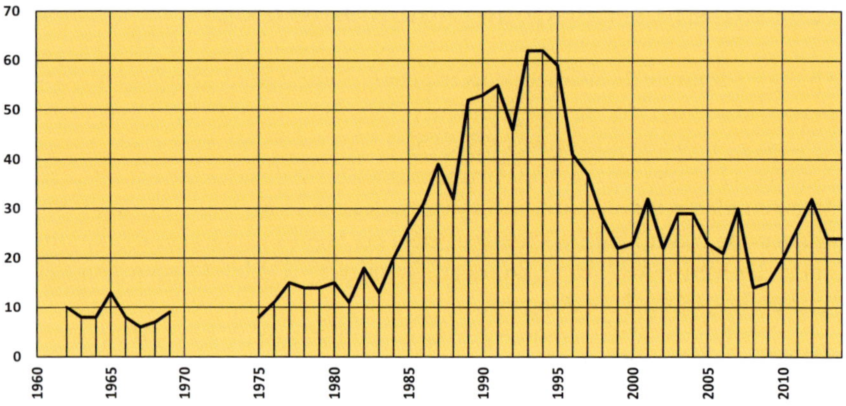

Fig. D.10 – Évolution du nombre de diplômés en Section Complémentaire.

VII. Les ingénieurs diplômés par l'École de 1962 à 2014 et formations spécialisées

Les éléments figurant dans cette partie et relatifs aux formations par alternance et spécialisées ont été communiqués par Jean-Luc Caenen (Promo 1984), responsable du Service Formation par Apprentissage, pour les partenariats avec IPHC/inGHenia et IPSA Alençon, et également responsable du Service Formation Tout au Long de la Vie, pour les mastères spécialisés.

Avant d'aborder les différents diplômes attribués aux élèves selon la formation suivie, une petite remarque sur la présence, considérée de nos jours comme ne faisant plus l'objet d'interrogation, de postulantes à l'intégration dans l'une des formations proposées.

Si durant les années de formation de cadres pour les industries extractives il n'y eut aucune représentante féminine dans les promotions (descente interdite en sous-sol minier...), la première admise à l'*École*, Catherine Guillou, y entra en 1971 pour être diplômée en option Génie Civil en juin 1975.

Que de chemin parcouru depuis ! Actuellement les jeunes filles venant des classes préparatoires et admises à l'*École* représentent 30 à 40 % de l'effectif des promotions.

7.1. Formations d'ingénieurs (initiale et continue)

À l'issue de leur dernière année d'études à Douai, les élèves remplissant les conditions à satisfaire pour l'attribution du diplôme de l'*École* et précisées au règlement de scolarité font l'objet d'un classement publié au Journal Officiel. Ces élèves diplômés peuvent se présenter au concours sur titres d'accès au Corps des Ingénieurs de l'Industrie et des Mines.

De 1969 à 2014, le nombre de diplômés de formation initiale formés par l'*École* est de 4 779 (941 filles et 3 838 garçons). En formation continue diplômante, sur la période 1962 -2014, on totalise 1 219 diplômés, dont 52 de sexe féminin.

Les tableaux figurant ci-après montrent l'évolution du nombre de diplômés sur ces cinquante dernières années et sa forte augmentation récente.

7.2. Formations d'ingénieurs « spécialité productique » par alternance

L'Institut Polytechnique du Hainaut-Cambrésis (IPHC) est une école privée créée en 1992 par la Chambre de Commerce et d'Industrie Grand Hainaut. Voir annexe [A.4].

Un partenariat, approuvé par le Conseil d'Administration de l'École des Mines de Douai, a été établi dès 1992 avec cet Institut implanté à Valenciennes. Une habilitation de la Commission des Titres d'Ingénieur a été accordée à l'*École* pour cinq promotions à compter de la rentrée 1992-1993 pour prendre la responsabilité pédagogique de la formation « Productique ; Management et optimisation de la production » mise en place par cet Institut.

Ce partenariat se poursuit et son habilitation a été régulièrement reconduite depuis. On trouve aussi pour cet établissement l'appellation « IPHC / inGHenia ».

Dans ce contexte, Mines de Douai en partenariat avec inGHenia forme par la voie de l'apprentissage des ingénieurs généralistes du Génie Industriel destinés à manager et optimiser les systèmes de production. Les ingénieurs issus de cette formation maîtrisent les technologies et l'environnement industriel, ils ont les capacités pour encadrer et développer les moyens humains et techniques nécessaires à une production performante. Ils occupent des fonctions d'encadrement dans le domaine de la gestion et de l'organisation de production, la qualité, la fabrication, les méthodes, dans des secteurs variés : métallurgie, mécanique, automobile, plasturgie ...

Sur la période 1995–2014, 711 diplômes ont été délivrés.

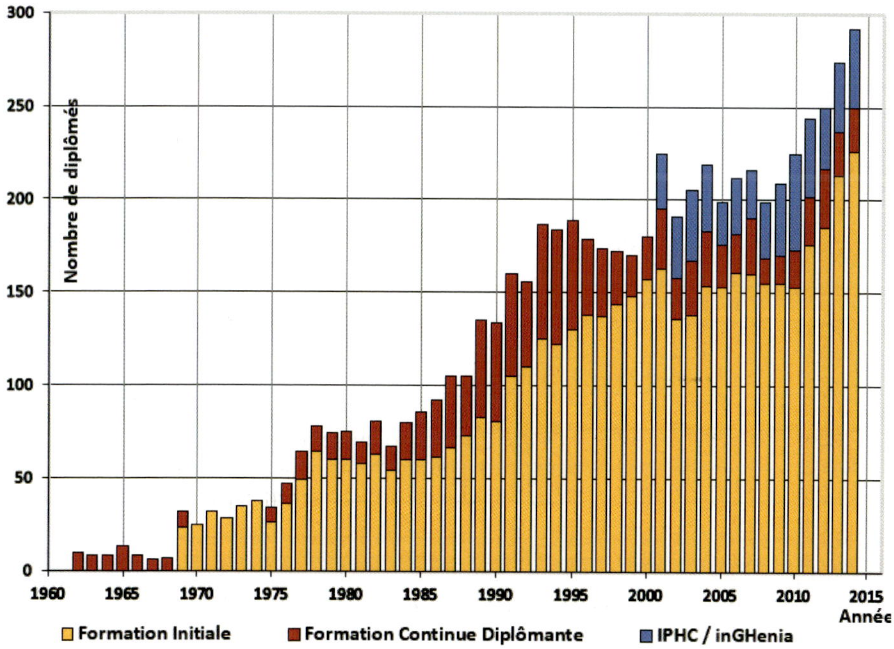

Fig. D.11 – Évolution du nombre de diplômés ingénieurs entre 1962 et 2014.

Année	Diplômés FI (Formation initiale)			Diplômés FCD (Formation Continue Diplômante)			Diplômés IPHC/inGHenia
	Effectif	Féminin	Masculin	Effectif	Féminin	Masculin	Effectif
Total FI 1878 - 1967	2 276	0	2 276				
Total FI 1969 - 2014	4 779	941	3 838				
Total FCD 1962 - 2014				1 219	52	1 167	
Total IPHC 1995 - 2014							711

Évolution du nombre de diplômés ingénieurs par grande période entre 1878 et 2014.

Année	Diplômés FI Formation initiale			Diplômés FCD Formation Continue Diplômante			Diplômés IPHC / inGHenia
	Effectif	Féminin	Masculin	Effectif	Féminin	Masculin	Effectif
1962				10		10	
1963				8		8	
1964				8		8	
1965				13		13	
1966				8		8	
1967				6		6	
1968				7		7	
1969	23		23	9		9	
1970	25		25				
1971	32		32				
1972	28		28				
1973	35		35				
1974	38		38				
1975	26	1	25	8		8	
1976	36		36	13		13	
1977	49	1	48	15		15	
1978	64	2	62	14	1	13	
1979	60	2	58	14		14	
1980	60	3	57	15		15	
1981	58		58	11		11	
1982	63	3	60	18		18	
1983	54	1	53	13	1	12	
1984	60	6	54	20	1	19	

Année	Diplômés FI Formation initiale			Diplômés FCD Formation Continue Diplômante			Diplômés IPHC / inGHenia
	Effectif	Féminin	Masculin	Effectif	Féminin	Masculin	Effectif
1985	60	6	54	26		26	
1986	61	6	55	31		31	
1987	66	5	61	39		39	
1988	73	8	65	32	1	31	
1989	83	5	78	52	5	47	
1990	81	10	71	53	5	48	
1991	105	17	88	55	3	52	
1992	110	10	100	46	2	44	
1993	125	23	102	62	4	58	
1994	122	20	102	62	3	59	
1995	130	23	107	59	3	56	23
1996	138	38	100	41	4	37	32
1997	137	23	114	37	1	36	41
1998	144	34	110	28	3	25	43
1999	148	34	114	22	1	21	44
2000	157	36	121	23	1	22	37
2001	163	40	123	32		32	30
2002	136	24	112	22	2	20	33
2003	138	33	105	29	2	27	38
2004	154	30	124	29	3	26	36
2005	153	37	116	23		23	23
2006	161	43	118	21		21	30
2007	160	48	112	30	1	29	26
2008	155	42	113	15		15	30
2009	155	43	112	15		15	39
2010	153	40	113	20	1	19	52
2011	176	48	128	26		26	42
2012	185	59	126	32	1	31	33
2013	213	67	146	24	1	23	37
2014	226	70	156	23	2	21	42
Totaux	4 779	941	3 838	1 219	52	1 167	711

Évolution du nombre de diplômés ingénieurs par année entre 1962 et 2014.

7.3. Formation d'ingénieurs « spécialité plasturgie et composites » par alternance

L'ISPA (Institut Supérieur de Plasturgie d'Alençon) a été créé en 1985 par la Chambre de Commerce et d'Industrie d'Alençon et la Fédération de la Plasturgie.

À la demande de cet établissement, un accord cadre de partenariat a été signé en 2004 avec l'École des Mines de Douai, se traduisant par une collaboration étroite dans les domaines de la recherche et la formation professionnelle. En 2011, l'*École* et l'ISPA souhaitant renforcer cette collaboration et l'étendre au domaine de la formation, le Conseil d'Administration émit un avis favorable sur la prise de la responsabilité pédagogique de la formation d'ingénieurs de l'ISPA par l'*École* et la délivrance du titre d' « ingénieur diplômé de l'École nationale supérieure des mines de Douai, spécialité plasturgie et composites », ceci dans le cadre de la formation initiale sous statut d'apprenti. Cette habilitation fut accordée par la Commission des Titres d'Ingénieur à compter de 2014 pour une durée initiale de 3 ans.

Dans ce contexte, Mines de Douai en partenariat avec l'ISPA forme par la voie de l'apprentissage des ingénieurs dans le domaine de la plasturgie et des composites, capables d'accompagner l'évolution de la plasturgie dans un environnement mondialisé et de développement durable. Les ingénieurs formés occupent des fonctions de management, d'étude et de conseil, recherche et développement, ainsi que des postes de chef d'entreprise et de direction générale dans des secteurs variés de l'industrie (construction automobile, fabrication d'équipements, aéronautique ...), de l'ingénierie et des services.

En 2014, 44 élèves ont été admis en première année dans le cycle de formation Mines Douai spécialité plasturgie et composites basé à l'ISPA d'Alençon (durée des études 3 ans). 56 places ont été proposées au recrutement en 2015 ; les promotions entrantes auront un effectif de 60 élèves à l'échéance de la rentrée 2017.

7.4. Les formations de spécialisation

7.4.1. L'École Supérieure de Métrologie

Créée en 1929 sous l'appellation « École des Poids et Mesures », elle dispensait un enseignement orienté métrologie légale et formait les fonctionnaires (ingénieurs, inspecteurs et adjoints techniques) chargés du contrôle des instruments de mesure. En 1946, elle prit le nom d'« École supérieure de métrologie ».

En 1985, l'École Supérieure de Métrologie est transférée à Douai et rattachée administrativement à l'École des Mines de Douai.

Les éléments essentiels permettant de présenter les actions récentes sont développés dans cette partie par Jean-Paul Senelaer (Promo 1980), actuel responsable de la formation de spécialisation en métrologie à Mines Douai.

Les étapes importantes qui ont ponctué l'évolution de cette spécialisation métrologie, depuis le transfert en 1985 de l'École Supérieure de Métrologie (ESM) de Paris à Douai, sont reprises en annexe [D.1].

Désormais, depuis la rentrée 2011, un cycle de spécialisation en métrologie est réalisé au travers du mastère spécialisé en systèmes de mesure et métrologie.

Le programme de formation a pour objectifs de :

- prendre en charge les préoccupations métrologiques des industriels (détermination des incertitudes de mesure et respect des tolérances ...), aussi bien en conception qu'en production,
- concevoir un système de mesure,
- optimiser le choix d'un instrument de mesure au regard de spécifications techniques.

Trois thématiques structurent ce programme pédagogique : Métrologie pour 50 %, Instrumentation pour 25 % et Qualité pour 20 %, 5 % restant dévolus à la Formation Générale et Humaine.

Six unités d'enseignement structurent les enseignements liés à cette spécialisation : l'évaluation des connaissances est de type continu tout au long de la scolarité et en phase avec le système d'évaluation de Mines Douai.

La durée de la scolarité est d'un an ; à compter de l'année scolaire 2015-2016, le cursus théorique est de 6 mois (Octobre – Mars) et la thèse professionnelle en entreprise est d'une durée de 6 mois (Mars – Septembre).

L'admission des candidats se fait sur dossier et entretien de motivation ; un comité d'admission statue sur l'admissibilité des candidatures présentées.

Les statistiques de recrutement de cette formation donnent :

- Depuis la réouverture de l'ESM en 1999 sous la forme d'un cycle de spécialisation en métrologie, Mines Douai a délivré 157 diplômes d'ingénieur de spécialisation de l'ESM (période 1999-2011) et 134 mastères spécialisés en systèmes de mesure et métrologie.
- L'âge moyen est 31 ans pour une pyramide des âges variant de 22 à 56 ans.
- Deux types d'élèves structurent la promotion du cycle de spécialisation en métrologie :
    - soit un élève niveau Master 2 souhaitant acquérir une double compétence en métrologie dans la foulée de sa formation initiale de cursus scientifique,
    - soit un professionnel exerçant déjà dans le domaine de la métrologie, qui envoyé par sa hiérarchie vient acquérir des connaissances scientifiques lui permettant de maîtriser la réglementation de sa métrologie ou de développer la chaîne d'étalonnage au sein de son pays.

Le système métrologique implanté en France depuis la révolution française, et aboutissant désormais à une surveillance du système d'assurance de la qualité mis en œuvre par le fabricant ou le réparateur de l'instrument réglementé, est identifié comme système de référence par grand nombre de pays émergents : l'exportation des matières premières vers les pays industrialisés impose la maîtrise des mesurages transactionnels par ces nouveaux pays producteurs. La réglementation de la métrologie légale, le développement des chaînes d'étalonnage par l'accréditation de laboratoires locaux nécessitent de maîtriser les compétences scientifiques et pratiques de la métrologie.

La répartition géographique des inscrits à la spécialisation métrologie identifie :
- le Maghreb en position dominante (51 %), du fait du développement de l'accréditation des laboratoires au sein de la région nord-africaine,
- l'Union Économique et Monétaire de l'Ouest Africain (UEMOA), qui représente 15 % des inscrits,
- l'Afrique Centrale qui est représentée à hauteur de 12 %,
- la France, qui représente également 12 % des inscrits.

Peu d'élèves français intègrent toutefois cette formation de spécialisation en métrologie : il est à déplorer l'absence de véritable programme de formation à la culture métrologique dans notre enseignement supérieur français, ce qui ne développe pas le besoin de compléter une formation scientifique de niveau I (Bac+5 et plus) par cette double compétence en métrologie.

L'École Supérieure de Métrologie est désormais un service fonctionnel de la Direction des Études et de la Formation de Mines Douai : sa mission est l'information et la formation en métrologie pour le cycle d'Ingénieur généraliste Mines Douai, pour ses cycles de spécialisation (mastère spécialisé en systèmes de mesure et métrologie et, depuis 2012, Bilan d'Aptitude Délivré par les Grandes Écoles (BADGE) Métrologie Industrielle en partenariat avec AFNOR Compétences).

Mines Douai poursuit donc sa mission d'accompagnement de l'entreprise dans l'amélioration de ses compétences managériales et scientifiques et reste toujours la seule grande école française à former les ingénieurs sur l'axe métrologie.

7.4.2. Les autres formations de spécialisation

Mines Douai propose également des formations de spécialisation s'adressant à des ingénieurs diplômés, à des titulaires d'un diplôme Bac+5, ou d'une maîtrise ou diplôme Bac+4 équivalent et justifiant d'au moins 3 ans d'expérience professionnelle.

Ces formations bénéficient d'une accréditation par la Conférence des Grandes Écoles et sont validées par la délivrance d'un diplôme de mastère spécialisé.

« Bâtiment à Énergie Positive »

Formation organisée conjointement par les Écoles des Mines d'Albi et de Douai. Elle vise à former des cadres de haut niveau capables de concevoir des bâtiments à basse consommation et traite de la maîtrise de l'énergie dans le domaine de la construction. L'objectif est d'amener les diplômés à un niveau de compétence dans le domaine thermique du bâtiment permettant de répondre à la « révolution » que ce secteur doit engager : conception bioclimatique, éco-matériaux, simulation thermique dynamique, réhabilitation, systèmes énergétiques innovants, énergies renouvelables.

L'année de formation comporte un semestre de cours théoriques accompagnés d'un projet scientifique et technique mené sous forme de travail de groupe. Le contenu de la formation s'articule autour de 4 Unités d'Enseignement :
- Architecture bioclimatique, confort thermique et environnement,
- Physique et modélisation thermique dynamique de l'enveloppe du bâtiment,

- Systèmes énergétiques passifs et actifs, dont les énergies renouvelables,
- Gestion énergétique et environnementale de la ville.

Les études s'achèvent par un stage de six mois.
Ouvert depuis 2011 : 53 diplômés.

« Produits et Procédés de l'Industrie du Béton »

Cette spécialisation est réalisée avec le soutien de la profession et en partenariat avec la Fédération de l'Industrie du Béton (FIB), le Centre d'Études et de Recherche de l'Industrie du Béton (CERIB), l'Union Nationale des Industries de Carrières et Matériaux de Construction (UNICEM), et le Syndicat Français de l'Industrie Cimentière (SFIC).

L'année de formation comporte un semestre de cours accompagnés d'un projet scientifique et technique mené sous forme de travail de groupe. Les enseignements théoriques et pratiques sont organisés selon trois unités d'enseignements :

- Matériaux Béton (formulation des bétons à hautes performances mécaniques et rhéologiques, mécanismes de dégradation et solutions préventives),
- Produits et Procédés (les quatre familles de produits en béton et les procédés associés, béton armé/béton précontraint et prise en compte de chargements complexes et des spécificités liées aux produits préfabriqués, caractéristiques des bétons autres que celles qui sont utiles au dimensionnement : acoustique, thermique, comportement au feu),
- Management et logistique.

Les études s'achèvent par un stage de six mois.
Ouvert depuis 2010 : 35 diplômés.

« Création d'entreprise et Entrepreneuriat »

Menée en partenariat entre Centrale Lille, ENSAIT de Roubaix et Mines Douai de 2000 à 2014, après une interruption d'un an, cette formation sera proposée en 2016 sous une forme plus ouverte et s'adressera à un public plus large.

« Management des Risques Professionnels et Technologiques »

Ce mastère spécialisé est réalisé en collaboration avec la faculté de Droit de l'université d'Artois ; il a pour objectif de former des cadres spécialistes de haut niveau en « Hygiène Sécurité Environnement » capables :

- de permettre la prise de risques maîtrisés,
- de définir, déployer et animer des dispositifs de gestion des risques,
- de proposer des solutions adaptées afin d'éclairer les dirigeants dans leurs décisions stratégiques.

La formation aborde donc le management des risques dans ses dimensions juridique, technique et sociale. Il apporte une connaissance approfondie de la sécurité et de l'environnement, tant du point de vue des méthodes d'analyse de risque et d'évaluation que des exigences réglementaires. La forte complémentarité entre la formation de droit et la formation scientifique apporte une double culture à cette formation qui permet d'analyser le comportement des acteurs et des organisations afin de proposer et de conduire des actions adaptées à la réduction des risques.

Le contenu de la formation s'articule autour de 3 Unités d'Enseignement :

- Évaluation et maitrise des risques professionnels et technologiques,
- Expertise juridique du risque industriel,
- Outils du management des risques dans les organisations industrielles.

Les études s'achèvent par un stage de six mois.
Formation ouverte à partir de la rentrée 2016.

7.5. Les doctorants

7.5.1. Mines Douai devient établissement co-accrédité

Communication faite lors du Conseil d'Administration du 18 novembre 2015.

« Par lettre du Ministère de l'Enseignement Supérieur et de la Recherche du 19 août 2010, Mines Douai était devenue établissement associé des Écoles Doctorales Sciences Pour l'Ingénieur (ED 72 SPI) et Sciences de la Matière, du Rayonnement et de l'Environnement (ED 104 SMRE). Ces Écoles doctorales sont portées par l'Université de Lille 1 mais sont de portée régionale depuis la création du PRES Université Lille Nord de France devenu la COMUE Lille Nord de France.

En qualité d'établissement associé, Mines Douai était donc habilitée depuis la rentrée 2010 à inscrire des doctorants et à délivrer le diplôme conjointement avec un établissement accrédité, dans l'un des champs disciplinaires couverts par l'accréditation de ces Écoles Doctorales.

Pour information, plus de 400 thèses préparées dans les laboratoires de l'*École* ont été soutenues depuis 1978, Mines Douai ayant co-délivré une soixantaine de diplômes de docteur depuis son habilitation fin 2010.

....

Dans le cadre du nouveau quinquennal 2015-2019, Mines Douai a demandé l'accréditation à délivrer, seule, le diplôme de docteur, comme c'est le cas d'autres Écoles des mines (Paris, St Étienne, Nantes...). Les contacts ont ainsi été pris en ce sens avec la DGESIP du Ministère de l'Éducation Nationale, de l'Enseignement Supérieur et de la Recherche après consultation des établissements déjà accrédités de ces 2 ED et notamment l'Université Lille 1, support de ces 2 Écoles Doctorales.

Par arrêté ministériel du MENESR accréditant les formations LMD de Mines Douai notifié par lettre DGESIP B1-2 n° 015.0164 du 8 septembre 2015, l'*École* est devenue établissement co-accrédité dans le cadre des Écoles Doctorales régionales 072 Sciences Pour l'ingénieur (ED 72 SPI) et 104 Sciences de la Matière, du Rayonnement et de l'Environnement (ED 104 SMRE), ceci à compter de la rentrée scolaire 2015-2016 (vague E) et pour une durée de 5 ans, soit jusque la fin de l'année scolaire 2019-2020. Dans ce contexte les doctorants de ces 2 Écoles Doctorales seront inscrits à Mines Douai et l'*École* pourra désormais leur délivrer seule le diplôme de docteur.

.......»

7.5.2. Implication de Mines Douai dans les Écoles Doctorales

« Le nombre de doctorants accueillis à Mines Douai est de l'ordre de 80-85 dont environ 75 % sont inscrits dans les ED SPI ou SMRE (un peu plus en SPI qu'en SMRE). Les autres doctorants sont inscrits dans d'autres ED de par des collaborations avec d'autres établissements régionaux et nationaux (notamment les Écoles des mines), le rattachement à ces autres ED se faisant par un directeur de thèse extérieur à Mines Douai, un directeur de thèse ne pouvant être rattaché qu'à une seule ED ; Mines Douai n'intervient alors que via une co-direction. Avec nos collaborations internationales nous avons aussi quelques doctorants inscrits à l'étranger (co-direction sans co-tutelle parfois).

....

Parmi les 24 thèses soutenues en 2014, 22 étaient inscrites à l'Université des Sciences et Technologies de Lille 1 (dont une en cotutelle avec l'Université de Beyrouth - Liban), 1 à l'Université de Grenoble, 1 à Centrale Nantes. La durée moyenne de ces 24 thèses s'établit à 3,3 années (3,4 en 2013). 9 des 24 thèses étaient en codirection (dont 1a cotutelle précitée).

....

Fin 2014, l'*École* comptait 78 doctorants dont 55 inscrits dans les ED régionales (31 SPI, 24 SMRE).

....

Les sujets des thèses proposés s'inscrivent dans le cadre des thèmes de recherche des départements. L'*École* finance annuellement sur fonds propre 12 allocations de recherche, encourageant les départements à y associer des cofinancements pour démultiplier ces 12 financements en plus de 12 doctorants. Par ailleurs, certains sujets de thèse sont liés aux contrats de recherche conclus avec des entreprises et administrations ou dans le cadre du Contrat de Projet État-Région. Dans ce contexte, Mines Douai recrute chaque année de l'ordre de 25 à 30 doctorants.

La procédure d'appel à candidature commence en mars – avril pour un recrutement en général en octobre.

....

Concernant le suivi des doctorants à Mines Douai, la Direction de la Recherche, en liaison avec le chef de département, s'assure du bon déroulement de la formation à la recherche : définition des sujets, recrutement des doctorants, attribution de la bourse de thèse, déroulement des travaux de recherche, préparation de la soutenance...

En fin de 1re année et de 2e de thèse, le doctorant présente un mémoire sur l'avancement de sa thèse et effectue une soutenance devant une équipe du département qui ne se limite pas aux encadrants, équipe qui joue donc le rôle de comité de thèse. La direction de la recherche assiste à la soutenance de fin de 1re année de thèse. Le financeur éventuel de la thèse (industriel, Ademe...) est invité à participer à ces comités.

En dehors de ces comités de fin de 1re et 2e année de thèse, des réunions d'étape sont organisées selon les pratiques du département, voire des exigences de l'éventuel contrat associé au sujet de thèse.

Au vu de l'avancement du projet doctoral, les ED délivrent les autorisations d'inscription en 2e et 3e année. Les inscriptions en 4e année de thèse sont exceptionnelles et font l'objet d'une dérogation spécifique

.......»

7.5.3. Quelques chiffres

Nombre de Docteurs diplômés (co-diplômés)		Nombre de Doctorants	
2011	20		
2012	17		
2013	18		
2014	23	2014	78
2015	16	2015	90

Les premiers docteurs diplômés par l'*École* (seule)... le seront à partir de 2018...

La remise des diplômes : événement pour les élèves, les parents et les enseignants (2011).

Présenter son diplôme, une réelle fierté (2015).

Junlong Chen, originaire de Sanghaï, reçoit la Bourse Waquet – legs d'Oscar Waquet (Promo 1913 - Ingénieur de l'Industrie et des Mines) en 1981 à la Fondation de France (2015).

Ecole d'Ingénieurs
Centre de Recherche
Mines
de Douai

Remise des diplômes (2004).

Les élèves de passage au Mont Saint-Michel dans le cadre de l'EUROTANDEM : défi sportif pour la promotion du don du sang.

L'École des Mines
de Douai

Vers l'avenir

Éléments de contexte

Vers l'avenir
Éléments de contexte

Les textes de cet ouvrage montrent combien l'École des Mines de Douai a su évoluer depuis 1878 en faisant face à des situations qui ont parfois été difficiles, voire très difficiles. Les relations tissées entre l'*École*, direction et personnel et l'association des diplômés ne sont pas étrangères à cette capacité qu'a eue l'*École* à se développer en s'adaptant aux évolutions de la société et du monde des entreprises. Il n'y a aucune raison de douter qu'il n'en soit pas de même dans l'avenir, même si les éléments de contexte peuvent apparaître complexes. Nous trouvons souhaitable de présenter succinctement ces éléments de contexte, certains très généraux, d'autres plus spécifiques, sans pour autant porter de jugements de valeur.

I. Éléments généraux de contexte

Les grandes écoles – spécialité française – sont de fait concernées par la mondialisation de l'enseignement supérieur ; les médias français publient régulièrement des classements mondiaux, notamment celui de Shanghai, qui mesurent principalement les efforts en matière de recherche en utilisant des critères souvent discutables comme le nombre de prix Nobel.

L'Europe envisage également de se doter de ses propres classements reposant sur des critères fidèles au modèle universitaire européen.

En France, les grandes écoles sont contraintes à amender leur modèle pour se rapprocher des universités et développer leurs activités de recherche. Ce développement est indispensable pour disposer de fondements nécessaires à l'enseignement et de revenus permettant de pallier la baisse des dotations budgétaires de l'État. Par ailleurs, cette course à la lisibilité internationale conduit à rechercher des tailles beaucoup plus importantes et on assiste à une reconfiguration du paysage de l'enseignement supérieur et de la recherche inédite, qui se traduit par des regroupements d'établissements et des fusions, tant de grandes écoles que d'universités.

L'ouverture à l'international des grandes écoles est désormais un impératif qui se traduit par un séjour à l'étranger pour tout élève avec une possibilité de double diplôme et la maîtrise pour le moins de la langue anglaise. L'accueil d'étudiants étrangers en nombre significatif est aussi devenu une pratique courante.

Les classes préparatoires aux grandes écoles restent un élément majeur de la formation des cadres supérieurs bien que seulement moins de 40 % des étudiants qui intègrent une grande école soient issus d'une de ces classes. Cependant, dans le top 10 des écoles d'ingénieurs, 9 étudiants sur 10 viennent de prépa. La filière postbac a été mise en place par de nombreuses écoles. On évoque aussi le fait que des bacheliers français n'hésitent pas à partir faire leurs études à l'étranger pour fuir la prépa.

II. Éléments spécifiques de contexte

2.1. L'Institut Mines-Télécom (IMT)

L'ancrage national, dont a toujours eu besoin l'École des Mines de Douai pour développer son ancrage régional sera assuré totalement par l'IMT, devenu Grand établissement au sens du code de l'éducation nationale (Établissement Public à Caractère Scientifique, Culturel et Professionnel-EPSCP) à compter du 1er janvier 2017.

Dans le cadre de son rattachement au Ministère chargé de l'industrie et au Ministère chargé des Communications électroniques l'IMT est placé sous la tutelle du conseil général de l'économie, de l'énergie et des technologies, qui a succédé au Conseil Général des Mines.

L'IMT, qui s'affiche comme un institut collégial de technologie, devrait aider l'*École* à profiter pleinement de nouvelles marges de développement dans le cadre d'une dynamique de groupe structurée autour des transitions énergétique, numérique et industrielle et de thématiques à fort enjeu sociétal : santé du futur et ville du futur.

Les conditions opérationnelles de fonctionnement de l'IMT devraient permettre à l'*École*, devenue école interne à l'IMT, de bénéficier d'une autonomie réaffirmée comme outil de dynamique, d'efficacité et d'agilité dans le cadre d'une subsidiarité érigée en principe fondamental.

L'*École* avait donné son accord pour son intégration dans l'IMT dans un schéma où toutes les Écoles des Mines devaient en faire partie, ce qui était un élément de robustesse appréciable. Dans la mesure où l'École des Mines de Paris a choisi de ne pas être intégrée dans l'IMT, le schéma est remis en cause. Il importe de définir des modalités d'association de l'École des Mines de Paris à l'IMT qui puissent préserver la cohérence d'action de l'ensemble des écoles sous tutelle du Ministère chargé de l'Industrie et des communications électroniques.

2.2. La fusion avec Télécom Lille

Le Ministère chargé de l'Industrie et l'IMT ont, dès 2014, demandé que le rapprochement de l'École des Mines de Douai avec Télécom Lille (qui est un GIE entre l'IMT et l'Université de Lille 1 – Sciences et Technologies) soit examiné afin d'aboutir à court terme à créer, en coopération avec l'université de Lille, une nouvelle école d'ingénieurs détentrice d'une forte identité et positionnée au cœur des transformations numériques, énergétiques et environnementales.

À l'issue d'un important travail impliquant les personnels des deux établissements, leurs entreprises partenaires et les associations des diplômés, les organes délibérants des deux écoles ainsi que ceux de l'université de Lille 1 et de l'IMT ont validé la fusion à compter du 1er janvier 2017 avec l'objectif d'accueillir les nouvelles promotions en septembre 2018. La nouvelle école, qui conservera les deux sites de Villeneuve d'Ascq et de Douai, diplômera 500 à 550 ingénieurs par an.

La nouvelle école va tirer profit de l'expérience de chacune de ses composantes en matière de recrutement : post-bac pour Télécom Lille, prépa essentiellement pour l'École des Mines de Douai, pour mettre en place un recrutement d'excellence qui donne sa force à toute école d'ingénieurs. Pour des raisons déjà évoquées, et pour tenir compte d'un vivier d'étudiants en classes préparatoires scientifiques qui ne progresse pas ou très peu en volume, il est essentiel que l'*École* diversifie ses voies de recrutement, la voie post-bac est retenue par beaucoup de grandes écoles.

Faire vivre une école de manière pérenne sur deux sites distants d'une quarantaine de kilomètres demandera une organisation minutieuse de toutes les activités des élèves en recherchant une utilisation optimale des sites. L'expérience d'un établissement vivant sur 3 sites d'une même ville qu'a l'École des Mines de Douai peut inciter à accorder beaucoup d'importance aux temps de trajets et à l'évolution des modes de transport entre Lille et Douai.

Il est évident que la vie d'un élève de l'École des Mines à Douai et celle d'un étudiant à Lille sont de fait très différentes aujourd'hui. À Douai, au centre de la ville, la maison des élèves avec ses 800 chambres et sa restauration permet une vie associative très appréciée des élèves. Cette appréciation pourrait-elle être totalement remise en cause dans le cadre de la nouvelle école ?

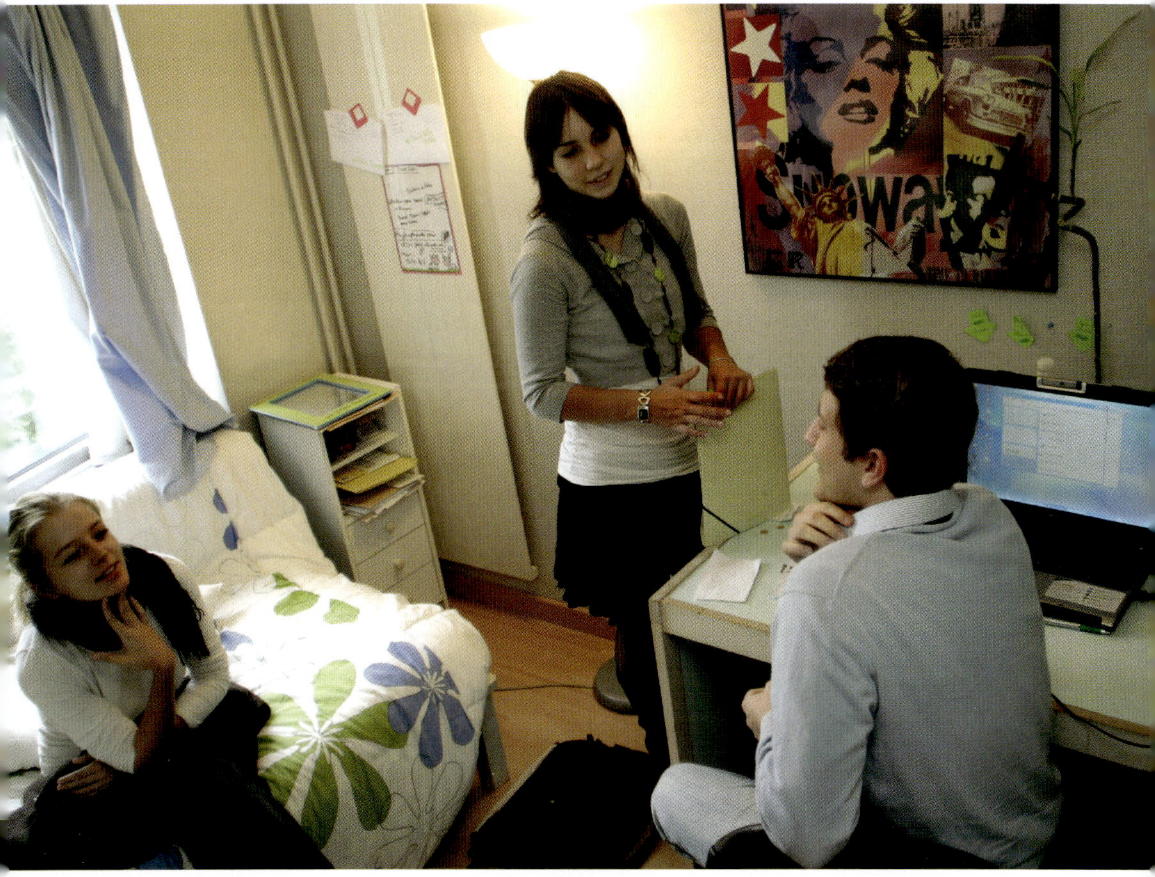

Une des 800 chambres de la Maison des Élèves (2015).

Dans la dynamique de la fusion, la nouvelle école pourra compter sur une fertilisation croisée en matière de relations avec les entreprises, de formations d'excellence, de laboratoires aptes à relever les défis des transitions énergétique, numérique et industrielle et de relations internationales. L'environnement apporté par l'Université de Lille est assurément un atout considérable pour la nouvelle école : sur le plan de la formation bien entendu avec des passerelles possibles, des échanges de chargés de cours..., mais aussi pour les activités de recherche. L'*École* collabore déjà fortement aujourd'hui avec différents laboratoires de l'université et espère bien développer ces collaborations à l'avenir pour consolider ses activités de recherche propres, fortement orientées vers l'industrie tout en visant une reconnaissance académique du meilleur niveau.

Le nom de la future école auquel chacun peut être tenté d'accorder plus ou moins d'importance sera fixé par le ministre de tutelle en tenant compte a priori d'un consensus établi autour de mots clés aux valeurs hautement symboliques : École, Mines, Télécom, associés probablement à un ou des noms reflétant l'ancrage de l'*École* dans son territoire. C'est un sujet complexe car il s'inscrit à la fois dans le contexte d'une fusion locale et dans la constitution d'un groupe national, celui des Écoles des Mines et des Télécom dans le cadre de l'IMT. Il y a lieu aussi de noter toute la différence en matière de communication entre le nom et la marque (École nationale supérieure des Mines de Douai/Mines Douai) et de tenir compte des évolutions des écoles concurrentes.

2.3. Structuration de la communauté scientifique

L'ancrage régional, que l'École des Mines de Douai a considéré comme indispensable dès sa création et qui a amené les puissances publiques à lui reconnaître un rôle dans l'aménagement du territoire, prend une dimension nouvelle avec sa participation à la COMUE Lille nord de France.

Cet EPSCP regroupe onze établissements : les six universités publiques de la région, l'École Centrale de Lille, l'École des Mines de Douai, la Fédération Universitaire Polytechnique de Lille (l'université catholique), ainsi que deux grands organismes de recherche : le Centre National de la Recherche Scientifique (CNRS) et l'Institut National de le Recherche en Informatique et en Automatique (INRIA). Il faut préciser que la Fédération Universitaire Polytechnique de Lille rassemble un ensemble d'établissements privés nés au fil des années autour de l'Institut catholique : 5 facultés, 20 écoles, des centres de recherche et un groupe hospitalier.

L'École des Mines de Douai est donc membre fondateur de cette COMUE et reconnue comme acteur majeur de l'enseignement supérieur et de la recherche.

Les compétences de la COMUE sont larges et leur mise en œuvre ne peut être que relativement difficile compte tenu de la grande diversité des membres et du processus de création de l'université de Lille par fusion des universités de Lille 1, Lille 2 et Lille 3, engagé depuis deux ans et devant aboutir pour le 1er janvier 2018.

La constitution de la grande région : les Hauts de France et les nouvelles compétences données aux régions dans le cadre de la loi Notre auront très probablement une influence sur le périmètre actuel de la COMUE. L'École des Mines de Douai

Enseignement des mathématiques.

a souvent collaboré avec l'Université technologique de Compiègne, dont la réputation n'est plus à faire.

La COMUE a déposé un projet IDEX (initiatives d'excellence), en réponse à l'appel à projets lancé par l'État dans le cadre du Programme d'Investissements d'Avenir (PIA) visant à doter la France d'une dizaine de grandes universités de recherche comparables aux meilleures universités du monde. En janvier 2016, le dossier présenté est à nouveau refusé (ainsi que les 750 millions espérés) sans que les raisons de la décision du jury international apparaissent clairement. Des réflexions sont en cours avec tous les acteurs concernés pour décider de la suite à donner à cette situation. Il est probable qu'un nouveau dossier de candidature sera déposé en 2016.

2.4. Restrictions budgétaires

Les restrictions budgétaires qui sont sévères depuis plusieurs années vont bien entendu s'appliquer à la nouvelle école, avec des règles d'optimisation des moyens de chacune des entités et de mutualisation entre les écoles que ne manquera pas de mettre en place l'IMT. Aux dotations budgétaires de l'État, il convient d'ajouter les contrats avec les entreprises en matière de recherche et de formation et les dons collectés par le fonds de dotation auprès de toutes celles et ceux, notamment les diplômés, qui souhaitent s'associer à des projets et construire le monde de demain. Une chose est sûre, une grande école sera aussi de plus en plus une école qui saura mobiliser ses diplômés pour la soutenir ; ces soutiens peuvent revêtir plusieurs formes : des dons personnels, du mécénat, des versements de taxe d'apprentissage, des travaux de recherche ou des activités de formation.

2.5. Ouverture sociale

L'ouverture sociale de l'École des Mines de Douai a été une réalité forte pendant près d'un siècle. Elle était de fait très directement due à son mode de recrutement. Il faut donc admettre qu'aujourd'hui le recrutement, par les CPGE et les meilleurs concours, conduit à une ouverture sociale classique via un régime de bourses bien géré sans quotas de boursiers, à des droits de scolarité en hausse mais encore modérés et à un accès à une maison des élèves aux coûts maîtrisés.

La nouvelle école fera face comme toutes les grandes écoles au procès d'élitisme, en gérant au mieux l'augmentation quasi inéluctable des droits de scolarité et peut-être en intégrant le principe du remboursement tout au long de la vie professionnelle du coût de la formation en fonction des revenus acquis.

Implantée dans une grande région où les difficultés sociales sont nettement supérieures à la moyenne nationale, la nouvelle école, peut-elle envisager, avec des

Une école tournée vers l'avenir et ouverte sur le monde (2016).

concours spécifiques des collectivités régionales, de considérer que l'ouverture sociale serait un atout supplémentaire ?

Le FabLab BY Mines Douai est un lieu dédié à l'innovation, au travail collectif et à la sensibilisation aux outils actuels de fabrications numériques. Il est ouvert aussi bien aux particuliers qu'aux entreprises, associations et organismes.

L'avenir de l'École des Mines de Douai est assurément prometteur. Il devra, au moins à court terme, tenir compte des éléments de contexte présentés ci-dessus. L'*École* va connaître, c'est certain, des changements considérables pour lesquels il faudra veiller à ce que son corps social les accepte pleinement.

L'*École* et l'*Association* peuvent puiser dans le présent et le passé l'énergie créatrice nécessaire à la conduite du changement et regarder l'avenir avec confiance en se réjouissant de donner naissance à une nouvelle école qui sera de fait une des écoles d'ingénieurs en France qui compte.

Un président de l'*Association* (Promo 1973) et son vice-président (Promo 2011).

En bordure de la Scarpe, la résidence Lavoisier.

L'École des Mines de Douai

Annexes

Annexe A.1 – Liste des textes officiels régissant l'École des Mines de Douai

Date	Nature	Publication	Titre
27 mars 1878	DÉCRET N° 6932	B. n° 389 p. 559 à 562	Décret instituant à Douai une école pratique à former des Maîtres ouvriers mineurs.
18 juillet 1890	DÉCRET	JORF du 27/07/1890 p. 3885	Modification des articles 3, 9 et 10 du décret du 27 mars 1878.
2 janvier 1883	DÉCRET N° 12.942	B. n° 757 p. 89 et 90	Modification du décret du 24/12/1851 relatif à l'organisation du Corps des Mines - Accès aux 3 premiers élèves de l'école à l'emploi de gardes-mines de quatrième classe.
29 mars 1907	DÉCRET	JORF du 06/04/1907 p. 2675	Modification des articles 1, 3 à 13 du décret du 27 mars 1878 et du 18 juillet 1890 - Organisation de l'école des maîtres ouvriers mineurs de Douai.
11 novembre 1907	ARRÊTÉ	JORF du 12/11/1907 p. 7726 et 7727	Conditions d'Admission, Enseignement, Organisation de l'école des maîtres mineurs de Douai et Mesures d'ordre et de discipline.
12 août 1908	ARRÊTÉ		Décret instituant un Conseil d'enseignement à l'école des maîtres mineurs de Douai.
11 mai 1910	DÉCRET	Annales des Mines (1910, série 10, volume 9, partie administrative	Modifications du décret du 27/03/1878 relatif à l'école des maîtres mineurs de Douai.- Conditions d'admission.
12 juin 1920	LOI	JORF n°8440 du 14/06/1920	Investissant de la personnalité civile les écoles de maîtres-mineurs d'Alais et de Douai.
20 décembre 1922	DÉCRET	JORF du 24/12/1922 p 12272 et 12273	Fonctionnement de l'école sous le régime de la personnalité civile.
20 décembre 1922	DÉCRET	JORF du 24/12/1922 p 12274 à 12776	Organisation administrative et financière civile des écoles de maîtres-mineurs d'Alais et de Douai.
16 juin 1923	ARRÊTÉ	JORF du 26/06/1923 p. 5988 à 5996	Conditions de recrutement des ingénieurs adjoints des TPE (service des mines).
5 mars 1924	ARRÊTÉ	JORF du 06/03/1924 p.2264 et 2265	Conditions d'admission, organisation, élèves étrangers, disposition diverses à l'école des maîtres mineurs de Douai.
22 septembre 1925	DÉCRET	JORF du 26/09/1925 p. 9333	Modification des articles 3, 7 et 9 du décret du 20/12/1922 - Organisation administrative et financière de l'école des maîtres mineurs de Douai.
28 mai 1926	DÉCRET	JORF du 04/06/1926 p. 6205	Organisation administrative de l'école des maîtres mineurs de Douai.
2 juin 1926	ARRÊTÉ	JORF du 04/06/1926 p. 6205 à 6207	Conditions d'admission à l'école des maîtres mineurs de Douai.
30 mai 1928	ARRÊTÉ	JORF du 31/05/1928 p. 5996	Conditions d'admission à l'école des maîtres mineurs de Douai.
30 avril 1930	DÉCRET		Organisation financière de l'école des maîtres mineurs de Douai.
11 août 1931	DÉCRET	JORF du 19/08/1931 p. 9140	Organisation administrative de l'école des maîtres mineurs de Douai.
16 février 1932	RÉSOLUTION	Chambre des Députés 2e séance du 16/02/1932	Adoption d'une proposition de résolution relative sur le changement de nom des écoles d'Alès et de Douai : Écoles Nationales techniques des Mines.

Date	Nature	Publication	Titre
21 Février 1933	DÉCRET	JORF du 28/02/1933 p. 1952	Modifications des articles 1 et 12 du décret du 20/12/1922 – Organisation de l'École Nationale technique des Mines de Douai.
19 août 1937	DÉCRET	JORF du 21/08/1937 p. 9574	Attribution de la Croix de Chevalier de la Légion d'honneur à l'École technique des Mines de Douai.
6 mai 1939	DÉCRET	JORF du 18/05/1939 p.6334 et 6335	Modalités de rattachement de diverses écoles au budget général. Rattachement de l'École technique des Mines de Douai au Ministère des Travaux Publics.
6 juillet 1939	DÉCRET	JORF du 08/07/1939 p. 8667 et 8668	Création d'une régie de dépenses à l'école technique des mines de Douai à compter du 01/06/1939.
21 août 1939	ARRÊTÉ	JORF du 22/08/1939 p.10529	Institution d'une régie de recettes à l'école technique des mines de Douai à compter du 01/06/1939.
18 mars 1941	DÉCRET	JORF du 21/03/1941 p. 1256 et 1257	Conditions de recrutement des ingénieurs subdivisionnaires des mines adjoints des TPE + dérogation temporaire.
1er juin 1941	DÉCRET n°2361	JORF du 06/06/1941 p. 2351 à 2353	Réorganisation de l'école : But et institution de l'école, Conseil de perfectionnement et Comité d'enseignement, composition du Personnel, Admission à l'école, enseignement et Frais de scolarité.
1er juin 1941	ARRÊTÉ	JORF du 06/06/1941 p. 2355	Composition du Conseil de perfectionnement de l'école technique des mines de Douai.
18 juin 1942	ARRÊTÉ		Modification du régime de l'école.
1er juin 1945	DÉCRET n°45-1145	JORF du 5 juin 1945 p. 3229 et 3230	Statut du personnel et taux des indemnités.
11 octobre 1951	DÉCRET	JORF du 12/10/1951 p. 10345	Modification du décret du 01/06/1941. Modification des conditions d'admission et en particulier augmentation des durées de stage et de l'âge d'entrée.
18 mars 1952	ARRÊTÉ	JORF du 03/04/1952 p. 3537 et 3538	Modification de l'arrêté du 18 juin 1942 fixant les conditions d'admission.
17 juin 1953	DÉCRET N°53-575	JORF du 19/06/1953 p. 5424 à 5426	Réorganisation de l'école : But et institution de l'école, Conseil de perfectionnement et Comité d'enseignement, commission permanente, composition du Personnel, Admission à l'école, enseignement et Frais de scolarité.
28 août 1953	ARRÊTÉ	JORF du 08/11/1953 p. 10086 à 10088	Conditions d'admission (concours).
15 avril 1958	ARRÊTÉ	JORF du 02/05/1958 p. 4313	Conditions spéciales d'admission – épreuve 1er degré sans avoir à justifier 150 j de travail.
19 août 1958	DÉCRET N°58-758	JORF du 24/08/1958 p. 7899 et 7900	Modifie le décret du 17 juin 1953 – Admission sur concours et sur titres (articles 17, 18, 24, 26 + 26 bis).
18 juillet 1960	DÉCRET	JORF du 23/07/1960 p. 6765	Modification des sanctions applicables aux élèves de l'école technique des mines de Douai.
19 décembre 1960	DÉCRET N° 60-1365	JORF du 21/12/1960 p. 11501 et 11502	Modifie le décret du 17 juin 1953 – réorganisation de l'école.
23 décembre 1960	ARRÊTÉ	JORF du 27/01/1961 p. 1071 et 1072	Complément de l'arrêté du 28/08/1953 : Organisation de l'école : section complémentaire.
30 décembre 1960			Conditions d'admission (oral d'exploitation).

Date	Nature	Publication	Titre
31 janvier 1961	DÉCRET N° 61-118	JORF du 04/02/1961 p. 1332 à 1337	Conditions d'attribution et de renouvellement des sursis d'incorporation pour études et apprentissage.
29 avril 1963	DÉCRET N° 63-439	JORF du 04/05/1963 p. 4025 et 4026	Réorganisation et changement de nom de l'École : École Nationale Technique des Mines de Douai.
18 janvier 1965	DÉCRET N°65-52	JORF du 23/01/1965 p.604 à 607	Statut particulier du corps des ingénieurs des travaux publics de l'État (service des mines)
3 mars 1966	ARRÊTÉ	JORF du 20/03/1966 p. 2293	Epreuves du concours d'admission à l'École Nationale Technique des Mines de Douai.
8 août 1966	DÉCRET N° 66-611	JORF du 18/08/1966 p. 7266 à 7272	Réorganisation de l'École Nationale Technique des Mines de Douai.
25 juillet 1968	ARRÊTÉ	JORF du 10/08/1968 p. 7804 et 7805	Classement des enseignements dispensés par les écoles nationales techniques des mines de Douai et d'Alès.
2 novembre 1970	ARRÊTÉ	JORF du 28/11/1970 p. 10924 et 10925	Conditions d'admission à l'École Nationale Technique des Mines de Douai
15 novembre 1972	DÉCRET N° 72-1047	JORF du 22/11/1972 p.12141	Fixant certaines dispositions du statut des assistants des écoles nationales techniques des mines de Douai et d'Alès.
3 mars 1975	DÉCRET N° 75-134	JORF du 11/03/1975 p. 2682	Changement de dénomination : École Nationale des techniques industrielles et des mines de Douai.
3 mars 1975	DÉCRET N° 75-135	JORF du 11/03/1975 p. 2682 et 2683	Réorganisation de l'École.
17 juin 1975	ARRÊTÉ	JORF du 03/07/1975 p. 6736 à 6739	Organisation de l'École.
24 août 1976	ARRÊTÉ	JORF du 9 septembre 1976 p. 5442	Liste des écoles d'ingénieurs habilitées à délivrer le titre d'ingénieur diplômé par l'État en application de l'article 2 du décret n°75-393 du 16 mai 1975.
26 septembre 1979	ARRÊTÉ	JORF du 25/10/1979 p. 8711 et 8712 N.C.	Organisation de l'École.
1 avril 1980	DÉCRET N° 80-255	JORF du 10/04/1980 p.904	Relatif au changement de dénomination de l'École : École nationale supérieure des techniques industrielles et des mines de Douai.
25 février 1981	ARRÊTÉ	JORF du 25/03/1981 p. 3117 et 3118 N.C.	Composition du conseil de perfectionnement.
3 juin 1983	ARRÊTÉ	JORF du 09/06/1983 p. 5251 N.C.	Organisation de l'École nationale supérieure des techniques industrielles et des mines de Douai : Composition des épreuves écrites du concours d'entrée.
30 novembre 1983	DÉCRET N° 83-1037	JORF du 06/12/1983 p. 3525	Portant modification de l'organisation de l'École nationale supérieure des techniques industrielles et des mines de Douai : conseil de perfectionnement
18 mars 1985	ARRÊTÉ	JORF du 30/03/1985 p. 3713	Modifiant l'arrêté du 30 novembre 1983 fixant la composition et l'organisation du conseil de perfectionnement de l'École nationale supérieure des techniques industrielles et des mines de Douai.
29 avril 1988	DÉCRET N° 88-505	JORF du 05/05/1988 p. 6178 et 6179	Modifiant le décret n°69-444 du 14 mai 1969 fixant le statut du personnel des Écoles nationales supérieures des mines de Paris, Saint-Étienne et portant extension de ses dispositions au personnel enseignant des écoles nationales supérieures des techniques industrielles et des mines de Douai et d'Alès.

Date	Nature	Publication	Titre
29 avril 1988	DÉCRET N° 88-507	JORF du 05/05/1988 p. 6181 à 6185	Portant création et statut particulier du corps des ingénieurs de l'industrie et des mines.
29 avril 1988	DÉCRET N° 88-508	JORF du 05/05/1988 p. 6185 et 6186	Modifiant le décret du n°50-381 du 27 mars 1950 relatif au statut des ingénieurs des mines.
29 avril 1988	DÉCRET N° 88-509	JORF du 05/05/1988 p. 6186 et 6187	Relatif à l'intégration de membres du corps des ingénieurs des instruments de mesure dans le corps des ingénieurs des mines et mettant en voie d'extinction le corps des ingénieurs des instruments de mesure.
5 décembre 1988	DÉCRET N° 88-1101	JORF du 07/12/1988 p. 15327 et 15328	Modifiant le décret n° 66-611 du 8 août 1966 modifié portant réorganisation de l'École nationale supérieure des techniques industrielles et des mines de Douai : frais de scolarité.
19 mars 1990	ARRÊTÉ	JORF du 03/04/1990 p. 4049 et 4050	Modalités de rattachement par voie de fonds de concours des participations de tiers aux dépenses de fonctionnement des ENSM et ENSTIM
22 novembre 1990	DÉCRET N° 90-1047	JORF du 25/11/1990 p. 14527 et 14528	Autorisation pour certaines catégories d'agents contractuels à percevoir des indemnités pour travaux supplémentaires.
8 octobre 1991	DÉCRET N° 91-1036	JORF du 10/10/1991 p. 13269 à 13272	Création de l'EPA.
1er septembre 1992	ARRÊTÉ	JORF du 10/09/1992 p. 12484	Nomination au comité technique paritaire de l'École.
1er décembre 1992	ARRÊTÉ	JORF du 08/12/1992 p. 16764	Composition du comité de la recherche de l'École.
1er décembre 1992	ARRÊTÉ	JORF du 08/12/1992 p. 16766	Composition du comité de l'enseignement de l'École.
2 février 1993	ARRÊTÉ	JORF du 16/02/1993 p. 2525 et 2526	Création du comité spécial d'hygiène et de sécurité de l'École.
2 mai 1994	ARRÊTÉ	JORF du 14/05/1994 p. 7060	Nomination au comité technique paritaire de l'École.
17 mai 1994	DÉCRET N° 94-410	JORF n° 119 du 25/5/1994 p. 7563	Statut particulier des personnels enseignants des écoles supérieures des mines relevant du ministre de l'industrie.
14 janvier 1997	ARRÊTÉ	JORF N° 18 du 22/01/1997 p. 1081	Autorisant l'ENSTIMD à organiser les épreuves conduisant à la délivrance du titre d'ingénieur diplômé par l'État.
12 février 1999	ARRÊTÉ	JORF N° 48 du 26/02/1999 p. 2955	Composition du comité de l'enseignement de l'ENSTIMD.
9 mai 2000	ARRÊTÉ	JORF N° 128 du 03/06/2000	Convention constitutive d'un groupement d'intérêt public (CNRSSP).
19 juillet 2000	ARRÊTÉ	JORF N° 195 du 24/08/2000 p.12927, texte n° 8	Habilitation de l'École Supérieure de Métrologie (ESM) à délivrer un titre d'ingénieur diplômé.
8 février 2001	ARRÊTÉ	JORF n° 41 du 17/02/2001 p. 2658, texte n° 9	Modification de l'arrêté du 11/031985 Création d'un conseil d'évaluation scientifique.

Date	Nature	Publication	Titre
11 juin 2001	ARRÊTÉ	JORF N°140 du 19/06/2001 p.9689, texte n°7	Création d'un cycle de formation spécialisée en robotique à l'ENSTIMD.
11 juin 2001	ARRÊTÉ	JORF N°140 du 19/06/2001 p.9689, texte n°8	Création de cycles de formation spécialisée à l'École.
11 juin 2001	ARRÊTÉ	JORF n° 140 du 19/06/2001 p. 9690, texte n°9	Organisation de l'enseignement et de la scolarité à l'École supérieure de métrologie.
26 avril 2002	ARRÊTÉ	JORF du 03/05/2002 p. 8175, texte n° 146	Organisation des concours pour l'admission à différentes écoles d'ingénieurs.
11 juillet 2006	ARRÊTÉ	JORF du 28/07/2006 Texte 19 sur 107	Conditions d'admission, d'études et de délivrance des diplômes des cycles d'ingénieurs spécialisés en partenariat de l'ENSTIMD.
9 janvier 2009	DÉCRET N° 2009-33	JORF du 11/01/2009 Texte 13 sur 46	Création de l'établissement public de coopération scientifique « Université Lille Nord de France ».
28 février 2012	DÉCRET N° 2012-279	JORF du 29/02/2012 Texte 36 sur 127	Transformation de l'Institut Télécom en Institut Mines-Télécom.
19 juillet 2012	ARRÊTÉ	JORF du 01/08/2012 Texte 18 sur 161	Modification de l'arrêté du 13/09/2004. Conditions de recrutement, d'études et de délivrance des diplômes applicables aux élèves de formation initiale des ENSTIM d'Albi-Carmaux, d'Alès, de Douai et de Nantes.
19 juillet 2012	ARRÊTÉ	JORF du 01/08/2012 Texte 19 sur 161	Modification de l'arrêté du 13/09/2004. Cycle d'ingénieur par la formation continue diplômante dans les ENSTIM d'Alès et de Douai.
19 juillet 2012	ARRÊTÉ	JORF du 02/08/2012 Texte 42 sur 162	Conditions de recrutement, d'études et de délivrance des diplômes des cycles d'ingénieurs spécialisés en partenariat de l'ENSTIMD.
7 mai 2014	ARRÊTÉ	JORF n°0112 du 15/05/2014 p. 8062, texte n°12	Arrêté du 7 mai 2014 modifiant l'arrêté du 2 mai 2013 fixant le montant des droits de scolarité dans les écoles nationales supérieures des mines de Paris, de Saint-Étienne, d'Alès, de Douai, de Nantes et d'Albi-Carmaux.
7 mai 2014	ARRÊTÉ	JORF n°0112 du 15/05/2014 p. 8063, texte n°13	Arrêté du 7 mai 2014 modifiant l'arrêté du 27 juillet 2004 fixant le montant des droits de scolarité dans les écoles de l'Institut Mines-Télécom.
6 juin 2014	ARRÊTÉ	JORF n°0140 du 19/06/2014, texte n°22	Arrêté relatif à la réduction de la durée du mandat des membres de certaines instances représentatives du personnel de l'Institut Mines-Télécom et des écoles nationales supérieures des Mines.
29 juillet 2014	ARRÊTÉ	JORF du 03/08/2014 Texte 13 sur 57	Modification de l'arrêté du 09/06/2011. Création et organisation générale des comités techniques des établissements publics au Ministère de l'Économie, des finances et de l'industrie et au Ministère du Budget, des comptes publics, de la fonction publique et de la réforme de l'État.

Date	Nature	Publication	Titre
15 octobre 2014	ARRÊTÉ	JORF n°0244 du 21/10/2014 Texte n°28	Arrêté portant création de commissions consultatives paritaires compétentes pour les agents contractuels des écoles nationales supérieures des mines régis par le décret n° 2000-677 du 18 juillet 2000 portant dispositions statutaires communes aux agents contractuels des écoles nationales supérieures des mines et des écoles nationales supérieures des techniques industrielles et des mines placées sous la tutelle du ministre chargé de l'industrie.
17 octobre 2014	ARRÊTÉ	JORF n°0264 du 15/11/2014 Texte n°27	Arrêté fixant les modalités de vote par correspondance en vue de l'élection des représentants du personnel aux comités techniques de l'Institut Mines-Télécom et des écoles nationales supérieures des mines.
19 novembre 2014	ARRÊTÉ	JORF n°0276 du 29/11/2014 Texte n°21	Arrêté modifiant l'arrêté du 12 novembre 2010 relatif au concours commun d'admission d'élèves dans les écoles nationales supérieures des mines d'Alès, de Douai, de Nantes et d'Albi-Carmaux.
17 mars 2015	ARRÊTÉ	JORF n°0071 du 25/03/2015 Texte n°10	Arrêté relatif aux modalités d'exercice du contrôle budgétaire sur les écoles nationales supérieures des mines de Paris, Saint-Étienne, Alès, Douai, Nantes et Albi-Carmaux.
2 avril 2015	ARRÊTÉ	JORF n°0089 du 16/04/2015 Texte n°45	Arrêté fixant la nature des épreuves, les règles d'organisation générale et la composition du jury des concours réservés pour l'accès au corps de maître-assistant de l'institut Mines-Télécom pris en application de l'article 7 du décret n° 2012-631 du 3 mai 2012.
13 mai 2015	ARRÊTÉ	JORF n°0117 du 22/05/2015 Texte n°11	Arrêté relatif aux modalités d'exercice du contrôle budgétaire sur les écoles nationales supérieures des mines de Paris, Saint-Étienne, Alès, Douai, Nantes et Albi-Carmaux.
12 octobre 2015	DÉCRET	JORF n°0238 du 14/10/2015 p. 19019, texte n°74	Décret portant nomination de la présidente du conseil d'administration de l'École nationale supérieure des mines de Douai (Mines Douai) - Mme MARTINET (Teresina).
24 novembre 2015	ARRÊTÉ	JORF n°0282 du 05/12/2015 Texte n°16	Arrêté relatif au concours commun d'admission d'élèves ingénieurs dans certaines écoles des mines et des télécommunications.
30 décembre 2015	ARRÊTÉ	JORF n°0012 du 15/01/2016 Texte n°32	Arrêté portant abrogation de divers arrêtés relatifs aux droits d'inscription aux concours d'entrée dans certaines écoles des mines et des télécommunications.
3 février 2016	DÉCRET	JORF n°0030 du 05/02/2016 Texte n°67	Décret portant nomination du président du conseil d'administration de l'Institut Mines-Télécom - M. IMAUVEN (Claude).
24 février 2016	ARRÊTÉ	JORF n°0054 du 04/03/2016 Texte n°47	Arrêté modifiant l'arrêté du 2 mai 2013 fixant le montant des droits de scolarité dans les écoles nationales supérieures des mines de Paris, de Saint-Étienne, d'Alès, de Douai, de Nantes et d'Albi-Carmaux.
24 février 2016	ARRÊTÉ	JORF n°0054 du 04/03/2016 Texte n°48	Arrêté modifiant l'arrêté du 27 juillet 2004 fixant le montant des droits de scolarité dans les écoles de l'Institut Mines-Télécom.

Annexe A.2 – La Conférence Régionale des Grandes Écoles (CRGE)

La CRGE a officiellement vu le jour le 24 mai 1975 sous le nom d'ADEIR (Association des Directeurs des Écoles d'Ingénieurs de la Région) lors de son Assemblée Générale Constitutive qui a vu l'élection d'André-Claude Lacoste (École des Mines de Douai) au poste de président, les vice-présidences étant tenues par MM. Bossut (IDN), Leroy (ITR) et Camille Rogez (président d'honneur de l'URGI), le secrétariat étant tenu M. Debeunne (ICAM) et la trésorerie par M. Louage (EUDIL). Mais il faut remonter au 17 décembre 1973 pour trouver la toute première réunion de la Conférence des Directeurs d'Écoles du Nord-Pas-de-Calais.

À l'initiative d'André-Claude Lacoste, les directeurs de 13 écoles d'ingénieurs de la région Nord-Pas-de-Calais décident dès le 17 décembre 1973 de se réunir régulièrement dans les locaux de l'École Nationale des Techniques et des Mines de Douai. Le choix de l'*École* était motivé par deux caractéristiques très différentes : d'une part, le statut de l'*École* (Ministère de l'Industrie), qui lui conférait une neutralité vis-à-vis des autres écoles et qui lui permettait d'être en quelque sorte le « chef de file » de cette conférence, et d'autre part, le fait que l'*École* était la seule à bénéficier d'un restaurant qui avait le mérite de faciliter la convivialité nécessaire à toute vie associative.

L'année 1974 a vu 5 réunions, une tous les deux mois. La première mission que s'est donnée l'ADEIR était de faire la promotion du métier et des études d'ingénieur auprès des lycéens, qui étaient les futurs candidats.

Très vite figurent à l'ordre du jour des réunions des thèmes comme la féminisation des études d'ingénieur, et l'établissement de critères d'admission d'autres écoles à l'ADEIR. On le voit, dès 1974, le cadre actuel de la CRGE était déjà en place.

Aux membres fondateurs viennent s'adjoindre progressivement d'autres écoles et, de 13 écoles en 1975, l'ADEIR compte en 1979 16 écoles, 17 en 1985, 21 en 2003. Elle perd son I d'Ingénieurs en 2000 du fait de l'entrée d'écoles comme l'EDHEC, l'ESJ, l'IESEG ou encore l'École d'Architecture de Villeneuve d'Ascq, et devient en 2006 la CRGE, sigle plus adapté à la réalité des activités de l'association.

Depuis 2012, la CRGE a développé une stratégie autour de trois axes :

- actions tournées vers ses membres ;
- activités d'un groupe professionnel ;
- activité de lobbying.

Avec comme « outils » des commissions qui développent l'action de la CRGE :

- Ouverture sociale : action d'élargissement des publics étudiants ;
- Communication : action de diffusion des informations, avec un élargissement à prévoir vers les entreprises ;
- R&D, Innovation, Création d'entreprise, Relations PME/PMI : action aval vers nos partenaires économiques ;
- Innovation pédagogique, Accompagnement des Étudiants, Apprentissage, Pédagogie, Vie Étudiante : action vers nos étudiants.

Ces commissions sont animées par au moins un directeur d'Établissement, de préférence un membre du bureau, et l'URIS y est invité systématiquement. Pour faciliter le fonctionnement, chaque école a désigné un correspondant et chaque commission se fixe elle-même ses objectifs qu'elle communique au bureau de la CRGE. Les livrables de ces commissions alimentent le CA de la CRGE ; il est souhaitable que chaque réunion de commission se conclue sur un moment de convivialité pour conserver l'esprit de la CRGE.

Au début de l'année 2015, la CRGE anticipe les modifications du périmètre régional et invite les écoles picardes à la rejoindre pour devenir CRGE Nord-Pas-de-Calais-Picardie.

Aujourd'hui la CRGE c'est :

- 28 écoles membres actifs, représentant 32 formations
- 2 écoles associées
- Environ 40 000 étudiants
- Environ 7 000 diplômés par an de niveau master
- Environ 4 500 ingénieurs diplômés
- Environ 450 thèses soutenues chaque année.

La CRGE est membre de pôles de compétitivité (i-Trans, PICOM), du Parlement du Savoir, de la SATT, du CESER Hauts de France – Nord-Pas-de-Calais Picardie, etc. Elle est un interlocuteur reconnu des pouvoirs publics (Région, MEL) et a contribué à mettre en place des programmes régionaux à destination des lycéens (PRREL). Son siège social, initialement fixé à l'*École*, est toujours au 941 de la rue Charles Bourseul, à Douai.

On peut noter que la CODIGE (conférence des grandes écoles du Languedoc-Roussillon ; aujourd'hui collegium d'ingénièrie des grandes écoles) a été créée le 6 décembre 1984 en s'inspirant de l'expérience de l'ADEIR.

Annexe A.3 – Liste des parrains par promotions

Liste des parrains par promotions	
Promotion 1975 FI	M. Jean Mattéoli - Commissaire à la Conversion pour la Région Nord - Pas-de-Calais
Promotion 1976 FI	M. Maurice Hannart - Président du CISE (Comité Interprofessionnel Social et Économique)
Promotion 1977 FI	M. Jean-Claude Groshens - Recteur de l'Académie de Lille, Chancelier des Universités de Lille
Promotion 1978 FI	M. Louis Leprince-Ringuet - Membre de l'Académie Française
Promotion 1979 FI	M. François de Wissocq - Directeur des Mines au Ministère de l'Industrie
Promotion 1980 FI	M. Édouard Gonnet (Promo 1933) - Ingénieur en Chef des Mines, ancien Sous-Directeur
Promotion 1981 FI	
Promotions 1982 FI / 1980 FCD	M. Jacques Legendre - Secrétaire d'État chargé de la Formation Professionnelle
Promotions 1983 FI / 1981 FCD	
Promotions 1984 FI / 1982 FCD	M. Bertrand Schwartz - Professeur à l'Université de Paris IX – Dauphine
Promotions 1985 FI / 1983 FCD	M. Pierre Laffitte - Directeur de l'École des Mines de Paris, Président de la Conférence des Grandes Écoles
Promotions 1986 FI / 1984 FCD	M. Jean Le Garrec - Secrétaire d'État auprès du 1er Ministre chargé du Plan
Promotions 1987 FI / 1985 FCD	M. Pierre Alby - Président du Conseil d'Administration de Gaz de France
Promotions 1988 FI / 1986 FCD	M. Bernard Hanon - Président Directeur Général de la Régie Renault
Promotions 1989 FI / 1987 FCD	M. Bernard Athané - Directeur du Bureau International de Métrologie Légale
Promotions 1990 FI / 1988 FCD	MM. Jean Colliot et Camille Rogez (Promo 1942) Présidents d'honneur de l'Amicale des Anciens Élèves
Promotions 1991 FI / 1989 FCD	M. Henri Martre - Président Directeur Général de l'Aérospatiale
Promotions 1992 FI / 1990 FCD	M. François Mitterrand - Président de la République Française
Promotions 1993 FI / 1991 FCD	M. Jean Gandois - Président Directeur Général de Péchiney
Promotions 1994 FI / 1992 FCD	M. Francis Mer - Président Directeur Général d'Usinor-Sacilor
Promotions 1995 FI / 1993 FCD	M. Jacques Lesourne - Directeur du Journal Le Monde
Promotions 1996 FI / 1994 FCD	M. Bertrand Collomb - Président Directeur Général de Lafarge-Coppee
Promotions 1997 FI / 1995 FCD	M. Louis Schweitzer - Président Directeur Général de Renault
Promotions 1998 FI / 1996 FCD	M. Marc Viénot - Président Directeur Général de la Société Générale
Promotions 1999 FI / 1997 FCD	Mme Corinne Lepage - ministre de l'Environnement

Liste des parrains par promotions	
Promotions 2000 FI / 1998 FCD	M. Jacques Maire - Directeur Général de Gaz de France
Promotions 2001 FI / 1999 FCD	M. Yves-Thibault De Silguy - Commissaire Européen
Promotions 2002 FI / 2000 FCD	M. Jean-Martin Folz - Président Directeur Général de SA Peugeot
Promotions 2003 FI / 2001 FCD	Mme Anne Lauvergeon - Président Directeur Général de Cogema
Promotions 2004 FI / 2002 FCD	M. Noël Forgeard - Administrateur Gérant d'Airbus Industrie
Promotions 2005 FI / 2003 FCD	M. Yves Claude - Directeur Général de Décathlon Villeneuve d'Ascq
Promotions 2006 FI / 2004 FCD	M. Jean-Jacques Lefebvre (Promo 72) - Président Directeur Général d'Eiffage Construction
Promotions 2007 FI / 2005 FCD	M. Laurent Burelle - Président Directeur Général de Plastic Omnium
Promotions 2008 FI / 2006FCD	M. Guy Dollé - Président de la Direction Générale d'Arcelor
Promotions 2009 FI / 2007 FCD	M. Jean-Claude Rouers - Président Directeur Général de CLARION France S.A.
Promotions 2010 FI / 2008 FCD	M. Olivier Monfort - Directeur Général de SOLVAY France
Promotions 2011 FI / 2009 FCD	M. Horst Hippler - Président de l'Université de Karlsruhe (Allemagne)
Élèves entrés en 2009	Maître Georges Prêtre - Chef d'Orchestre
Élèves entrés en 2010	M. Marc Roquette – Président du Conseil d'Administration de ROQUETTE FRERES
Élèves entrés en 2011	M. Christian Streiff - Président de C.S. CONSEILS
Élèves entrés en 2012	M. Hervé Le Bouc - Président Directeur Général de COLAS
Élèves entrés en 2013	M. Patrick Pouyanné - Directeur Général Raffinage Chimie chez TOTAL
Élèves entrés en 2014	M. Étienne Corteel – Délégué Régional d'EDF – Nord - Pas-de-Calais
Élèves entrés en 2015	Mme Florence Poivey – Présidente de la Fédération Nationale de la Plasturgie et des Composites

Annexe A.4 – L'IPHC
L'IPHC (Institut Polytechnique du Haut Cambraisis) devenu inGHenia

L'Institut Polytechnique du Hainaut-Cambrésis (IPHC) est une école privée créée en 1992 par la Chambre de Commerce et d'Industrie Grand Hainaut.

Un partenariat, approuvé par le Conseil d'Administration de l'École des Mines de Douai, a été établi dès 1992 avec cet Institut implanté à Valenciennes. Une habilitation de la Commission des titres d'ingénieur a été accordée à l'*École* pour cinq promotions à compter de la rentrée 1992-1993 pour prendre la responsabilité pédagogique de la formation « Productique ; Management et optimisation de la production » mise en place par cet Institut.

Ce partenariat se poursuit et son habilitation a été régulièrement reconduite depuis.

Le titre d'ingénieur délivré par Mines Douai est depuis 2004 « Ingénieur diplômé de l'École nationale supérieure des mines de Douai, spécialité productique en partenariat avec l'IPHC ». En formation initiale, la formation pouvait être suivie dès sa création sous statut d'étudiant ou statut d'apprenti. Ce cursus est assuré par la voie unique de l'apprentissage depuis 2010.

Le titre délivré a connu des évolutions depuis 1992 et les recommandations de la CTI :

- Habilitation période 1992-1996 : « Ingénieur IPHC, diplômé de l'ENSTIMD spécialité : productique et management de la production » (NFI) ;
- Habilitations période 1997-2003 : « Ingénieur des Techniques de l'Industrie, spécialité productique, diplômé de l'École nationale supérieure des techniques industrielles et des mines de Douai en partenariat avec l'IPHC ».

L'appellation « IPHC » devient « inGHenia » en 2014. Dans ce contexte, Mines de Douai en partenariat avec inGHenia forme par la voie de l'apprentissage des ingénieurs généralistes du Génie Industriel destinés à manager et optimiser les systèmes de production.

Annexe A.5 – L'APUI
L'INCUBATEUR *APUI*

Missions

Créé en 1984, l'incubateur APUI s'adresse à toute personne qui, avec des compétences techniques solides, a pour projet de créer une entreprise à partir d'une idée comportant une innovation technologique.

Son objectif est de faciliter les premières étapes de la création d'entreprise, aussi bien sur le plan technique que pour l'établissement d'un plan d'affaires (aspects commerciaux, économiques, financiers, juridiques) et pour la recherche des contacts industriels et financiers nécessaires.

APUI est un incubateur généraliste, recherchant des projets technologiques et innovants, de préférence dans le domaine de l'environnement et de l'énergie.

Moyens mis à disposition des porteurs de projet

- Un suivi personnalisé est assuré par l'équipe de l'incubateur qui permet aux porteurs de projet l'accès aux différents dispositifs institutionnels, économiques et relationnels.
- Les porteurs ont à leur disposition tous les moyens techniques et documentaires de l'*École* : assistance du Centre de Recherche et des Services Techniques, soutien des élèves ingénieurs de l'*École* et des étudiants d'établissements partenaires.
- Des ressources logistiques importantes sont à leur disposition : bureaux, salles de formation et de réunion, secrétariat, moyens informatiques et de communication.
- Des formations qualifiantes ou diplômantes et conseils sur mesure sont assurés par des professionnels du domaine (à hauteur de 40 jours de séances de travail encadrées). L'offre de formation générale ou technique de l'*École* et de ses partenaires leur est également ouverte.
- Différentes sources de financements des projets peuvent être sollicitées.

Partenaires de l'incubateur

Dans le cadre de prestations étudiantes pour compte de porteurs :

- Université de Valenciennes (licence technico – économique), pour la réalisation d'études de marché.
- L'Université Catholique (FLD) pour les prestations juridiques.
- RUBIKA à Valenciennes pour les études de Design.
- Les écoles et facultés régionales, pour des expertises techniques et des études de marché.

Autres partenaires avec lesquels une convention a été signée :

- Le pôle énergie 2020, le pôle d'excellence MEDEE, le Cd2e et la CAD pour les projets technologiques dans le domaine de l'environnement et de l'énergie.
- Le réseau des Ruches pour l'accueil des sociétés issues de l'incubateur.

- La Mairie de Grande Synthe pour la réalisation de sites expérimentaux.
- L'incubateur Énergie à Dunkerque.
- La Faculté Libre de Droit (FLD), en association avec le cabinet d'avocats SHBK.

Nouveaux partenariats conclus en 2014 :
- Les BGE (alias Boutiques Gestion Entreprises).

Pour le financement de l'incubateur : Conseil Général du Nord, Communauté d'Agglomération du Douaisis, Union Européenne (FSE).

Pour le financement des projets : BPI FRANCE – Innovation, Douaisis Initiative, Réseau Entreprendre Grand Nord.

Chiffres clés 2014

- **69** projets accompagnés dont 43 en incubation.
- **3** sociétés créées (Atlas Énergie, Unéole et 2DSystèmes).
- **50** sociétés créées, **43** en activité et plus de **200** emplois générés depuis 2003.
- **23** bureaux.
- **7** cadres et **1** secrétaire.
- **1,127** M€ de budget.

Annexe A.6 – L'IMT
L'Institut Mines-Télécom

L'IMT en quelques chiffres

L'IMT regroupe 4 écoles internes, 6 écoles rattachées et 2 filiales.

Dans son environnement proche, il a aussi 2 partenaires stratégiques (ARMINES et l'École des Mines de Nancy (école interne de l'université de Lorraine)) et un réseau de 13 écoles associées.

En 2014, l'IMT compte 12 470 étudiants. Il a diplômé 3 850 élèves, dont 2 690 ingénieurs et managers, 210 masters, 5 200 mastères spécialisés et 430 docteurs. Parmi les ingénieurs et managers diplômés, 26 % l'ont été à l'issue d'une formation par apprentissage.

Le taux de boursiers parmi les élèves ingénieurs éligibles est de 34,6 %. 34 % des étudiants de l'Institut (y compris les auditeurs libres, mais hors formations sous statut salarié) sont étrangers. Le taux de féminisation dans l'ensemble des formations est de 27,5 %. Le taux d'emploi 6 mois après l'obtention du diplôme est de 90 % (10 points au-dessus de la moyenne nationale).

L'effectif de personnels employés ou mis à la disposition de l'IMT est de 4 500 personnes, dont 1 360 chercheurs et enseignants-chercheurs, 370 ingénieurs de recherche, 1 067 doctorants et post-doctorants.

Les ressources propres en recherche atteignent 108 M€, dont 33 M€ sous la forme de contrats avec des entreprises. Les enseignants et les chercheurs de l'Institut ont réalisé 1 883 publications scientifiques de rang A en 2014.

La transformation de l'Institut Mines-Télécom

En janvier 2015, le CGE a lancé les travaux d'évolution statutaire de l'IMT afin de réunir les écoles des Mines et des Télécom dans un établissement unique. Un travail important a été mené en vue d'une révision du décret de 2012 instituant l'IMT, avec pour objectif de renforcer l'autonomie de décision des écoles internes. Le conseil d'administration de l'Institut, les conseils des écoles internes et les conseils d'administration des écoles des mines se sont, à une exception près, prononcés favorablement à cette évolution statutaire.

Parallèlement, deux projets de fusions entre une École des Mines et une école des Télécom ont émergé : fusion entre Télécom Bretagne et Mines Nantes ainsi qu'entre Mines Douai et Télécom Lille. Ces fusions au plan régional entre école généraliste d'ingénieurs et école du numérique visent à encore mieux accompagner la révolution numérique dans l'industrie.

Le nouvel IMT devrait voir le jour au 1er janvier 2017.

À la demande de la tutelle, les deux concours « Télécom INT » et le « concours commun des écoles des mines » ont fusionné en décembre 2015. Ce nouveau concours « Mines-Télécom », qui s'articule avec le « Concours commun Mines-Ponts » dont il utilise les épreuves écrites, assurera, dès 2016, le recrutement des étudiants de Télécom Sud Paris, du cycle ISMIN de Mines Saint-Étienne, de Télécom Lille et des écoles des mines d'Alès, Douai, Nantes et Albi-Carmaux. L'un des principaux bénéfices de cette nouvelle organisation est de simplifier l'accès aux écoles de l'Institut aux candidats : quelle que soit l'école d'ingénieurs à laquelle ils postulent, les candidats n'auront plus à passer qu'une seule série d'épreuves écrites et une seule série d'épreuves orales.

Mettre en place des formations d'excellence qui répondent aux besoins des entreprises

Avec près de 20 % d'apprentis parmi ses élèves-ingénieurs et ses managers, l'IMT est l'un des principaux acteurs français de la formation d'ingénieurs en apprentissage menée en partenariat étroit avec les entreprises. Le CORFISEM, association qui rassemble des écoles de l'Institut et des organisations professionnelles, a organisé, le 7 octobre, dans les locaux du MEDEF, une conférence-débat sur « La formation par apprentissage : quelle valeur ajoutée pour l'entreprise ? ». Une centaine de personnes y ont participé.

L'Institut est aussi un acteur de référence de l'évolution des pratiques d'enseignement et d'apprentissage en favorisant le développement du numérique et des MOOC (Massive Online Open Courses). Il a été lauréat de deux projets sur les douze sélectionnés par l'appel à projets IDEFI-N, dont le projet FLIRT qui a pour objectif d'accélérer la transformation de la formation continue dans la filière Télécom. Actuellement, l'objectif est de développer une collection de 10 MOOC dans le domaine « réseaux et télécom », de trois parcours de formation en utilisant les MOOC et de développer des initiatives pédagogiques pour améliorer leur efficacité. Une école d'hiver réunissant enseignants, conseillers pédagogiques, ingénieurs TICE et experts de l'éducation autour de ces évolutions des pratiques d'enseignement a été organisée en janvier 2015. En septembre, l'IMT a signé un accord avec Coursera, première plateforme mondiale de MOOC, où il rejoint les meilleurs instituts universitaires mondiaux. Le premier MOOC à y être promu est « Innovating in a Digital World », porté par Télécom ParisTech.

Les trois écoles d'ingénieurs du numérique proposent désormais leur formation continue aux entreprises sous la marque unifiée « Telecom Evolution ». Elles adaptent leur catalogue pour prendre en compte les enjeux de la société numérique (big data, transports intelligents, internet des objets, cybersécurité).

Toujours en relation avec les besoins des entreprises, en juin 2015, l'IMT a signé, conjointement avec 6 autres universités européennes, un accord stratégique avec le groupe Airbus. L'IMT et les universités partenaires s'engagent à adapter leurs programmes de formation en fonction des besoins de compétences du constructeur aéronautique.

Une académie franco-allemande pour l'industrie du futur

Résultat d'un partenariat entre l'Université technique de Munich et l'IMT, le ministre chargé de l'Économie, Emmanuel Macron, président du CGE, et son homologue allemand, Sigmar Gabriel, ont annoncé la création de cette académie, le 27 octobre. Elle vise à favoriser le développement des usages du numérique les plus innovants dans l'industrie pour sa compétitivité. Un nouveau concept de MDA (« Master of Digital Administration ») a été défini comme clef de voûte de ce projet.

Afin d'établir la feuille de route et de faire le point sur les prochains appels à projets, un colloque inter-écoles a été organisé sur cette thématique. Il a réuni la communauté des chercheurs de l'ensemble des écoles de l'Institut le 9 décembre 2015.

Annexe A.7 – L'ISPA Institut Supérieur de Plasturgie d'Alençon

L'ISPA est une école privée créée en 1985 par la Chambre de Commerce et d'Industrie d'Alençon et la Fédération Française de la Plasturgie.

Structure associative selon la loi de 1901, l'ISPA a pour vocation de répondre aux besoins de formation des entreprises de la plasturgie et :

- d'assurer la formation d'Ingénieurs Plasturgistes dans le cadre de la formation initiale,
- d'assurer la formation de jeunes de niveaux V à I dans le cadre de la formation initiale par apprentissage.

L'École d'ingénieurs ayant été habilitée par la CTI le 2 février 1993, le premier diplôme d'Ingénieur en Plasturgie Industrielle a été remis en 1996. En 1998, la CTI habilite l'École d'ingénieurs à délivrer le même diplôme par la voie de l'apprentissage.

Suivant les recommandations de la CTI, Mines Douai et l'ISPA ont renforcé leur partenariat en se fixant l'objectif de développer en commun le cursus de formation d'ingénieurs créé par l'ISPA. Dans ce cadre, une première étape s'est traduite par la validation, le 12 septembre 2012, par la CTI du changement de l'intitulé du diplôme d'ingénieur ISPA qui est devenu : « Ingénieur de l'Institut Supérieur de Plasturgie d'Alençon (ISPA) en convention avec l'École Nationale Supérieure des Mines de Douai ».

Poursuivant cette démarche, Mines Douai et l'ISPA ont souhaité que cette formation devienne une formation d'ingénieurs dans le domaine de la plasturgie et des composites par la voie unique de l'apprentissage, conduisant à la délivrance du diplôme d'ingénieur Mines de Douai en partenariat avec l'ISPA. Cette demande a été présentée dans le cadre du renouvellement périodique national de l'habilitation de l'École d'Ingénieurs de l'ISPA.

À la suite de cet audit, la CTI a accrédité Mines Douai à délivrer, pour cette formation et à compter de la rentrée 2014, le titre : « Ingénieur diplômé de l'École Nationale Supérieure des Mines de Douai, spécialité Plasturgie et Composites, en partenariat avec l'ISPA », en formation initiale sous statut apprenti sur le site d'Alençon. Mines Douai pilote dès lors cette formation placée sous sa responsabilité et réalisée en partenariat avec l'ISPA et ses parties prenantes, la Chambre de Commerce et d'Industrie d'Alençon et la Fédération Française de la Plasturgie.

Annexe A.8 –
Le développement durable à l'École des Mines de Douai

La COP 21, Conférence des Nations sur les changements climatiques a donné lieu le 12 décembre 2015 à l'accord de Paris, premier accord universel sur le climat. Cet accord donne une force nouvelle à la motion de développement durable et à ses 3 dimensions : environnementale, économique et sociale. La formation des ingénieurs doit prendre en compte cette notion de développement durable.

L'École des Mines de Douai en fait depuis plusieurs années, comme le dit son Directeur Daniel Boulnois en présentant le rapport développement durable 2014 :

« En s'appuyant sur son Agenda 21 et sur la mise en place d'outils, Mines Douai progresse année après année sur son engagement dans la démarche Développement Durable.

L'*École* a souhaité s'associer au Global Compact de l'ONU en 2009. En signant ce Pacte Mondial, Mines Douai s'est engagé à faire coïncider ses actions et sa stratégie sur les 10 principes universellement reconnus relatifs aux droits de l'homme, les normes du travail, l'environnement et la lutte contre la corruption.

Cette sixième édition du rapport d'activités Développement Durable indique l'état de notre situation et le chemin parcouru grâce aux actions mises en œuvre à ce jour.

Le gros chantier de 2014 a été la mise en place d'un groupe de travail « Campus zéro carbone » chargé de mener un projet exemplaire de réduction de nos consommations énergétiques et notre empreinte écologique.

Les indicateurs économiques et socio-économiques permettent de rendre compte et de mesurer les progrès en toute transparence.

Tous ces engagements et toutes ces actions sont rendus possibles grâce au travail du comité de pilotage, de la délégation au développement durable, des différents groupes de travail et surtout à l'implication de l'ensemble du personnel et des élèves

Compte tenu de son fort engagement dans la démarche Développement Durable et des résultats obtenus depuis 2009, l'*École* a remporté le trophée des Campus Responsables dans la catégorie Engagement Durable ».

Les 10 principes du pacte mondial sont les suivants :

Droits de l'homme

Principe 1 : Les entreprises sont invitées à promouvoir et à respecter la protection du droit international relatif aux droits de l'homme.

Principe 2 : Les entreprises sont invitées à veiller à ne pas se rendre complices de violations des droits de l'homme.

Normes internationales du travail

Principe 3 : Les entreprises sont invitées à respecter la liberté d'association et à reconnaître le droit de négociation collective.

Principe 4 : Les entreprises sont invitées à contribuer à l'élimination du travail forcé ou obligatoire.

Principe 5 : Les entreprises sont invitées à contribuer à l'abolition effective du travail des enfants.

Principe 6 : Les entreprises sont invitées à contribuer à l'élimination de toute discrimination en matière d'emploi et de profession.

Environnement

Principe 7 : Les entreprises sont invitées à appliquer l'approche de précaution aux problèmes touchant à l'environnement.

Principe 8 : Les entreprises sont invitées à prendre des initiatives tendant à promouvoir une plus grande responsabilité en matière d'environnement.

Principe 9 : Les entreprises sont invitées à favoriser la mise au point et la diffusion de technologies respectueuses de l'environnement.

Lutte contre la corruption

Principe 10 : Les entreprises sont invitées à agir contre la corruption sous toutes ses formes, y compris l'extorsion de fonds et les pots-de-vin.

La structuration de la démarche développement durable de l'École se fait suivant 3 axes :

AXE 1 : L'enseignement du Développement Durable (DD) à Mines DOUAI

- Dans la formation initiale : 88 heures d'enseignement de tronc commun et 348 heures en options (total pour l'ensemble des enseignements). Plusieurs options ou cours électifs portent sur des thématiques plus ou moins fortement liées au développement durable. Exemples : Master Bâtiment à Énergie Positive, Option Génie Industriel et Développement Durable, Mineure Énergie renouvelable...

- Actuellement 59 % des **projets ouverts de première année** sont orientés DD, ces projets étant accompagnés par des enseignants sensibles aux enjeux du DD. Par ailleurs, les élèves sont parties prenantes de la politique DD de *l'École* par le fait même que sur les campus ils sont hébergés, restaurés et suivent leur cursus de formation. Ils participent aux commissions de travail dans les secteurs les touchant directement.

- **Conférence portant sur le développement durable en Génie Civil** : L'introduction du développement durable dans les enseignements liés au Génie Civil ayant donné totale satisfaction aux étudiants, il a été décidé de l'inscrire définitivement dans le programme de formation de l'option Génie Civil. Compte tenu du succès remporté auprès des étudiants, il est envisagé d'étendre cette expérience aux différentes spécialités de formations des ingénieurs de l'*École*.
- Dans les stages et/ou projets en entreprise : lors des stages de 1re et 2e année, les élèves doivent parler de la politique Responsabilité Globale de l'entreprise

d'accueil ou donner des axes de démarrage sur ce thème. Par ailleurs, les stages sur la sécurité et la santé au travail sont valorisés par l'*École* en partenariat avec la Caisse Régionale d'Assurance Maladie.

AXE 2 : La recherche et l'innovation

Bien que l'*École* ne décline pas littéralement un département de recherche spécifique axé sur le développement durable, l'engagement à ce sujet est structurant, l'*École* étant une référence reconnue au niveau national pour le contrôle et la surveillance de la qualité de l'air et pour la valorisation des sédiments. L'engagement se diversifie ainsi au travers des activités de nos départements d'Enseignement et de Recherche, dont beaucoup de thématiques de recherche sont directement liées au développement durable (caractérisation des polluants atmosphériques, traitement de l'air, optimisation des combustions industrielles, réhabilitation de sols pollués, matériaux biosourcés, valorisation de cendres, laitiers, mâchefers dans le BTP, gestion intelligente de réseau d'eau et d'électricité, etc.). À cela s'ajoute l'incubateur d'entreprises qui se consacre à la création d'entreprises relevant de problématiques économiques et/ou environnementales durables. Enfin, 79 % des articles concernent directement une thématique de Responsabilité Globale, ainsi que 58 % des projets de création d'entreprise accompagnés par notre incubateur APUI.

AXE 3 : Gestion du campus et réduction de l'empreinte écologique

La gestion du campus avec pour objectif la réduction de notre empreinte écologique dans les domaines suivants :

- L'amélioration du patrimoine immobilier,
- La consommation d'énergie (gaz, fuel, électricité),
- La consommation d'eau,
- La consommation de papier et le recyclage,
- La gestion des déchets,
- La gestion durable de la biodiversité.

Annexe A.9 – La COMUE Lille Nord de France

La création des Communautés d'universités et d'établissements résulte des dispositions de la loi du 22 juillet 2013 relative à l'enseignement supérieur et à la recherche qui modifie et complète le code de l'éducation ainsi que le code de la recherche.

La Communauté d'universités et d'établissements Lille Nord de France (COMUE) regroupe onze établissements : les six universités de la région, l'École Centrale de Lille, l'École des Mines de Douai, la Fédération Universitaire Polytechnique de Lille, ainsi que deux organismes de recherche : le Centre National de la Recherche Scientifique (CNRS) et l'Institut National de le Recherche en Informatique et en Automatique (INRIA).

La Fédération Universitaire Polytechnique de Lille rassemble un ensemble d'établissements privés nés au fil des années autour de l'Institut catholique : 5 facultés, 20 écoles, des centres de recherche et un groupe hospitalier.

La COMUE Lille Nord de France est un Établissement Public à caractère Scientifique, Culturel et Professionnel (EPSCP).

La COMUE assure la coordination de l'ensemble des politiques conduites.

Sur la base d'un projet partagé, les établissements publics d'enseignement supérieur relevant du Ministère chargé de l'Enseignement supérieur et les organismes de recherche coordonnent leur offre de formation et leur stratégie de recherche et de transfert. Les autres établissements d'enseignement supérieur participent à cette coordination.

La COMUE Lille Nord de France, conçue comme un espace de coopération et de coordination, organise la politique régionale de site et porte des missions à forte valeur ajoutée. À ce titre, elle définit et soutient les grandes priorités thématiques régionales qui contribuent à la visibilité nationale et européenne du site.

La stratégie de site doit pouvoir compter sur 4 leviers :

Levier 1 : La réorganisation du processus de coopération entre les établissements d'enseignement supérieur et de recherche

Levier 2 : Le projet IDEX, initiatives d'excellence, fait partie des investissements d'avenir, programmes dont le but est de créer en France des ensembles pluridisciplinaires d'enseignement supérieur et de recherche qui soient de rang mondial.

Levier 3 : La création de l'université de Lille ; Les universités de Lille 1, Lille 2 et Lille 3 sont engagées dans un processus de fusion fixant la création du nouvel établissement en 2018.

Levier 4 : Deux instances régionales chargées de la concertation sur l'enseignement supérieur et la recherche : le parlement du savoir et l'espace prospectif et stratégique ont un secrétariat commun dans le cadre de la COMUE.

Les compétences de la COMUE en matière de recherche et de transfert concernent notamment :

- la stratégie de recherche : Contrat de Plan État-Région (CPER), programmes du FEDER (Fonds Européen de Développement Économique Régional), Programme d'Investissement d'Avenir (PIA) ;
- réseaux thématiques de recherche : ils organisent les relations entre les différents acteurs de la recherche dans les domaines d'excellence reconnus. Ces réseaux couvrent par leur vision stratégique tout le champ de la recherche et de la valorisation ;
- transfert et valorisation : la COMUE coordonne le suivi des activités de la SATT Nord (Société d'Accélération du Transfert de Technologies). La SATT Nord créée le 25 juillet 2012, est dotée de 63 M€ et couvre les « anciennes régions » Nord-Pas-de-Calais, Champagne-Ardenne et Picardie.

Annexe A.10 – TELECOM Lille

Date de création : 1990
Établissement public, sous tutelle de l'Institut Mines-Télécom et de l'Université de Lille.
Habilité par la CTI
Membre de la Conférence des Grandes Écoles

735 étudiants
3 061 ingénieurs diplômés
40 % du cursus en entreprise
1 000 stages et projets en entreprise par an
60 tuteurs
500 entreprises partenaires
150 entreprises d'accueil à l'international
4 doubles diplômes à l'étranger

Cité Scientifique – Rue Guglielmo Marconi
BP 20145 – 59653 Villeneuve d'Ascq
Tél. : 03 20 33 55 77
www.telecom-lille.fr

Diplôme d'Ingénieur en Sciences et Technologies de l'Information et de la Communication

3 voies d'accès pour un diplôme unique :

- Formation initiale post-bac – 40 % du cursus en stages et projets en entreprises : Admission en 1re année : bac S (concours Geipi Polytech) – cursus en 5 ans. Admission en 3e année : classes prépa MP et PSI (concours Mines-Télécom – Banque de notes Mines-Ponts) – cursus en 3 ans.
- Formation par apprentissage (cursus en 3 ans) – formation rémunérée sous statut apprenti : - Admission après DUT (R&T, GEII, MP), un BTS (IRIS, SE) ou une licence pro.
- Formation continue (18 mois en présentiel ou 36 mois à distance) – VAE : Admission des titulaires d'un Bac+2 avec expérience professionnelle.

Nos domaines : télécommunications – informatique & réseaux – internet & multimédia – communications mobiles – systèmes d'information
Salaire de début : 36 000 €
Débouchés : Sociétés de Services et d'Ingénierie en Informatique (SII), ingénierie, conseil et audit, opérateurs télécom & services, éditeurs de logiciels, industrie télécom et électronique, recherche, enseignement...
Métiers : ingénieur réseaux et télécoms, chef de projet, ingénieur recherche & développement, expert en sécurité informatique, ingénieur web et e-commerce, consultant, créateur d'entreprise...

Annexe A.11 – Liste des présidents de l'Association des Diplômés des Mines de Douai depuis sa fondation

Désiré **Storet** (Promo 1880) 1886-1898
César **Waterlot** (Promo 1895) 1898-1924
Gustave **Tison** (Promo 1909) 1924-1928
Jules **Lévêque** (Promo 1897) 1928-1931
Georges **Quembre** (Promo 1897) 1931-1934
Marc **Péronnet** (Promo 1903) 1934-1946
Emmanuel **Bertiaux** (Promo 1913) 1946-1951
Maurice **Payen** (Promo 1910) 1951-1961
Raoul **Panse** (Promo 1934) 1961-1966
Édouard **Grandame** (Promo 1922) 1967-1967
Camille **Rogez** (Promo 1942) 1968-1972
Georges **Cancade** (Promo 1957) 1973-1978
Jean **Colliot** (Promo 1935) 1979-1983
Jean **Vassal** (Promo 1952) 1983-1985
Charles **Clément** (Promo 1951) 1985-1990
Bernard **Lemoine** (Promo 1975) 1990-1992
Daniel **Cappelle** (Promo 1981) 1992-2003
Yves **Lefin** (Promo 1977) 2003-2011
Jean-Marie **Duvivier** (Promo 1973) 2011-2016
Mathieu **Charbonnier** (Promo 2010) 2016-

Annexe A.12 – Anciens élèves morts pour la patrie ou victimes du devoir professionnel

MORTS POUR LA PATRIE	
CAMPAGNE DU TONKIN (1883)	
1878	COLLENEY Edesse
1914 - 1918	
1897	DECOUX Paul et DENIS Léonard
1898	MANIEZ Charles
1899	GALLET Édouard
1900	CARPENTIER François
1901	LAURENT Léon LAVILLE Jean RICHEZ Émile et SENECAUX Adonis
1902	BOULVAIN René et DUCASTEL Odile
1903	GRENIER Germain PAYRE Marius REGERAT Eugène THIBON Féréol et VIGNON Louis
1904	AUCLAIR Armand HOURDEQUIN Oscar JEAN Eugène et RENONCOURT Victor
1905	ALLARD Émile BIBAL Georges BOULANGE Louis COLOMER François HAYEZ Louis HENRY Pierre et PRUVOST Benjamin
1906	FLAMENT Albert MARTIN Achille et VILLECHENON Alphonse
1907	COLLIER Victor et PROUST Marcel
1908	AUBERT Achille BEYLIER Georges LHERNOUD Henri LHOTELLERY Arthur MARTY Maurice et TOURRAND Eugène
1909	BRAUD Paul DUBOIS Albert et ROMIEU Marcel
1910	BOUTEILLE Jules CAULIEZ Gaston COUTURE Émile DUMAS Georges LESIEUR Louis MOULLET Albert PAUL Jean-Baptiste et PROUST Jean
1911	BLONDEL Eugène CARPENTIER François DELPLANQUE Henri DUBOISSET Louis LAFONT Félix RICOU Louis ROULOT Maurice et SIRIEX Maurice
1912	BLAISE Marcel CADY Gustave DAMBRINE Léon DAUBRESSE Edmond DELORAINE Abel FOUGÈRE Émile FRESIER Marcel GAZUT Henri GUINOU Claude GUYOT François LIÉTARD René ROUVELET Édouard RUBAN Jules et THOMAS Louis
1939 - 1944	
1906	RAYNAUD Clément
1907	MARCHAL René
1911	BOYER René
1925	DE TONQUEDEC Yves
1928	LEDRUT Pierre
1929	GRAILLOT André
1930	DUMAS Alexandre MAYEUR Arthur
1931	LEFEBVRE Henri MOUNET Jean FOURDRAINE René DELPLANQUE Simon THOREL André
1932	FLAHAUT Charles
1934	BISIAU Charles
1935	ARDENEUS André DUCHENE Siegfried
1941	PERRIN Paul
Guerre d'Indochine	
1934	BOUTEMY François
Guerre d'Algérie	
1959	FLOTAT Jacques 1961

MORTS VICTIMES DU DEVOIR PROFESSIONNEL	
Catastrophe de courrieres 10 mars 1906 REGERAT Antoine (Élève) CAPRIAUX Odelsent 1885 CARRIERE Charles 1889 CARRIERE Damas 1902 GAYET Édouard 1891 GUYOT François 1899 HAYEZ Alexandre 1885 LAURENT Émile 1880	
DETERNE Bravy 1893 Houillères de DECAZILLE 1896	
VERMECHE Henri 1880 Mines de NOEUX 1897	
BACQUART Victor 1892 Mines de DOURGES 1899	
PONCHAUX Joseph 1887 Mines de FLINES LES RACHES 1899	
MARISSIAUX Édouard 1883 Mines de DROCOURT 1900	
THIREAU Henri (Élève) Houillères de DECAZEVILLE 1903	
LAMENDIN Arthur 1901 Mines de LIEVIN 1903	
BLANQUET Georges 1897 Mines de LIEVIN 1905	
CROENNE Roland 1901 Mines de CASTILLA 1910	
GOUY Paul 1907 Mines de SIDI-MAROUF Algérie 1912	
CHEVALIER François 1905 Mines de KENADSA 1920	
GOSTIAUX Henri 1903 Mines de MAY SUR ORNE 1928	
BIDEAU Paul 1920 Mines de LA LUCETTE 1929	
DUFOUR Émile (Élève) Houillères de PETITE ROSSELLE 1929	
CANION Émile 1898 Mines de l'ESCARPELLE 1932	
HAYEZ Henri 1905 Mines de VICOIGNE 1932	
BOURGOIN Jean 1922 Mines d'ANICHE 1935	
LEISTENCHNEIDER Léon 1921 (1936) Fortifications du MONTLIBERT (Ardennes)	
DUHEM Gustave 1932 Houillères de PETITE ROSSELLE 1937	
VINCENT Ferdinand 1927 Mines de MARLES 1940	
TROUILLAS Fernand 1924 Société du Nord d'ALAIS 1942	
KLASER Jean 1933 Houillères de PETITE ROSSELLE 1943	
CONTESSE Georges 1922 Houillères de PETITE ROSSELLE 1943	
JAUSSAUD Élie 1910 Usines de SALINDRES (Gard) 1945	
GOURDIN François 1942 Mines de BETHUNE 1946	
BEUGIN Florent 1930 Assassiné à PHAN-ME (Tonkin) 1945	
DELENGAIGNE Émile 1932 Mines de KENADZA 1948	
BACQUEVILLE Émile (Élève) Mines de MAY-SUR-ORNE 1953	
VALIN Henri 1948 Mines des Terres Rouges 1953	
BARRANCA Jean 1930 Assassiné Phosphates de GAFSA (Tunisie) 1955	
MAGNAVAL Jean-Louis 1929 Assassiné Mines d'AIN BAR-BAR (Algérie) 1958	
KLINKERT Charles 1934 H.B. LORRAINE 1959	
FORRISSIER Augustin 1953 Mine des CLOSIS (Htes Alpes) 1959	
LACROIX Jean 1947 Mine de RONCOURT 1960	
BECK Christian 1927	H.B. LORRAINE 1961
LUX Marcel 1932	
CARPENTIER Roger 1943	
DEBEFFE Robert 1948 THIONVILLE 1963	
FRUCHART André 1947 H.B.N.P.C. LENS-LIEVIN 1964	
RAVEL Pierre 1933 Assassiné au CONGO 1964	
DUBOIS Émile 1941 H.B.N.P.C. BETHUNE 1966	
AUGAIT Léonce 1942 H.B. Lorraine 1966	
LALLEMAND Lucien 1945 Mine de JOUDREVILLE 1974	
HÉNEL Pierre 1954 Argiles du Bassin de PROVINS 1976	

Annexe B.1 – Charles Clément

Charles Clément, président de l'*Association* des Diplômés de l'*École* de 1985 à 1990, était un fidèle de Jules Mousseron.

Le 28 novembre 1993, il célèbre le cinquantenaire de la mort de son ami en présentant au théâtre de Denain un spectacle dont son camarade de promotion Aldo Petrucci fait dans un bulletin de l'*Association* une présentation saisissante.

Charles Clément (Promo 1951) chez Jules Mousseron.

Par Aldo Petrucci (Promo 1951)

« Jules Mousseron, mineur-poète patoisant, disparu en 1943, raconteur fidèle du quotidien des corons, en des vers merveilleux de justesse et d'affectueuse truculence, mousseuse comme la bière dégustée après le poste, en compagnie du Zeph ou du Polyte, dans ce coquin d'estaminet installé comme par hasard sur le chemin de la maison.

Des vers dont chaque syllabe laisse percer toute l'amitié solidaire et généreuse du monde des mineurs, à travers les discrets effluves du café chaud offert par la Germaine à ses papoteuses voisines, pendant que les hommes, incapables d'échapper à leur dévorant métier mêlent dans une joyeuse confusion la taille et le potager, le pic et le billon, les gaillettes et les gardons.

Et, en ce dimanche 28 novembre 1993, pour la commémoration du cinquantenaire de sa mort, les fidèles assemblés dans une salle comble, célèbrent avec une attendrissante ferveur la mémoire de ce BRASSENS du patois rouchi.

Le magnifique théâtre de Denain paraît construit sur mesure pour accueillir cet hommage intime.

Rond, comme pour préserver la confidentialité de la cérémonie, ses ors et ses velours lui donnent des allures de salon où l'on vient pour déguster la tendresse chuchotée et les petites joies restées dans les mémoires.

La scène est nue, à l'exception d'une petite chaise en bois, pour bien montrer que l'on n'est pas là pour admirer du grandiose d'apparat, mais pour recueillir des aveux de bonheur, parfois de tristesse, toujours d'émotion.

La troupe folklorique polonaise qui assure la première partie du spectacle semble s'adapter aux circonstances.

Ses danses et ses chants racontent des scènes de la vie des différentes provinces de son pays, avec une fraîcheur communicative que le public apprécie sans retenue.

Entr'acte au cours duquel on peut admirer une superbe collection de photos et manuscrits de Jules Mousseron, en avant-goût du festin qui allait nous être servi, comme pour mieux nous donner l'envie d'en découvrir la subtile profonde humanité.

À la reprise, aucun bruit, si ce n'est celui de l'attente silencieuse.

En quelques phrases, le présentateur situe Charles Clément, l'ancien instituteur passé par l'École des Mines pour terminer sa carrière professionnelle comme Ingénieur Divisionnaire des H.B.N.P.C.

Le show peut démarrer.

Charles Clément arrive du fond de la salle et se dirige vers la scène, lentement, juste le temps de se composer un visage avant de frapper les trois coups.

Dès le premier poème, l'osmose est totale entre l'acteur et son public.

Mais peut-on parler d'acteur et de public ?

Nous sommes en famille, installés dans le même rêve, dans la même vie qui devient elle-même théâtre.

Durant 90 minutes, dans une époustouflante performance de sa mémoire, Charles Clément va imposer au temps une suspension de 10 000 vers, sans une hésitation, simplement interrompue à la fin de chaque séquence par l'enthousiasme de l'assistance.

Il se déplace calmement, à pas réguliers et presque feutrés.

Lorsqu'il veut accentuer un effet, ses bras, ses mains, parfois seulement ses doigts apportent à sa parole le décor désiré.

En même temps, dans un mimétisme total, ses yeux et son visage expriment un jeu subtil, deviennent futiles ou graves ironiques ou incrédules, mélancolique ou joyeux.

On pense à la palette d'un peintre, ou à quelque magicien déguisé en lutin, capable d'habiller la vérité de tous les jours d'une liturgie légère. Charles Clément ne récite pas Jules Mousseron.

Dès les trois coups, il s'est déguisé, il est Jules Mousseron.

Et, il est heureux comme si le fait d'être quelqu'un d'autre lui procurait la sensation grisante d'être davantage lui-même.

Cafougnette, le Zeph, le Polyte, la Germaine, la Mélanie, la Fosse, la pinte de bière, les cancans, les petites disputes, les confidences, l'Ingénieur, l'enfant et son certificat d'études, tous les évènements, toutes les situations composent un kaléidoscope de saynètes plus vraies que nature, où la truculence le dispute à l'espièglerie.

Et puis, soudain, l'émotion se fige, la voix devient un murmure pour évoquer l'affectueuse complicité du mineur et de la petite souris.

La bestiole assure sa subsistance en chapardant quelques miettes au briquet du mineur, mais l'homme sait bien que la présence de l'animal est une garantie de sa propre existence. Surprenant et symbolique raccourci de la vie.

Un peu plus tard, ce délicat et sublime hommage, tout d'amoureuse reconnaissance de Jules Mousseron à sa grand-mère Lallie, Charles Clément s'est assis sur la chaise en bois, le ton devient intérieurement confidentiel, la tendresse submerge la salle, le public est littéralement en apnée comme pour mieux se délecter des bulles d'enfance qui surgissent des mémoires et embuent les regards.

Les dernières syllabes sont prononcées d'une voix soudain un peu plus rauque.

Sous la lumière des projecteurs, les yeux de Charles Clément brillent, ses lèvres tremblent légèrement.

Alors que l'ovation reconnaissante déferle, il baisse la tête quelques instants, comme pour se donner le temps de refaire surface après ces minutes de don total.

On entame le final où l'on retrouve les personnages et les situations qui ont composé l'existence de Jules Mousseron.

Les récits sont palpables d'une vérité dont aucun maquillage cabot ne vient cacher les secrets.

L'hommage rendu à l'immortelle mémoire du mineur-poète se termine dans une communion totale entre le récitant et le public.

Et lorsque dans une ultime inspiration, Charles Clément invite les spectateurs à chanter avec lui « Quand il est mort le poète », la magie opère encore pour transformer cette assemblée disparate en chœur superbe.

Alors que les applaudissements le retiennent longtemps prisonnier sur cette scène nue comme les vérités de Jules Mousseron, Charles Clément balaie lentement la salle de ses yeux, brillant d'émotion et de plaisir.

Son regard accroche celui de son vieux camarade d'École et, pendant un bref instant qui vaut une éternité, ils sont tous deux isolés du monde, dans le cocon de leur fraternelle amitié, et dans un sentiment de reconnaissance mutuelle, pour avoir été là et pour le bonheur procuré. »

Annexe B.2 – Les Corons - Pierre Bachelet

Album : *10 Ans pour Toujours*

Refrain : Au Nord c'était les corons
La terre c'était le charbon
Le ciel c'était l'horizon
Les hommes des mineurs de fond

Nos fenêtres donnaient sur des fenêtres semblables
Et la pluie mouillait mon cartable
Mais mon père en rentrant avait les yeux si bleus
Que je croyais voir le ciel bleu
J'apprenais mes leçons la joue contre son bras
Je crois qu'il était fier de moi
Il était généreux comme ceux du pays
Et je lui dois ce que je suis

Et c'était mon enfance et elle était heureuse
Dans la buée des lessiveuses
Et j'avais les terrils à défaut de montagne
D'en haut je voyais la campagne
Mon père était gueule noire comme l'étaient ses parents
Ma mère avait des cheveux blancs
Ils étaient de la fosse comme on est d'un pays
Grâce à eux je sais qui je suis

Y'avait à la maire le jour de la kermesse
Une photo de Jean JAURÈS
Et chaque verre de vin était un diamant rose
Posé sur fond de silicose
Ils parlaient de trente six et des coups de grisous
Des accidents du fond du trou
Ils aimaient leur métier comme on aime un pays
C'est avec eux que j'ai compris

Au nord c'était les corons
La terre c'était le charbon
Le ciel c'était l'horizon
Les hommes des mineurs de fond
Le ciel c'était l'horizon
Les hommes des mineurs de fond

Annexe B.3 – Chansons du monôme

La Prière à Saint Fabien

St Fabien descendez en nous
St Fabien descendez en nous
Embrasez notre cœur
De vos feux, de vos feux les plus doux
Embrasez notre cœur
De vos feux, de vos feux les plus doux et les plus doux
Non, non dit St Fabien je ne descendrai pas
Non, non dit St Fabien je ne descendrai pas
Car si papa y savait çà tra-là-là (bis)
Il dirait ohé, il chanterait ohé
Tu n'sais pas comment l'on danse
Tu ne connais pas la cadence
Tu ne sais pas danser au pas cadancé
Au pas camarade, au pas camarade, au pas, au pas, au pas
Au pas camarade, au pas camarade, au pas, au pas, au pas
Au pas au pas
Avec, Avec du poil sous les roses, sous les roses.

Avenir des Anciens

De nos aînés enviant la carrière,
Nous fréquentons l'École des Mineurs.
Le pic en mains, l'allure mâle et fière,
Fouiller le sol sera notre labeur.
Si du travail nous connaissons les charmes
Et si du vin nous savons la douceur,
Le verre en mains, les yeux exempts de larmes,
Gais et joyeux nous chanterons en choeur :
Refrain
Verse encore, verse jusqu'à la lie
De ce vin qui réveille les morts,
Et leur fait regretter la vie,
Verse encore, à plein bord,
De ce bon jus divin qui réveille les morts.
Verse encore, à plein bord,
De ce bon jus divin qui réveille les morts.

Mais si du vin la douceur nous enivre,
Ce n'est pas là notre seul agrément,
Car Cupidon assez souvent nous livre
À peu de frais ses trésors engageants.

Bien que parfois de ces jolies éphémères,
Quelques ennuis remplacent les plaisirs
Toujours contents, nous lèveront nos verres,
Et redirons ce refrain à plaisir :

Si les plaisirs sont faits pour nous distraire,
Il ne faut pas cependant oublier
Que nous avons à suivre une carrière,
Et qu'ingénieurs nous devons arriver.
Tout en allant de la brune à la blonde.
Promettons-nous de suivre nos aînés,
Et puisqu'ils ont tous parcouru le monde,
Continuons ce qu'ils ont commencé.

Annexe B.4 – Peñarroya

Extrait d'un texte paru dans les « Annales des Mines » (août 2008) :
La société minière métallurgique de Peñarroya, sous la signature de Gilbert Troly.

« Une longue période s'est écoulée entre la création de Peñarroya (en Espagne) et l'existence de mines lui appartenant en France. La société avait bien acquis la concession de Pierrefitte (une mine de plomb, dans le département des Hautes-Pyrénées), en 1917.

L'exploitation commença en 1940. Le recrutement était difficile, les travaux d'infrastructure onéreux. Finalement, la mine fut fermée en 1969. Une importante participation a été prise dans la mine de plomb argentifère de La Plagne (dans le département de la Savoie), ainsi que la gestion de celle-ci. L'exploitation cessa en mars 1973. La mine de l'Orb (dans le Vaucluse), qui avait été ouverte en 1909 et cessa son activité en 1938, fut reprise par Peñarroya en 1940. Elle employait huit cents ouvriers, avec une production de 420 tonnes de minerai par jour. Son arrêt définitif date de 1954, par épuisement des réserves. Plusieurs mines, connues depuis longtemps et ayant fait épisodiquement l'objet de petites exploitations, furent reprises par Peñarroya, mais sans grand succès, et elles furent abandonnées assez rapidement : Saint-Sébastien d'Aigrefeuille (Gard), Peyrebrune (Tarn), La Loubatière (Aude), Villemagne (à Camprieu, dans le Gard) (plomb et cuivre argentifère).

Cette recherche d'exploitations en France, après la guerre, était essentiellement basée, à ses débuts, sur le réexamen de gisements connus, ayant fait l'objet d'exploitations partielles, dont certaines étaient cependant importantes pour l'époque. Ainsi de La Plagne qui, depuis 1810, avait produit non moins de 140 000 tonnes de plomb et 360 tonnes d'argent.

Dès les années 1950, le service géologique de la Peñarroya, qui venait d'être créé, entreprit des études et des prospections dans certaines régions françaises. C'est ainsi que, sur la bordure sud des Cévennes, le district de Largentière (en Ardèche) fut sélectionné. La géochimie, alors à ses débuts, fut réalisée, six ans après, un gisement fut découvert et la mine fut ouverte en 1964. De 1964 à 1988, neuf millions de tonnes de minerai, contenant 340 000 tonnes de plomb, 65 000 tonnes de zinc et 700 tonnes d'argent, furent extraites. Peñarroya reprend en 1947 l'exploitation d'un gisement, Les Malines (à Saint-Laurent-le-Minier, dans le Gard), déjà exploité dans le passé. Les années 1961 à 1963 sont préoccupantes, mais des études géologiques poussées et des sondages mettent à jour des extensions et, à la fin des années 1960, la capacité de la laverie passe à mille tonnes par jour. In fine, de 1947 à 1980, la production a été proche d'un million de tonnes de métal (surtout du zinc, avec du plomb associé), ce qui place Les Malines parmi les beaux gisements européens. Le gisement de Saint-Salvy-de-la-Balme (dans le Tarn) a été découvert par le BRGM en 1968, un syndicat de recherche est crée, mais Peñarroya poursuit seule. En 1973, la mine est ouverte. La production est de 900 tonnes par jour, le minerai titrait à 12 % de zinc. Les concentrés sont évacués de Castres sur la fonderie de Peñarroya située à Noyelles-Godault (dans le Pas-de-Calais). Une spécificité du gisement est sa teneur en germanium dans de la blende – une teneur parmi les plus élevée au monde. Noyelles-Godault ayant mis au point un procédé métallurgique permettant de récupérer ce métal précieux, Peñarroya a été l'un des premiers producteurs mondiaux de germanium pendant toute la durée de vie de la mine de Saint-Salvy.

Le Bourneix (dans la Haute-Vienne), est un gisement d'or qu'ont développé le BRGM et Peñarroya, et qui a été finalement vendu à la Cogema.

Les quatre gisements ci-dessus ont été fermés, en raison de l'épuisement des réserves. Dans les années 80, l'espérance de réussite dans la recherche d'un gisement métallique en France est devenue faible ».

Annexe B.5 – Liste des Membres du Conseil d'Administration

Présidente du Conseil :

Mme Thérèse Martinet

Personnalités qualifiées :

- Mme Martine Bourdon – Colas
- Mme Pascale Orjubin, Responsable des Ressources Humaines – Chef d'Établissement du site VALÉO-BOBIGNY
- M. Dominique Frete, Vice Président de la Fédération de la Plasturgie
- M. Louis-Philippe Blervacque, Directeur du Bureau d'études AIRELE
- M. Étienne Corteel, Délégué Régional EDF Nord Pas-de-Calais
- M. Jean-Marie Duvivier, Président de l'Association des diplômés Mines de Douai

Représentants de l'État :

Industrie :

- M. Emmanuel Caquot, Chef de la Mission de Tutelle des Écoles
- M. Brice Cantin, Sous-Directeur de la gestion des personnels et des parcours professionnels au MEIN
- M. Jean-François Benevise, Directeur de la DIRECCTE Nord Pas-de-Calais

Budget :

- M. Bernard Pineau, Directeur Régional des Finances Publiques du Nord Pas-de-Calais

Recherche :

- M. Stéphane Leleu, Délégué Régional à la Recherche et à la Technologie Nord Pas-de-Calais

Enseignement Supérieur :

- M. Luc Johann, Recteur de l'Académie de Lille

Représentants des collectivités territoriales :

- M. X., représentant du Conseil Régional du Nord (en cours de nomination)
- M. X., représentant du Conseil Départemental du Nord (en cours de nomination)
- Mme Blandine Drain, représentante du Conseil Départemental du Pas-de-Calais
- M. Frédéric Chéreau, Maire de Douai

Représentants élus du personnel :

- M. Gérard Bourse (professeurs)
- Mme Catherine Douchain (enseignants-chercheurs)

- Mme Yvelise LamarqueE (personnels administratifs)
- M. Dominique Dubois (personnels techniques, ouvriers et de service)

Représentants élus des élèves :

- Mlle Ophélie Delporte (formation initiale)
- M. Romain Carlino (formation initiale)
- M. Sébastien Blanc (formation continue diplômante ou en spécialisation diplômante)
- M. Tristan Lecomte (élèves-chercheurs)

Assistent au Conseil avec voix consultative :

- M. Daniel Boulnois, Directeur
- M. Jean de Zelicourt, Directeur-Adjoint
- M. Alain de Mets, Directeur Délégué à la Recherche
- M. Raymond Chevallier, Directeur des Études et de la Formation
- M. Kader Amara, Secrétaire Général
- Mme Claire Hoguet, Agent comptable de l'*École*
- M. Pierre-Laurent Simoni, Contrôleur Financier de Région
- M. Philippe Jamet, Directeur Général de l'Institut Mines-Télécom

Invités Extérieurs :

- M. Luc Rousseau, Vice Président du Conseil Général de l'Économie, de l'industrie, de l'Énergie et des Technologies
- Mme Patricia Renaud, Directrice d'ARMINES
- M. Jean-Christophe Camart, Président de l'Université de Lille 1
- M. Stéphane Bette, Directeur de l'inGHenia
- M. Narendra Jussien, Directeur de Télécom Lille
- M. Jacques Tricot, Président du Conseil d'Orientation de Télécom Lille
- M. Pierre-Jean Leduc, Président de l'ISPA - Président Directeur Général de Dedienne Multiplasturgy Group
- M. Franck Steunou, Directeur de l'ISPA

Membres du Conseil de Direction de l'École et autres participants

- M. Marc Bonpain
- M. Patrice Coddeville
- M. Arnaud Gauthier
- M. Philippe Hasbroucq
- Mme Patricia Krawczak
- M. Jean-Paul Poissseroux
- Mme Brigitte Pellerin
- Mme Brigitte Sprimont

Annexe C.1 – Présentation des IIM (1980)

Présentation faite en 1981 par Michel Poinsignon

« L'Ingénieur des Travaux Publics de l'État (Mines), nous dirons l'Ingénieur TPE (Mines) sans jamais omettre ni abréger la parenthèse qui reste accrochée à son titre comme une sorte de décoration, la référence à un modèle déposé, une garantie... bref, l'Ingénieur TPE (Mines), disions-nous, devait bien assurer lui-même sa propre publicité et la soigner comme il convient.

Bien des choses ont été dites et écrites sur le Service des Mines et sur le Corps des Ingénieurs des Mines qui le dirige. Bien peu de choses, en revanche, ont été dites et écrites sur le Corps des Ingénieurs TPE (Mines) qui le fait fonctionner.

Raconter l'histoire de ce Service sans mentionner celle des Ingénieurs TPE (Mines) reviendrait à ne retenir du Cinéma que la performance des producteurs et des metteurs en scène sans même évoquer celle des acteurs !

Notre intention n'est pas, bien entendu, d'amoindrir en quoi que ce soit la qualité, le mérite et le prestige incontestés des Ingénieurs du Corps des Mines, bien au contraire puisqu'il s'agit cette fois, et pour une fois, de mettre en avant la qualité, le mérite et la valeur incontestables de leurs adjoints directs, ce qui ne peut que contribuer à rehausser l'éclat du Service tout entier.

À une époque où l'Administration doit devenir transparente comme l'eau claire pour le plus grand bien de l'Administré et, pourquoi pas, pour son plus grand bien à elle aussi, il nous a semblé que l'Ingénieur TPE (Mines), ce touche à tout, ce touche à trop devait, à son tour, se faire connaître pour se faire reconnaître, par les siens d'abord, les anciens, les modernes et tous ceux qui les rejoindront plus tard par les autres Corps du Service, par les autres Administrations et surtout par le Public lui-même.

Le Service des Mines était, il n'y a pas si longtemps encore, une enceinte close, jalousement gardée et réservée. Ces temps sont révolus ou en passe de l'être. L'évolution accélérée de la Société a contraint le Service à s'ouvrir, à se réformer, à se découvrir, en fin de compte à s'enrichir. Ce n'était pas si facile mais c'était fatal. Dans ce contexte perturbant mais passionnant, l'Ingénieur TPE (Mines) détient encore dans ses domaines d'intervention si nombreux, et par sa position sur le terrain, une parcelle du pouvoir de la puissance publique ; pouvoir naguère non partagé et donc exorbitant lorsque l'on est mal préparé à en user. Il y a eu des abus, c'est sûr. Les exigences nouvelles de la Qualité de la Vie, quelque peu désordonnées au départ, se sont structurées, ont entraîné l'éveil vigoureux et agressif du phénomène associatif et le bouleversement d'un bon nombre de règles du jeu. L'Ingénieur TPE (Mines) était placé idéalement, toujours grâce à sa situation sur le terrain, pour apprécier ce phénomène. Il a d'abord observé, incrédule. De quoi ! le public prenait la parole et contestait ses décisions ! Les élus eux-mêmes, jusque-là si dociles vis-à-vis de la technique et si confiants à l'égard des techniciens superbes, cherchaient à comprendre, y parvenaient et prenaient les décisions à leur compte ! Alors, pragmatique, après cependant quelques mouvements d'humeur et conflits plus ou moins intérieurs, l'Ingénieur TPE (Mines), contraint de se remettre en cause, a joué le jeu. Il a dû affiner ses avis, affûter ses arguments et étayer comme il se devait les propositions qu'il présentait. Il a dû élargir son champ d'action et ses compétences pour tenir compte des exigences nouvelles, légitimes et imparables qui se développaient. Il a pris le vent et, ayant acquis de nouveaux réflexes, il a gagné en crédibilité en devenant autre chose. Il est devenu l'Ingénieur TPE (Mines) modèle 1980, celui que l'on voudrait tenter de raconter, par son histoire d'abord, par ses missions ensuite, par sa formation aussi et enfin par les événements possibles de sa vie quotidienne à l'heure actuelle : en somme, l'Ingénieur TPE (Mines) raconté par lui-même.

Un peu d'histoire

Henri IV, en juin 1601, et pour nous il s'agit là véritablement de préhistoire, proclama un édit sur les mines et minières et créa ce que l'on appellerait aujourd'hui un G.M.G.S, ce qui signifie tout bonnement un « Grand Maître Général Superintendant », ainsi d'ailleurs que divers autres officiers, chargés de la surveillance des mines.

Après 1810, date fameuse à laquelle Napoléon 1er créa le Corps Impérial des Mines dont l'uniforme bleu comportait de si jolis boutons dorés représentant l'Aigle et désignant le Corps, plusieurs textes successifs organiseront le détail des fonctions et de la carrière des Ingénieurs des Mines.

Mais entrons dans l'histoire proprement dite.

Le 5 avril 1837, le Directeur des Ponts et Chaussées et des Mines suggérait, dans un courrier adressé à son Ministre, la constitution d'un cadre spécial de « Conducteur des Ponts et Chaussées, Gardes-Mines, Voyers souterrains ou autres ». Près de trois ans de réflexions et, on pourrait l'imaginer, de dures négociations furent nécessaires alors pour aboutir, le 18 février 1840, à la signature d'un Arrêté du Ministre, Secrétaire d'État des Travaux Publics, instituant des « Agents Spéciaux, désignés sous le titre de Gardes-Mines, pour seconder Messieurs les Ingénieurs des Mines dans les divers détails de leur Services ».

Il s'agit là réellement de notre acte de naissance.

Agents Spéciaux nous fûmes donc à l'origine, car ces Gardes-Mines, furent bien nos grands anciens, les ancêtres de l'actuel Ingénieur TPE (Mines). Chose assez curieuse, ce titre original de Gardes-Mines a été pris et conservé, à travers les ans et les réformes, au pied de la lettre car, effectivement le Corps garde « Mines » dans sa dénomination, aujourd'hui encore, et nul n'envisage, pour l'avenir, de s'en défaire.

Le 24 décembre 1851, Louis-Napoléon Bonaparte, Président de la République, signe l'important décret portant règlement pour le Service des Mines.

Les fonctions des Gardes-Mines y sont précisées : « ils seconderont les Ingénieurs des Mines en ce qui concerne la surveillance de police des exploitations des mines, minières, carrières et tourbières, des usines et ateliers de lavage des minerais de fer, les levés et copies de plans superficiels et souterrains, la surveillance de police des appareils à vapeur et du matériel de chemins de fer, etc. »

Vaste programme !

Institution des Gardes-Mines

18 février 1840.

Nous, ministre secrétaire d'État des Travaux Publics,

Vu la loi des finances, du 10 août 1839, portant allocation au chapitre VII du budget du Ministère des Travaux Publics (matériel des mines ; services divers), d'un crédit destiné à la création d'un certain nombre d'agents secondaires pour aider les Ingénieurs dans la surveillance des mines, minières, carrières, etc. :

Vu les lois, règlements et instructions relatifs à cette surveillance ;

Vu l'avis du conseil général des Mines, en date du 9 janvier 1840 ;

Sur le rapport du sous-secrétaire d'État des Travaux Publics,

Avons arrêté ce qui suit :

ARTICLE PREMIER. - Des agents spéciaux, désignés sous le titre de Gardes-Mines, sont institués pour seconder MM. les Ingénieurs des Mines dans les divers détails de leur service.

Quand leur surveillance s'étendra aux carrières, tourbières, usines, etc., ils seront désignés sous le titre de Gardes-Mines surveillants des carrières, des tourbières, des usines etc.

ART. 2. - Les traitements de ces agents seront divisés en cinq classes, ainsi qu'il suit :

1er classe...................................	1.800 fr.
2e -	1.500
3e -	1.200
4e -	900
5e -	600

Ces allocations comprennent les frais de tournées, de déplacements, et tous autres frais auxquels les Gardes-Mines sont assujettis pour leur service.

Les Gardes-Mines actuellement en exercice, dont le traitement serait supérieur aux allocations ci-dessus fixées, le conserveront.

Le cadre des Gardes-Mines comprenait alors 75 agents répartis en cinq classes qui étaient recrutés par concours parmi le personnel d'encadrement de l'Industrie extractive et, par nomination directe, parmi les élèves brevetés des Écoles des Mines de Paris et de Saint-Étienne. À partir de 1883, les trois premiers élèves sortis de chacune des promotions des Écoles des Maîtres Mineurs d'Alès (on écrivait Alais) et de Douai purent postuler et devenir Gardes-Mines, également par nomination directe.

Est-ce un effet de cette ouverture dans le recrutement ? Toujours est-il que dès le 12 juillet 1884, quinze Gardes-Mines réunis à Paris fondèrent « l'Association Amicale des Gardes-Mines ». L'exemple était donné, il ne devait pas être perdu.

Autre date importante de notre histoire : 13 février 1890. Cinquante ans après leur création presque jour pour jour, les Gardes-Mines, aux termes d'un nouveau décret, changent d'appellation et prennent le titre de « Contrôleurs des Mines », nettement plus en rapport avec la nature de leurs attributions. En même temps, un grade de second niveau est institué qui comporte trois classes et qui est appelé « Contrôleur principal des Mines ».

Douze années plus tard, le 6 avril 1902, l'histoire s'accélérant, un troisième niveau est créé. Les Contrôleurs principaux des Mines remplissant depuis cinq ans au moins des fonctions d'Ingénieur, se voient attribuer le titre de Sous-ingénieurs des Mines, ce qu'ils étaient effectivement. Cependant, la réalité s'accordant quelquefois mal avec le sens que l'on retient des mots, l'appellation de « Sous-Ingénieur des Mines » fut relativement vite, le 27 décembre 1903, remplacée par celle « d'Ingénieur Auxiliaire des Mines » qui, somme toute, rendait aussi bien compte des positions hiérarchiques dans le Service et n'avait pas l'inconvénient d'introduire une perfide allusion évoquant en quelque sorte un Ingénieur au rabais.

En 1904, notre Corps comporte donc trois nivaux de grades. Cet état se maintient jusqu'au décret du 29 juin 1920 par lequel deux niveaux seulement subsistent, ceux d'Ingénieur et d'Ingénieur-adjoint des Travaux Publics de l'État (Service des Mines). C'est à cette année-là que remonte le titre que nous portons aujourd'hui. Le Service des Mines et celui des Ponts et Chaussées étaient communs et étaient naturellement rattachés à un même Ministère, celui des Travaux Publics. Les Ministères sont éphémères, celui des Travaux Publics a disparu depuis longtemps, mais leurs effets sont durables et notre titre actuel a dépassé soixante ans (l'âge de la retraite) sans qu'il ait de lien réel avec nos préoccupations. Nous avons eu seulement pour quelque temps avec le Service des Ponts et Chaussées un Directeur unique, et accessoirement et plus tard une possibilité de recrutement semblable par concours commun.

La réforme de 1920 a été codifiée dans le décret statutaire du 16 juin 1923 qui définissait les attributions et fixait les conditions de recrutement, de nomination et d'avancement des Ingénieurs et Ingénieurs-adjoints. Cet important texte est resté en vigueur jusqu'au 18 janvier 1965, date à laquelle est paru notre statut actuel, actuel mais plus nécessairement bien adapté, malgré cinq modifications successives, comme nous pourrions aisément le démontrer. Mais ceci est l'avenir qui, un jour, prolongera notre histoire.

À partir de 1965 donc, les Ingénieurs et Ingénieurs-adjoints des TPE (Service des Mines) sont tous dénommés Ingénieurs TPE (Mines) et reclassés à l'intérieur d'une grille unique comprenant une classe normale de huit échelons et une classe exceptionnelle dotée d'un seul échelon. Par ailleurs, un second niveau de grade est créé, le Divisionnariat ; le grade d'Ingénieur Divisionnaire des TPE (Mines) comporte cinq échelons et son effectif ne peut excéder, au départ, 10 % du Corps tout entier.

Ce pourcentage est passé ensuite à 18 %.

Le décret du 18 janvier 1965 définit l'activité des Ingénieurs TPE (Mines) comme participant, sous l'autorité directe des Ingénieurs du Corps des Mines, à toutes les activités du Service. Les Ingénieurs Divisionnaires, quant à eux, sont normalement chargés, sous l'autorité d'un Ingénieur en Chef des Mines, de services spécialisés ou à caractère mixte sur le plan d'une Division, du secrétariat général d'une Direction Régionale, d'un Groupe de Subdivisions ou de Chaires importantes d'enseignement dans les Écoles de Douai et Alès.

Pour terminer ce trop rapide historique, comment ne pas évoquer les réformes toutes récentes intervenues dans l'organisation du Service des Mines ?

Vues de très haut, on pourrait penser qu'elles ont eu peu d'influence sur le Corps des Ingénieur TPE (Mines) et pourtant.... Passer de 13 Arrondissements Minéralogiques à 17 Directions Interdépartementales de l'Industrie, avec le bref intermédiaire des Services Interdépartementaux de l'Industrie et des Mines, prendre en charge des missions nouvelles en réactivant les anciennes assister au doublement de l'effectif du Corps en dix ans, connaître des Directeurs qui ne sont plus nécessairement du Corps des Mines, toute cette évolution ne pouvait se faire sans remous, remises en question, mouvements divers et réflexions approfondies et inquiètes sur le Corps, ses fonctions, ses missions et ses moyens.

Les Ingénieurs TPE (Mines) font face ; ils sont jeunes et ils aiment leur métier ; ils s'interrogent pourtant sur la manière de lui conserver tout son intérêt pour le plus grand bénéfice de chacun. »

Annexe C.2 – L'APEMDAM

Association Amicale du Personnel de l'École Nationale des Techniques Industrielles et des Mines de Douai et de l'Arrondissement Minéralogique du Nord Pas-de-Calais

L'APEMDAM fut créée le 19 mai 1976 en parfait accord avec le directeur de ces deux entités, Monsieur André-Claude Lacoste.

Une contribution financière de démarrage fut accordée par l'*École* et l'Arrondissement Minéralogique.

1er Bureau constitué en 1976 :

- Président : Roland Daul (*École*)
- Vice Président : Marcel Piérin (Arrondissement Minéralogique du NPDC)
- Secrétaire : Patrick Bocquillon (*École*)
- Trésorier : Michel Bross (Arrondissement Minéralogique du NPDC)
- Conseil d'Administration composé de 18 membres dont 4 formant le Bureau

L'Association a pour objet de :

- créer et entretenir les liens amicaux entre les membres et le personnel
- organiser ou faciliter l'organisation des vacances ou voyages d'agrément du personnel et de leurs enfants
- organiser des achats groupés permettant de bénéficier de tarifs réduits dans divers domaines (jouets, articles de librairie, équipements de sport ....)
- faciliter aux membres du personnel l'exercice d'activités sportives et culturelles et leur permettre de bénéficier des œuvres sociales de l'Association

En mai 1976, création d'une revue trimestrielle intitulée « Mines de rien » détaillant, non sans une certaine dose d'humour, l'activité de l'APEMDAM.

Par décision de la tutelle en 2003, la DRIRE et l'*École* se séparent.

Par Assemblée Générale Extraordinaire en date du 11 juin 2010, le Conseil d'Administration de l'APEMDAM décide de ne pas dissoudre l'Association et valide la modification de ses statuts en accord avec Monsieur Jean-Claude Duriez, Directeur de l'*École*, ramenant à 12 les membres du Conseil et conservant son nom sous forme d'acronyme : APEMDAM

Les activités marquantes de l'APEMDAM :

- l'Arbre de Noël, qui fidélise nos adhérents et leurs enfants. Un succès grandissant grâce au spectacle, au goûter et à la distribution de jouets
- séjours de neige et voyages
- participation par famille à l'activité sportive

et ses grands événements :

- son 20e anniversaire en présence d'André-Claude Lacoste et les adhérents. Une

rétrospective illustrée de photos et un déjeuner en commun à l'Hôtel de Ville de Douai
- son 40e anniversaire en mai 2016.

Ci-après la liste des Présidents ayant contribué au rayonnement de l'APEMDAM depuis plus de 40 années :

M. Roland Daul (*École*)
M. Jean Moulin (DRIRE)
M. Jean-Pierre Rusek (*École*)
M. François Godin (DRIRE)
M. Raymond Durack (*École*)
Mme Chantal Bacon (DRIRE)
Mme Cécile Carpentier (*École*)

Annexe D.1 – L'ESM
L'École Supérieure de Métrologie

L'enseignement de la métrologie reste une particularité douaisienne dans le paysage des formations françaises d'ingénieurs.

Sont indiquées ci-dessous les étapes importantes qui ont ponctué l'évolution de cette spécialisation métrologie depuis le transfert en 1985, de l'école supérieure de métrologie (ESM) de Paris à Douai :

1985	Rattachement administratif de l'École Supérieure de Métrologie à l'ENSTIMD (arrêté n° 851102 du 27/09/1985)
1991	Article 2 du décret n° 91-1036 du 08/10/1991 mentionnant la responsabilité de l'ESM pour la formation d'ingénieurs spécialisés
1992	Diplômes à la dernière promotion d'élèves fonctionnaires de l'ESM
1996	Rapport du Comité d'Application des Sciences (CADAS) - « Quelle place pour la métrologie en France à l'aube du XXIe siècle ? « : refonte du mode d'intervention des services de l'État dans le domaine de la métrologie légale, développement des axes de recherche de la métrologie fondamentale en lien avec l'évolution des besoins industriels, structuration d'une offre de laboratoires accrédités, développement de programmes de formation (au divers niveaux) des spécialistes en métrologie
1999	Ouverture d'une nouvelle formation d'ingénieur de spécialisation de l'ESM et du mastère spécialisé en systèmes de mesure et métrologie de l'ENSTIMD accrédité par la Conférence des Grandes Écoles
2000	Habilitation de l'ESM par la CTI à délivrer un titre d'ingénieur en tant que formation spécialisée à compter de l'année scolaire 1999-2000 pour une durée de 5 ans
2003	Habilitation de l'ESM par la CTI pour une période de 6 ans, à compter de l'année scolaire 2004-2005, à délivrer le titre d'Ingénieur diplômé de l'année de spécialisation de l'ESM de l'ENSTIMD
2009	Habilitation de l'ESM par la CTI pour une période de 1 an, à compter de l'année scolaire 2010-2011, à délivrer le titre d'Ingénieur de spécialisation de l'ESM de l'ENSTIMD
2011	Arrêt de la formation d'Ingénieur de spécialisation de l'ESM de l'ENSTIMD et poursuite du mastère spécialisé en systèmes de mesure et métrologie de l'ENSTIMD accrédité par la Conférence des Grandes Écoles

L'École des Mines de Douai

Bibliographie

Bibliographie

[1] TURION Cécile – L'École des Mines d'Alès de 1841 à nos jours – Villiers-sur-Marne : Phénix Éditions, 2002, 651 p.

[2] BIRCK Françoise – L'École des Mines de Nancy (ENSMN) : 1919-2012 : Entre université, grand corps d'État et industrie – Nancy : Presses Universitaires de Nancy & Éditions Universitaires de Lorraine, 2013, 419 p.

[3] GARÇON Anne-Françoise – Entre l'État et l'usine : L'École des Mines de Saint-Étienne au XIXe siècle – Rennes : Presses Universitaires de Rennes, 2004, 368 p.

[4] TORRES Félix – L'envol des cigognes : Histoire du groupe EMC – Paris : Albin Michel, 1999, 400 p.

[5] RIETSCH Michel – Du sel et des hommes : Un siècle de mines de potasse d'Alsace– Strasbourg : La Nuée Bleue, 2002, 125 p.

[6] VAROQUAUX Jean-Arthur – Les mines de fer : Histoire d'une profession – Paris : Chambre Syndicale des Mines de Fer de France, 1995, 276 p.

[7] Groupe Charbonnage de France 45 ans d'histoire du bassin minier NPDC - Relais 1991

[8] Houillères du bassin du Nord et du Pas-de-Calais – Le Bassin Minier du Nord et du Pas-de-Calais : 270 ans d'histoire – Houillères du Bassin du Nord et du Pas-de-Calais, 1991, 43 p.

[9] CREPEL Gilbert – Le haut pays minier : Histoire et technique– Montpellier : Espace Sud, 1995, 323 p.

[10] SACHS René – L'énigme d'un coup de grisou : L'enquête d'un rescapé de Sainte-Fontaine – Bouvigines : Éditions Nord Avril, 2009, 223 p.

[11] SCHWARTZMANN Raymond – Le drame de Courrières – Saint-Cyr-sur-Loire : A. Sutton, 2005, 160 p.

[12] Sous la direction de GARÇON Anne-Françoise & BELHOSTE Bruno – Les ingénieurs des Mines : Culture, pouvoirs, pratiques – Paris : Comité pour l'Histoire Économique et Financière de la France, 2012, 484 p.

[13] Société des anciens élevés de l'École nationale supérieure d'arts et métiers – Bicentenaire Gadz'arts – Paris : Société des Anciens Élèves de l'ENSAM, 1980, 855 p.

[14] SAINT RAYMOND Philippe – Une longue marche vers l'indépendance et la transparence – Paris : La Documentation Française, 2012, 262 p.

[15] Cour des comptes – La fin des activités minières – Paris : Direction des Journaux Officiels, 2000, 135 p.

[16] BOUGAMONT René – L'École des Mines de Douai et ses anciens élèves – Douai : Amicales des Anciens Élèves de l'École des Mines de Douai, 1993, 107 p.

[17] Association de littérature du nord – Nord' – Lille : Société de Littérature du Nord, 1984

[18] CAVANNA – Les enfants de Germinal – Paris : Hoëbeke, 1993, 161 p.

[19] Sous la direction de DUBUC André – Héros ou martyrs – Lewarde : Centre Historique Minier, 2010, 116 p.

[20] FECHNER Elisabeth – Paroles de mineurs : Identités, conditions et statuts des mineurs du Nord-Pas-de-Calais – Paris : Calmann-Lévy, 2001, 155 p.

[21] VANHERSEL Stéphane – Les transformations de l'École des Mines de Douai des années 1950 aux années 1980 : mémoire de maîtrise d'histoire contemporaine – Lille : Université Charles de Gaulle Lille III, 191, 293 p.

[22] TISON Gustave – Cours de topographie de l'École des Maîtres-Mineurs de Douai – Paris : H. Morin, 317 p.

[23] LANSIAUX Didier – Les perspectives de développement de l'informatique dans les Directions Régionales de l'Industrie et de la Recherche – Douai : École des Mines de Douai, 1984, 50 p.

[24] DEFRANCE Gustave – Le développement des Écoles des Mines : Réflexions et propositions inspirées par le cas de l'École des Mines de Douai – Douai : École des Mines de Douai, 1976, pagination multiple

Collections de revues

L'Écho du Nord Pas-de-Calais : revue interne de l'École des Mines de Douai et de la DRIRE [1972-1995]

VitaMines [2003-2007] et précédemment PorteMines [1994-2003] : revue interne de l'École des Mines de Douai

Revue de l'industrie minérale [1921-1971], devenue Industrie minérale [1971-1984], puis Industrie minérale, mines et carrières [1984-1988] et devient 1988 Mines et carrières

Relais : revue du personnel des Houillières du bassin du Nord et du Pas-de-Calais

Passerelle : revue éditée par le Centre Historique Minier de Lewarde [1998 à aujourd'hui]

Annales de Mines [1947-1989], revue scindée en trois titres : Réalités industrielles [1989 à aujourd'hui], Gérer et comprendre [1985 à aujourd'hui], Responsabilité et environnement [1996 à aujourd'hui]

Nord – Pas-de-Calais - L'industrie au regard de l'environnement (Rapports annuels)

Documents administratifs de l'École des Mines

Conseil d'enseignement : 1909-1932 ; 1940-1953
Comité d'enseignement : 1957-1698 ; 1992 à maintenant
Commission permanente : 1954-1976 ; 1981-1990
Conseil d'administration : 1878 à 1953 et de 1992 à maintenant
Conseil de perfectionnement : 1953-1990
Notice : 1900 ; 1908-1910 ; 1924 ; 1927 ; 1931 ; 1954 ; 1956 ;
1961 ; 1965-1967 ; 1969-1979
Rapport d'activité : 1976 à maintenant

Documents de l'Association

Bulletin de la Société Amicale des Anciens Élèves de l'École des Mines de Douai [1900-1979], devenu Le Douaisien [1980-2007]
Newsletter DouaisienInfos depuis 2003
La revue Minerai depuis décembre 2013
Annuaires des diplômés des Mines de Douai (et aussi d'Albi, Alès et Nantes)
Procès-verbaux des Assemblées Générales de l'Associaton
Comptes rendus des réunions des groupes régionaux

L'École des Mines de Douai

Tables

Index

Table des figures

L'École partenaire des entreprises

Admissions, recrutements & diplômes

Table des illustrations

Préface

Introduction

Chronologie

Table des illustrations

43 Plaque commémorative apposée dans le hall d'accueil du site Bourseul (2016).

45 Une des premières machines-outils à commande numérique dans les écoles françaises d'ingénieurs en 1973.

47 Deux présidents de l'APEMDAM : Jean-Pierre Rusek et François Godin (Promo 1977) (Années 90).

48 La halle de mécanique en 1976.

50 Stèle érigée en 1977, à proximité de l'ancien emplacement de l'*École* (2015).

53 Jacques Chirac, Premier ministre en visite à l'*École* le 9 décembre 1987.

54 11 avril 1989, François Mitterrand, Président de la République, parrain des promotions.

56 Une participation remarquée du personnel de l'*École* en 1994, au premier marathon à New-York.

57 Jean Lempereur, responsable du service restauration de l'*École* de 1973 à 1995 (1995).

60-61 Au cœur de Douai, les 3 résidences des Élèves (2007).

62 Remise de la médaille du travail et/ou des palmes académiques au personnel de l'*École* (2001).

64 Sœur Emmanuelle à l'*École* dans le cadre de la journée de la solidarité en 2004.

66 Les directeurs des Écoles des Mines et leurs collaborateurs rassemblés à Douai dans le cadre de la CODEM (Conférence des Directeurs des Écoles des Mines, 2008).

L'École partenaire des entreprises

105 Forum des entreprises organisé régulièrement par l'*École* et l'*Association* depuis 2001.

106 Le partenariat avec les entreprises, élément majeur constant de l'histoire de l'école, est toujours en développement (2013).

108 Des élèves en stage sur un chantier.

113 Microscope électronique à balayage.

122 Une des trois halles de plasturgie et composites sur le site de Douai-Dorignies.

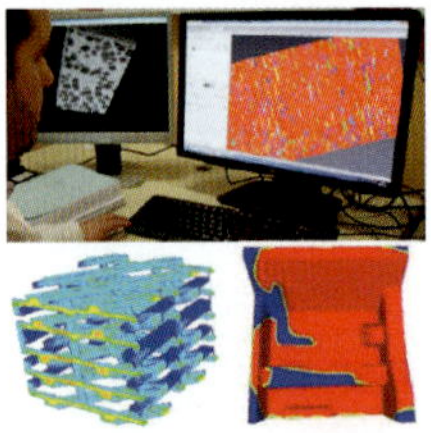

124 Modélisation et simulation de la fabrication et du comportement de structures composites.

131 Laboratoire d'électrotechnique dans les années 1960.

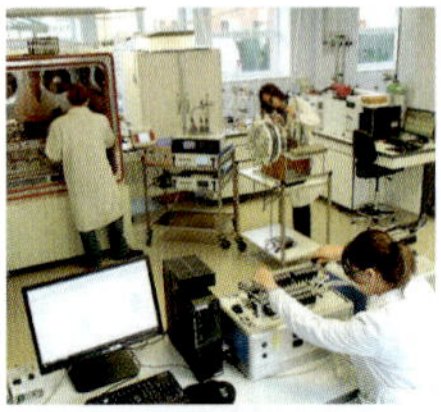

133 Des étudiants dans le laboratoire de chimie.

136-137 Le centre de recherche à Douai-Dorignies (20 000 m^2 de laboratoires) créé en 1972 (2007).

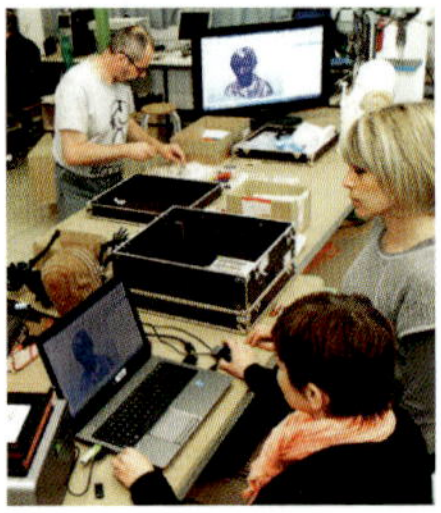

139 FabLab *by* Mines Douai, financé par la Région et l'Agglomération de Douai.

Les relations de l'École avec le Corps des Mines et le Service des Mines

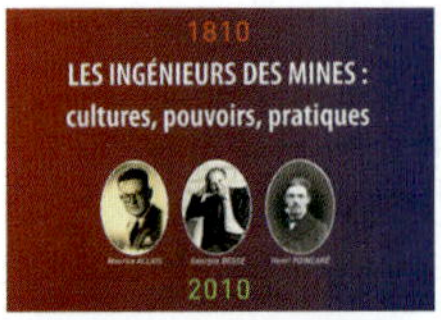

140 Invitation au colloque de Bercy des 7 et 8 octobre 2010.

143 Francis Mer, PDG d'Usinor-Arcelor parrain des promotions en 1994.

146 Le terminal méthanier EDF de Dunkerque, mis en service en 2016.

150 Les cinq directeurs de l'*École* pour la période 1964 – 1994. Photo prise à l'École des Mines de Nantes le 11 octobre1991.

153 Édouard Gonnet, directeur adjoint de l'*École* de 1952 à 1967.

156 Deux ingénieurs de l'Industrie et des Mines sur le site de Mazingarbe au titre de l'inspection des installations classées.

158 Entrée de l'*École* et de la DRIRE, site Bourseul.

159 L'informatique en 1978.

160-161 La mesure de la pollution atmosphérique.

Admissions, recrutements & diplômes

166 Promotion 1901-1903.

166 Promotion 1927-1929 - L'Éspérance.

173 Salle de concours et d'examens à la Résidence Descartes (2007).

182 Signature d'une convention entre l'*École* et l'Université de Zhejiang le 18 octobre 2007.

198 La remise des diplômes : événement pour les élèves, les parents et les enseignants (2011).

199 Présenter son diplôme, une réelle fierté (2015).

199 Junlong CHEN, originaire de Sanghaï, reçoit la Bourse Waquet (2015).

200-201 Remise des diplômes (2004).

Vers l'avenir – Éléments de contexte

202 Les élèves de passage au Mont Saint-Michel dans le cadre de l'EUROTANDEM : défi sportif pour la promotion du don du sang.

207 Une des 800 chambres de la Maison des Élèves (2015).

209 Enseignement des mathématiques.

210 Une école tournée vers l'avenir et ouverte sur le monde (2016).

211 Un président de l'*Association* (Promo 1973) et son vice-président (Promo 2011).

212-213 En bordure de la Scarpe, la résidence Lavoisier.

Glossaire

A	
A3TS	Association Traitement Thermique et Traitement de Surface
ADEME	Agence De l'Environnement et de la Maîtrise de l'Énergie
ADMD	Association des Diplômés Mines de Douai
ADRI	Association pour le Développement de la Recherche et de l'Informatique
ADRI-Nord	Association pour le Développement des Recherches Scientifiques et Informatiques auprès des universités du Nord de la France
AERES	Agence d'Évaluation de la Recherche et de l'Enseignement Supérieur
AF3M	Association Franco-Maghrébine de Mécanique et de Matériaux
AFNOR	Association Française de NORmalisation
AFTES	Association Française des Tunnels et de l'Espace Souterrain
AITES	Association Internationale des Tunnels et de l'Espace Souterrain
ALEMTID	Association pour le Logement des Élèves de l'École Nationale des Techniques Industrielles et des Mines de Douai
ANR	Agence Nationale de la Recherche
ANVAR	Agence Nationale de Valorisation de la Recherche
APEC	Agence pour l'Emploi des Cadres
APP	Apprentissage Par Problèmes
APEMDAM	Association du Personnel de l'École des Mines de Douai et de l'Arrondissement Minéralogique
APUI	Accompagnement des Projets Utiles et Innovants
ARF	Association des Régions de France
ARMINES	Association pour la Recherche et le Développement des Méthodes et Processus Industriels
ASN	Autorité de Sûreté Nucléaire
ATILH	Association Technique de l'Industrie des Liants Hydrauliques
ATS	Adaptation Technicien Supérieur
B	
BADGE	Bilan d'Aptitude Délivré par les Grandes Écoles
BCPST	Biologie, Chimie, Physique et Sciences de la Terre
BDMF	Biomatériaux et Dispositifs Médicaux Fonctionnalisés
BNPP	Bureau de Normalisation des Plastiques et de la Plasturgie
BRGM	Bureau de Recherches Géologiques et Minières
BSO	Bactérie Sulfo-Oxydante
BTP	Bâtiment et Travaux Publics
BTPE	Bâtiment, Travaux Publics et Environnement
BTS	Brevet de Technicien Supérieur
C	
CaPPA	Chemical and Physical Properties of the Atmosphere Laboratoire d'Excellence dans le domaine des Physiques et de la Chimie de l'Environnement Atmosphérique
CBR	California Bearing Ratio
CCI	Chambre de Commerce et d'Industrie
CCEM	Concours Commun des Écoles des Mines
CCMP	Concours Commun Mines Ponts

CD2E	Création Développement Eco-Entreprises
CEBTP	Centre Expérimental du Bâtiment et des Travaux Publics
CECA	Communauté Européenne du Charbon et de l'Acier
CEE	Communauté Économique Européenne
CEFI	Centre d'Étude sur la Formation des Ingénieurs
CEMP	Centre (technique) d'Études des Matériaux Plastiques
CEN	Comité Européen de Normalisation
CERCHAR	Centre d'Études et Recherches des Charbonnages de France
CERIB	Centre d'Études et de Recherches de l'Industrie du Béton
CERMA	Centre d'Études et de Recherches de Mécanique Appliquée
CESEM	Conseil d'Évaluation Scientifique des Écoles des Mines
CETI	Centre Européen des Textiles Innovants
CETIM	CEntre Technique des Industries Mécaniques
CGIET	Conseil Général de l'Industrie, de l'Énergie et des Technologies
CGE	Conférence des Grandes Écoles
CGT	Confédération Générale du Travail
Ci²	Centre d'Ingénierie et d'Innovation
CIGEO	Centre Industriel de Stockage GEOlogique
CISE	Comité Interprofessionnel Social et Économique
CISIT	Campus International Sécurité et Intermodalité des Transports
CNAM	Conservatoire National des Arts et Métiers
CNPF	Conseil National du Patronat Français
CNIF	Conseil National des Ingénieurs Français (Ancienne appellation du CNISF)
CNISF	Conseil National des Ingénieurs et Scientifiques de France
CNRS	Centre National de la Recherche Scientifique
CNRSSP	Centre National de Recherche sur les Sites et Sols Pollués
CO2	Dioxyde de carbone
CODAP	Code français Des Appareils à Pression
CODEM	Conférence des Directeurs des Écoles des Mines
COFREND	COnfédération FRançaise pour les Essais Non Destructifs
COGEMA	COmpagnie Générale des Matières Atomiques
COMUE	COMmunauté d'Universités et d'Établissements
COSEM	Conseil d'Orientation Stratégique des Écoles des Mines
COST action	European COoperation in Science and Technology
CPGE	Classes Préparatoires aux Grandes Écoles
CRGE	Conférence Régionale des Grandes Écoles
CTP	Comité Technique Paritaire
CTI	Commission des Titres d'Ingénieurs
D	
DEA	Diplôme d'Études Approfondies
DemGCE	Code de calcul basé sur un modèle aux éléments discrets
DEM	Discrete Element Method
DESS	Diplôme d'Études Supérieures Spécialisées
DEUG	Diplôme d'Études Universitaires Générales
DEUST	Diplôme d'Études Supérieures du Travail
DGESIP	Direction Générale pour l'Enseignement Supérieur et l'Insertion Professionnelle
DIRECCTE	Direction Régionale des Entreprises, de la Concurrence, de la Consommation, du Travail et de l'Emploi
DIREN	Direction Régionale de l'Environnement
DPE	Diplômé par l'État
DREAL	Direction Régionale de l'Environnement, de l'Aménagement et du Logement
DRIRE	Direction Régionale de l'Industrie, de la Recherche et de l'Environnement

DUT	Diplôme Universitaire de Technologie
E	
E-C	Enseignant-Chercheur
ÉcoSed	Chaire Industrielle Économie Circulaire des Sédiments
ED	Écoles Doctorales
EDF	Electricité De France
EDS	Détecteur
EDSMRE	Écoles Doctorales Sciences de la Matière, du Rayonnement et de l'Environnement
EDSPI	Écoles Doctorales Sciences Pour l'Ingénieur
EI	Énergétique Industrielle
EIVP	École des Ingénieurs de la Ville de Paris
ENI	École Nationale d'Ingénieurs
ENTIMD	École Nationale des Techniques Industrielles et des Mines de Douai
EMC	Entreprise Minière et Chimique
EMC2	Ensembles Mécaniques et Composites Complexes d'Industrie du Commerce
ENM	École Nationale de la Météorologie
ENTPE	École Nationale des Travaux Publics de l'État
ENSET	École Normale Supérieure de l'Enseignement Technique
ENSG	École Nationale des Sciences Géographiques
ENSAIT	École Nationale Supérieure des Arts et Industries Textiles
ENSAM	École Nationale Supérieure d'Arts et Métiers
ENSEA	École Nationale Supérieure de l'Électronique et de ses Applications
ENSI	Écoles Nationales Supérieures d'Ingénieurs
ENSIIE	École Nationale Supérieure d'Informatique pour l'Industrie et l'Entreprise
ENSTA	École Nationale Supérieure de Techniques Avancées
ENSSAT	École Nationale Supérieure des Sciences Appliquées et de Technologie
EPA	Établissement Public à caractère Administratif
EPNOE	European Polysaccharide Network Of Excellence
EPSCP	Établissement Public à Caractère Scientifique, Culturel et Professionnel
ERASMUS	European Action Scheme for the Mobility of University Students Nom donné au programme d'échange d'étudiants et d'enseignants entre les universités et les grandes écoles européennes
EREP	Échelon Régional de l'Éducation Professionnelle
ESCT	École Supérieure de Communication et de Transport
ESIAC	École Supérieure d'Ingénieurs d'Afrique Centrale
ESM	École Supérieure de Métrologie
ESSEC	École Supérieure des Sciences Économiques et Commerciales
EXTREMOM	EXTension du pôle de Recherche sur la Mise en Œuvre des Multimatériaux
F	
FabLab	Laboratoire de Fabrication
FASFID	Fédération des Associations et Sociétés Françaises d'Ingénieurs Diplômés
FCD	Formation Continue Diplômante
FEANI	Fédération Européenne d'Associations Nationales d'Ingénieurs
FFTST	Fédération Française des Travaux Sans Tranchée
FI	Formation Initiale
FIB	Fédération de l'Industrie du Béton
FIABILI (projet)	Pour le développement de l'usage du lin dans les composites pour l'automobile et l'aéronautique
FUI	Fonds Unique Interministériel
G	
G2E	Géologie Eau et Environnement
GBR	Granulats de Béton Recyclé

GCE	Génie Civil et Environnemental
GDF	Gaz De France
GdR	Groupes de Recherche
GEM	Groupe des Écoles des Mines
GENI	Grandes Écoles du Nord Incubation
GFP	Groupe Français d'Études et d'Applications des Polymères
GIE	Groupement d'Intérêt Économique
GIP	Génie Informatique et Productique
GIP	Groupement d'Intérêt Publique
GIP CNRSSP	Centre National de Recherche sur les Sites et Sols Pollués
GIS	Groupement d'Intérêt Scientifique
GRAM	Groupe de Recherche des Arrondissements Minéralogique
GdR	Groupes de Recherche
H	
HDR	Habilitation à diriger des Recherches
HEI	Hautes Études d'Ingénieur
HCERES	Haut Conseil à l'Évaluation de la Recherche et de l'Enseignement Supérieur
I	
I-Trans	Ferroviaire au cœur des systèmes innovants, pôle à vocation modiale
I2SM	International Symposium on Sediment Management
IA	Informatique Automatique
IAR	Industrie et Agro-Ressources
ICAM	Institut Catholique d'Arts et Métiers
ICP-OES	Spectromètre d'émission plasma
ICPE	Installation Classée pour la Protection de l'Environnement
IDEX	Initiatives D'Excellence
IDN	Institut Industriel du Nord
IEED	Institut d'Excellence en Énergie Décarbonnée
IFMAS	Institut Français des Matériaux Agro-Sourcés

IFP School	anciennement ENSPM – École Nationale Supérieure du Pétrole et des Moteurs
IIM	Ingénieurs de l'Industrie et des Mines
IKV	Institut für Kunststoffverarbeitung
INERIS	Institut National de l'Environnement Industriel et des Risques
IMT	Institut Mines Télécom
INNOCOLD	Institut Technologique du Froid
INPI	Institut National de la Propriété Industrielle
INRIA	Institut National de la Recherche en Informatique et en Automatique
IPHC	Institut Polytechnique du Hainaut Cambrésis
IPHC / inGHenia	Nouvelle appellation de l'IPHC
INRA	Institut National de la Recherche Agronomique
INSA	Institut National des Sciences Appliquées
IRT	Institut de Recherche Technologique
ISEN	Institut Supérieur d'Électronique du Nord
ISIC	Ingénierie des Systèmes d'Information et de Communication
ISMIN	Ingénieur Spécialisé en Microélectronique, Informatique et Nouvelle technologie
ISO	International Standardization Organization (Organisation internationale de normalisation)
ISPA	Institut Supérieur de Plasturgie d'Alençon
ITE	Institut pour la Transition Énergétique
IUH	Ingénierie Urbaine et Habitat
IUT	Instituts Universitaires de Technologie
J	
Jauge OWEN	La jauge Owen est un instrument de mesure des poussières sédimentables
L	
LCM	Liquid Composite Moulding
LGCgE	Laboratoire Génie Civil et géo Environnement

LIPS	Liquides Ioniques et Polymères
LMD	Licence Master Doctorat
LNE	Laboratoire National d'Essais
M	
MATIKEM	Nouvelle identité du Pôle MAUD depuis 2014
MAUD	MAtériaux à Usage Domestique (2005) Matériaux et Applications pour une Utilisation Durable (depuis 2010)
MCM	Mécanique et Comportement des Matériaux
MDPA	Mines Domaniales de Potasse d'Alsace
MEB	Microscopie Électronique à Balayage à effet de champ
MENESR	Ministère de l'Éducation Nationale de l'Enseignement Supérieur et de la Recherche
MESR	Ministère de l'Enseignement Supérieur et de la Recherche
MIC	Mise en œuvre des Composites et Propriétés Induites
MINES PARISTECH	École des Mines de Paris
MOOC	Massive Open Online Course
MP/MP*	Maths Physique
MPSI	Mathématiques, Physique et Sciences de l'Ingénieur
MQ	Métrologie-Qualité
N	
NFI	Nouvelle Formation d'Ingénieurs
No Dig	Technologies sans tranchée et sans excavation
NOTRe	Nouvelle Organisation Territoriale de la République
NPDC	Nord- Pas-de-Calais
NPF	Nitro-Potasse de France
O	
OREAM	Organisme d'Études d'Aménagement des Aires Métropolitaines.
OSEM 2	Orientations Stratégiques des Écoles des Mines
P	
PC	Physique, Chimie
PCSI	Physique, Chimie, Sciences de l'Ingénieur
PDG	Président Directeur Général
PFE	Projet de Fin d'Études
PFMI	Plate Forme Mutualisée d'Innovation
PIA	Programme d'Investissements d'Avenir
PICOM	Pôle de compétitivité des Industries du COMmerce
PME	Petites et Moyennes Entreprises
PMI	Petites et Moyennes Industries
PN Recybéton	Projet National Recyclage du Béton dans le Béton
PNEAP	Pôle National d'Expertise en Appareils à Pression
Poly Nano	Polymères Nanochargés
Porion	Appellation familière du maître mineur
PPE	Projet Professionnel et Emploi
PPIB	Produits et Procédés de l'Industrie du Béton
PRES	Pôle de Recherche et d'Enseignement Supérieur
PRIMECA	Productique et Pôle de Ressources Informatiques pour la MECAnique
PSI-PSI*	Physique et Sciences de l'Ingénieur
PSPC	Projets Structurants de Pôles de Compétitivité
PST	Projet Scientifique et Technique
PT	Physique et Technologie
PTSI	Physique, Technologie et Sciences Industrielles
PVC	Polychlorure de vinyle (appellation anglaise polyvinyl chloride)
R	
RAS	Réaction Alcali-Silice
RATP	Régie Autonome des Transports Parisiens

REX	Réseau d'EXcellence
RFA	République Fédérale d'Allemagne
R&D	Recherche et Développement
RWTH	Rheinisch-Westfälische Technische Hochschule
S	
SAGE	Sciences de l'Atmosphère et Génie de l'Environnement
SAS	Société par Actions Simplifiée
SC	Section Complémentaire
SF2M	Société Française de Métallurgie et de Matériaux
SFIC	Syndicat Français de l'Industrie Cimetière
SFIP	Société Française des Ingénieurs des Plastiques
SIA	Société des Ingénieurs de l'Automobile
SSII	Société de Services et d'Ingénierie en Informatique
SINFONI (projet)	Une filière de lin et de chanvre pour les matériaux du bâtiment
Smooth DEM	Dynamique modulaire ou méthode des sphères molles
SMRE	Sciences de la Matière, du Rayonnement et de l'Environnement
SNCF	Société Nationale des Chemins de fer Français
SPI	Sciences pour l'Ingénieur
STIC	Sciences et Technologies de l'Information et de la Communication
T	
TEAM²	Technologies de l'Environnement Appliquées aux Matières et Matériaux
TELECOM PARISTECH	École supérieure des Télécommunications
TEXCOMP10	Conférence - Textile Composites en 2010
TIC	Technologies de l'Information et de la Communication
TPC	Technologie des Polymères et Composites
TPCIM	Technologie des Polymères et Composites & Ingénierie Mécanique
TPE	Travaux Publics de l'État
TSI	Technologie et Sciences Industrielles
U	
UE	Unité d'Enseignement
UNESCO	United Nations Educational, Scientific and Cultural Organization Organisation des Nations Unies pour l'Education, la Science et la Culture
UEMOA	Union Économique et Monétaire de l'Ouest Africain
UNICEM	Union Nationale des Industries de Carrières Et Matériaux de Construction
UP-TEX	Textiles Haute Performance
URGI	Union Régionale des Groupements d'Ingénieurs
UTC	Université de Technologie de Compiègne
V	
VAE	Validation des Acquis d'Expérience
VNF	Voies Navigables de France
VRD	Voieries et Réseaux Divers
W	
WTC	World Tunnelling Congress
3MF	Mécanique Multiéchelle des Milieux Fibreux

Table des matières

Annexe